インドビジネス

ラストワンマイル戦略

SDGs実現は農村から

松本勝男

日本経済新聞出版

まえがき

「人や社会の役に立つ経営」は本当に成り立つのだろうか。「利他の実践と利益の計上」は両立するのだろうか。この困難な命題に果敢に取り組み、実績を上げている企業や団体が確かに存在する。特に多くの社会課題を抱える途上国にこそ、その実例を目にすることができる。

過酷な境遇にある人々の生活向上を目指すビジネスの試行と実践。その観点で、インドは現在進行中の壮大な実験の場と言える。国内には生活に困窮する人が未だ数億人規模で存在する。土地を持たない小作人、出稼ぎ労働者、ごみ収集で生計を立てるスラム地区の住民、「不浄とみなされる仕事」に従事するカースト外の人々、新型コロナウイルス感染症の流行による失業者、等々。

これらの経済発展から「取り残された人々」の多くが、地方の農村部でその日暮らしの生活を送っている。その状況に心を痛め、困難な環境に置かれた人々に真摯に向き合い、苦しい生活を少しでも変えようとする企業家たちが日々、創意工夫に汗を流している。

途上国開発の観点で見た場合、このような企業群は重要な開発組織になりつつあると言ってよい。事実、企業活動を通じて、農村部の貧しい人々の自立を支援し、生活インフラを整え、貧困削減に貢献している。世界規模の取り組みであるＳＤＧｓ（「持続可能な開発目標」）や企業価値として重視されるＥＳＧ（環境・社会・ガバナンス）の文脈においても、大きな役割を果たすことは明らかだ。これらの企業群は、政府や通常の民間企業では手が回らない分野に飛び込み、独自の手法を用いて開発の成果を着実に生み出している。ビジネスの力が人々の生活を大きく変え、国際的な開発目標の達成を促進する構図である。

本書では、国の発展から「取り残された人々」のために、困難な環境に直面しながらも、モノやサービスを提供する企業や団体を取り上げている。別の観点で言えば、行政サービスや市場の対象から外れた人々を顧客とするラストマイルビジネスの現状を論じるものだ。

経営戦略やビジネス手法に関心のある方々は、本書に出てくる企業や団体の事業モデルに関心を持たれるかもしれない。途上国開発に関心のある方々には、貧困削減や人々の生活改善に取り組む斬新な活動の事例集という見方もできる。インドの社会実相に関する記述も含まれており、インドを改めて知りたい方にも入門書的な内容となっている。

インドへの開発援助の仕事に携わるようになって、約10年が過ぎた。この期間、インドは開発の階段を着実に上り続けている。仕事上の醍醐味は多々あるが、社会を変える志を持つ人々の姿に触発されることがその最たるものとなっている。

「社会の何が問題なのか、誰が一番困っているのか、どのようにすれば変革できるのか、最も適した技術は何なのか、事業を迅速に拡大するにはどうすれば良いのか」。真剣かつ熱い議論にいつも引き込まれ、我を忘れることがある。その大胆な行動力と現場における地道な努力に思わず感嘆する。本書で紹介する企業群の経営者は、ほぼ例外なく、体の底から湧き上がる情熱と不屈の忍耐力を兼ね備えた人ばかりだ。

経済活動に大きな影響を与えたコロナ禍の状況でも、これらの企業群は活発な活動を展開した。困窮者への食料配給、農家と店舗間の販路開拓、医療従事者用のフェイスシールド製造、医療キット開発、障害者の在宅勤務化、など、様々な分野で創意工夫が発揮された。身近に接して、まさに舌を巻くほどの迅速さと実行力であった。コロナ禍で経済活動は様々な影響を被ったが、そのような状況にこそ、社会のために働く企業群の本領が発揮されるのを垣間見る機会となった。

インドに関しては、日本人にあまり知られていない事実も多い。途上国で最も多くノーベル賞受賞者を輩出していること、アジアで初めて火星探査機の打ち上げに成功していること、世界最大の太陽光発電基地が複数建設されていること、原子力発電所が20基以上稼働していること、日本より超富裕層が多いこと、等。これらの一部は本書で触れるが、社会課題の解決を目指して日々奮闘している企業や個人の姿もそれに含まれよう。

「人の役に立つ経営」や「利他と利益の両立」は本当に可能なのだろうか。この問いかけに対し、インドにおけるラストマイルビジネスの事例を記すことで、読者の皆様に何かヒントになることがあれば幸いである。

なお、本書に出てくる地名や人名は『南アジアを知る事典』(平凡社、２０１２年版)にもとづいて記しているが、ガンジーやムンバイ(事典ではガーンディー、ムンバイー)など、日本人に広く知られている名称はその限りではない。また、為替レートは２０２１年1月時点の値(１ルピー＝１・４円、１USドル＝１０５円)を使用している。

インド全図

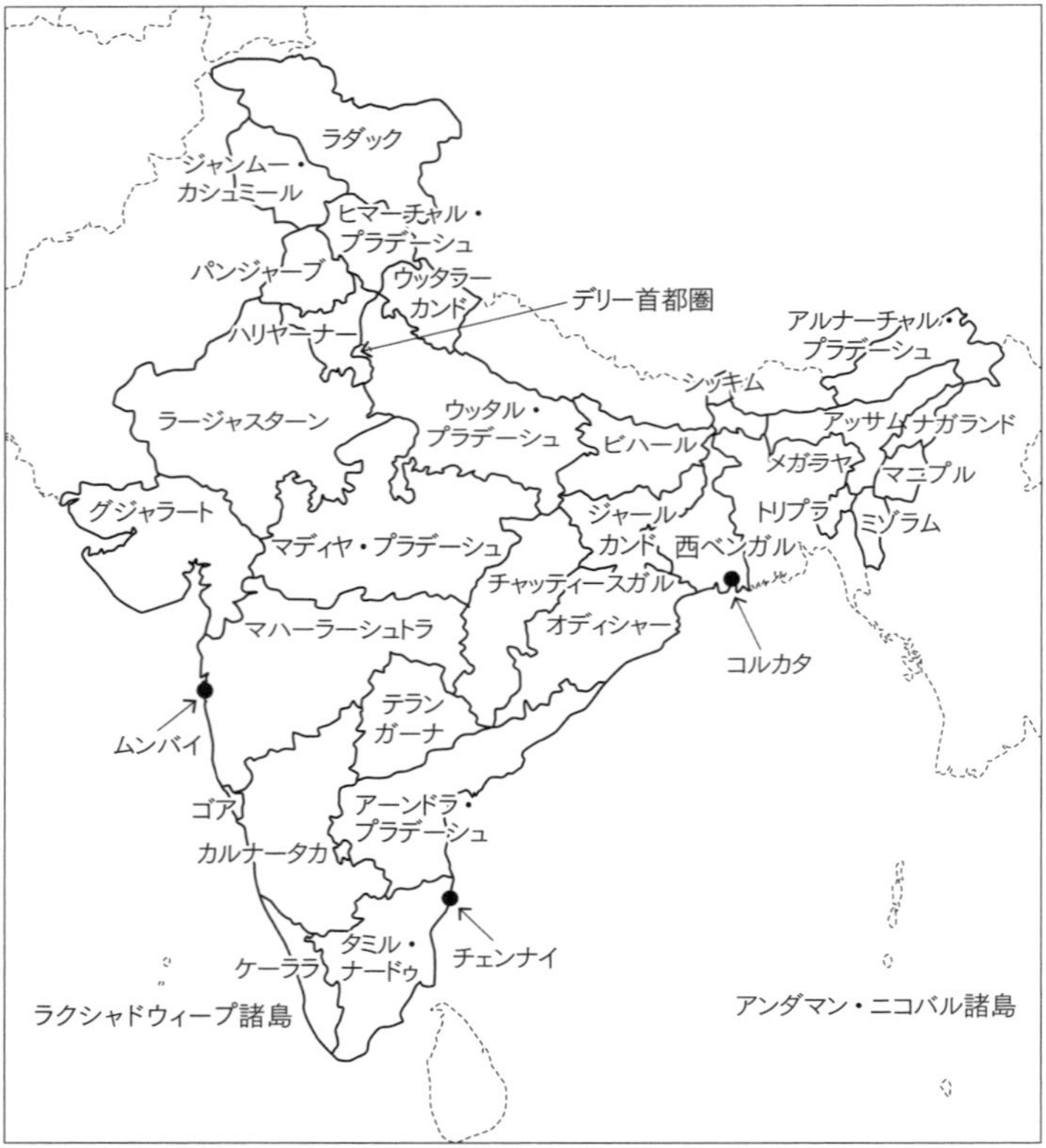

インドの州（計28州、英語表記の場合のアルファベット順）		
1. アーンドラ・プラデーシュ州	2. アルナーチャル・プラデーシュ州	3. アッサム州
4. ビハール州	5. チャッティースガル州	6. ゴア州
7. グジャラート州	8. ハリヤーナー州	9. ヒマーチャル・プラデーシュ州
10. ジャールカンド州	11. カルナータカ州	12. ケーララ州
13. マディヤ・プラデーシュ州	14. マハーラーシュトラ州	15. マニプル州
16. メガラヤ州	17. ミゾラム州	18. ナガランド州
19. オディシャー州	20. パンジャーブ州	21. ラージャスターン州
22. シッキム州	23. タミル・ナードゥ州	24. テランガーナ州
25. トリプラ州	26. ウッタル・プラデーシュ州	27. ウッタラーカンド州
28. 西ベンガル州		

インドの連邦直轄領（計8直轄領、英語表記の場合のアルファベット順）		
1. アンダマン・ニコバル諸島	2. チャンディーガル	3. ダードラー・ナガル・ハヴェーリー及びダマン・ディーウ
4. デリー首都圏	5. ジャンムー・カシュミール	6. ラダック
7. ラクシャドウィープ諸島	8. プドゥチェーリ	

目次

装丁・新井大輔

第1章 社会イノベーション大国

1 国際的に注目を浴びるイノベーション力

社会を変える組織群

近年、先進国、途上国を問わず、種々の社会課題（環境破壊、貧困、教育普及、社会的排除、医療等）の解決を斬新かつ効果的な手法を用いて試みる社会イノベーションの実践が広がっている。民間企業を中心として、大学等の研究機関、財団や協会、非営利団体（NPO）等の組織群が社会イノベーションの主体として日々活動している。

昨今の情報通信技術の急速な発展やSDGs（持続可能な開発目標）等の国際的な取り組みが「社会を変える」諸活動を確実に加速化させている。SDGsでは、開発や発展から「誰一人取り残さない」包摂的な取り組みが強調されており、特に最新技術を駆使したビジネスの推進力が目標の達成に大きな役割を果たすことは間違いない。コロナ禍における遠隔医療や遠隔教育などの広がりが、その実例と言える。

途上国では、政府の予算不足や市場の未成熟さにより、未だ公共サービスや商業活動の枠外に置かれた人々が多く存在している。従来、ＮＰＯなどの市民団体がこれら「取り残された人々」を支援する活動に従事してきた。今日でも安全な水の供給や食料の配給、学校に行けない児童への教育や職業訓練などの支援が、民間の寄付やボランティア活動により実施されている。一方で、開発の世界では、事業の効果を上げるために商業的アプローチを取り入れたＮＰＯや社会課題の解決を使命として掲げる企業が、その存在感を増している。

　この分野は、個人に焦点を当てる社会起業家、組織を対象とした社会的企業、ビジネスの特性を重視するソーシャルビジネス、低所得者層を顧客と考えるボトム・オブ・ピラミッド（ＢＯＰ、所得階層の底辺）等の呼称により、欧米を中心に理論的研究や実例の蓄積が進んできた。通常、これらの個人や組織群は、困難な環境に直面しながらも、市場主義にもとづく先駆的なアプローチにより、人々に生活改善の機会をもたらしている。

　インドの場合、経済の発展状況や人口規模の大きさから、社会課題は多岐にわたり、生活に必要なモノやサービスが行き渡らない人の数は膨大である。そのため、ＮＰＯや社会的企業の活動領域は、先進国や他の途上国と比較してすこぶる広大と言える。欧米のビジネススクールなどで学んだインド人留学生の帰国組が、この分野で新たな組織を立ち上げるケースも増えている。

　背景として、１９９０年代後半からスタンフォード大学等の有名大学で「社会起業家」に関する研究事業が盛んになったことや、同時期にインドの経済自由化が進み、会社設立が容易になったことなどが挙げられる。また、２００６年にバングラデシュのグラミン銀行がマイクロファイナンス事業による貢献でノーベル平和賞を受賞したことも、起業家志向の若者に影響しているだろう。

実際、インドでは社会課題に取り組むＮＰＯや社会的企業の活動が盛んであり、その規模の大きさや斬新性ゆえに国際的に注目されている。これらの「社会を変える」取り組みを以下に紹介する。

世界最大の給食事業

インド南部のバンガロール市に本部を置くアクシャヤ・パトラ財団は、１日に約１５０万人の児童や生徒に給食を届ける世界最大の学校給食事業者である。

インドでは、５歳未満の子どもの約４割が低体重で栄養上の問題があるとされる。同財団の給食サービスにより、子どもの健康状態が実際に改善し、小学校の就学率が向上している。この実績は、２００１年のインド最高裁による公立小学校への給食制度導入の決定に影響を与え、給食普及の好事例とされた。その後、２００４年にインド政府が公立学校での給食制度を正式に導入するに至る。

２０１９年時点で、同財団は全国24カ所にセントラルキッチンを有し、インド国内全28州のうち、計10州の１万１０００校を対象に給食事業を行っている。また、コロナ禍において学校が閉鎖されたため、独自の取り組みとして、職を失った出稼ぎ労働者などへ無償の食事提供を行っている。２０２０年末までの約10カ月間で国内で提供した食事は、実に１億食に上る。

同財団の活動の特徴は、ＮＰＯにもかかわらず、民間企業の先進的な運営手法を導入していることだ。具体的には、大手ＩＴ企業で品質管理の経歴を有する職員の雇用やトヨタ自動車のカイゼン方式（主に製造業の生産現場で行われている作業の見直し活動）の実践、さらに、蒸気調理器やコンベア

アクシャヤ・パトラ財団のキッチン(左)と給食の様子(右)

提供:アクシャヤ・パトラ財団

など最新式の機器の購入を通じて、事業の効率化と費用逓減を同時に達成している。

この民間企業並みの運営により、施設や人員は増え続け、給食サービスの対象となる学校の数は年々拡大中である。活動内容については、監査を大手外資会計企業へ委託し、国際会計基準にもとづいた年次報告書を毎年発行している。

活動財源は、州政府からの受託収入と民間からの寄付に頼っている。このビジネス手法の導入による実績と活動の透明性により、同財団に対する外部からの寄付金は年々増加しており、2014年に約15億ルピー(約21億円)だった金額は、18年に約32億ルピー(約44億8000万円)に達している。財団の代表者はヒンドゥー教の僧であり、バンガロール市で開始した小さな活動が現在の規模まで拡大している事実は、まさにイノベーティブな実践として高く評価されよう。

バンガロール市郊外にある同団体のキッチンは、各設備の設置状況や調理の流れ、人の動きなど、整然かつ効率的であり、民間企業の施設と遜色ないものであった。視察訪問の最後にその日につくられた給食をふるまってもらったが、食事の栄養バランスやカロリー計算に感心するとともに、外国人にも食べやすい淡泊な味付けが印象深かった。

案内してくれた施設担当者は、「民間企業を辞めて今の仕事に就いた。給料は下がったが、社会への貢献を実感できることが最大の魅力」と明るく語った。

ヒンドゥー教の僧による事業、民間企業の手法、最高裁判所の決定、児童や生徒へのインパクト。活動を拡大し続けるアクシャヤ・パトラ財団の活動は、1つのNPOが持ち得る潜在力と実践力を示す好事例と言えるだろう。

カースト制度に挑むトイレ改革

衛生分野においても大きな実績を示す団体が存在する。インドは数年前まで、人口の半分(約6億人)がトイレへのアクセスがない世界最大の「野外排泄国」であった。2014年に発足したナレンドラ・モディ政権がトイレの普及を図る「クリーン・インディア」政策を開始し、現在、物理的には、人口の約9割はトイレ使用が可能な状態にある。ただし、従来の因習や行動様式から、未だ実際のトイレ使用率は低いとの指摘も多い。このトイレの普及に長年従事し、今や国際的に注目される団体が、スラブ・インターナショナル・ソーシャル・サービス(以下、スラブ)である。

「便利トイレ」と呼ばれる二槽式の簡易水洗トイレの普及を推進してきたスラブは、インドの差別根絶を目標に掲げるNPOである。カースト制度の4階級のさらに下層に位置付けられる不可触民(ダリト)は、早朝に上位階層の家を回って便所を掃除し、集めた糞尿を廃棄する仕事に携わってきた。トイレの普及は、その世襲制による差別を軽減するとともに、人口の大半が野外排泄を行うインド人

スラブが運営する公衆トイレ（デリー首都圏）

の衛生状況改善に寄与する。

通常のトイレは設置に３万～４万円の費用が必要であり、低所得者層には設置困難であるため、スラブは、低費用かつ環境に優しいトイレを開発した。１つの便器に２つの貯留槽がつながり、１つを使用し、もう１つは排泄物を堆肥化する構造となっている。配水設備が不要なこのトイレは、日本円であれば１８００円程度で家に設置可能である。

１９７０年に活動を開始して以来、２０１９年時点でスラブがインド国内に設置した家庭用トイレは１５０万基以上、公衆トイレは約９０００カ所に及ぶ。毎日約２０００万人がこれらのトイレを利用しており、この実績は１つのＮＰＯの活動としては世界最大規模である。

州政府からの受託で設置した公衆トイレは一部有料制で、同団体が建築と維持管理を請け負っている。公衆トイレの維持管理は、地元の貧困層から従事する人を選んで作業を発注し、雇用創出に貢献している。

デリー郊外の団体本部には、低所得者向けの学校も併設されており、職業訓練を中心とした授業が行われている。国内初のトイレ博物館も見学可能だ。

同団体の財源は、自ら製造したトイレの販売や公衆トイレ事業の請負による収入、及び民間からの寄付金である。寄付や協力を行う公・民間企業は年間150社に及び、財務的に安定していることが活動の継続を可能にしている。約50年に及ぶ活動に対し、同団体はインドの由緒あるガンジー平和賞のみならず、世界保健機関（WHO）などから衛生分野への貢献を称えた賞を受けている。

創業者のビンデシュワール・パタック氏は、「社会のタブーに挑戦することは厭《いと》わなかったが、長い期間にわたり、自分の理想や活動が周りから理解されず、資金繰りに苦労した。トイレ普及は、衛生面での問題に加えて、ダリトの尊厳にも関わる。良い社会をつくるのが自分の使命だ」と淡々と語った。ちなみに、日本が長年支援しているデリー地下鉄では、駅構内のトイレの運営はメトロ公社から同団体に委託され、外国人でも快適に使用できる清潔さを維持している。

イノベーションの輸出

インドで実績を上げている社会的企業のなかには、その経営手法が先進国に「輸出」されている事例がある。アラビンド眼科病院は、白内障治療の費用を極端に抑えるシステムを構築し、貧困層への医療サービスを実現した社会的企業である。現在、インド南部に14カ所の眼科病院を展開し、白内障を中心に年間約450万人に医療サービスを提供している。

アジアやアフリカでは、失明する原因の約8割は老化と栄養失調による白内障である。一方で、多くの視覚障害者は、白内障について知識がなく、簡単な手術で治せることを知らない。

白内障の手術には熟練の技術が要求されるため、インドの専門病院で手術を受ける際の費用は2万〜3万円に上り、貧困層にとって負担は重い。このため、多くの人は病院に行かず、症状が悪化してもなすすべがない状態となる。

この状況に対し、アラビンド眼科病院は、①効率的な手術体制による執刀件数の増加、②出張診療による患者への啓発と診断、③安価なレンズの開発と効率的な手術体制の構築、及び④患者の所得水準に応じた多段階の料金システム（クロスサブシディ方式）の採用を通じて、貧困層でも支払い可能な医療サービスの供給を実践している。

具体的には、まず、手術効率を上げるため、1つの手術室に複数のベッドを置くことで、医師による手術間の無駄な動きを省き、1日当たりの手術数を増やすことを可能にしている。この方式により、1人の医師が執刀する手術数は年平均で2000件に上る。

アラビンド眼科病院の診察風景

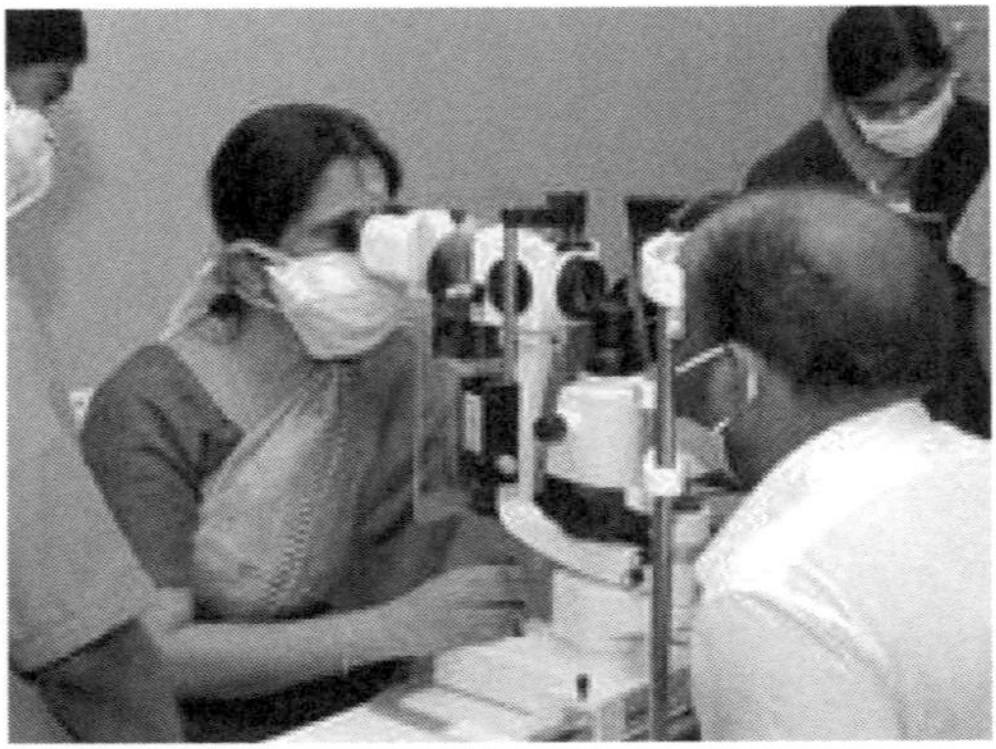

（提供）アラビンド眼科病院

次に、病院まで通えない農村部の住民に配慮し、年間2500回に及ぶ出張診療を実施。1村落当たり100~200人の患者に対して、検査、診療、疾病の啓発活動などを行っている。また、白内障用の輸入レンズが高価なことから、自らレンズ製造会社を設立し、レンズのコストを約200円まで引き下げた。この人工レンズはすでに100カ国以上に輸出されている。

さらに、所得階層別に手術料金を設定することで、貧困層が安価な医療サービスを受けることが可能となっている。実際に患者の約半分は手術代が無料である。支払い能力のある患者には市場価格でサービスを提供し、その利益を貧困層の料金に充当させるビジネスの形態は、先進国では例が少ないだろう。この方式をとりつつ、同病院は毎年数億円以上の純利益を計上している。

同病院の経営手法はアジアやアフリカなど、約30カ国の病院に「伝授」され、先進国であるアメリカにおいても病院の効率経営について指導を行うまでに至っている。同病院の斬新な発想と実践は、インドで開発された様々な工夫が他国でも通用する汎用性を示している。まさにインド発のイノベーション輸出と言えよう。

世界最密の弁当配達

社会開発とは趣旨が異なるが、インド企業の独特のビジネス形態が研究者の注目を浴びる場合がある。例えば、ハーバード大学の調査で有名になった「ダッパワラー」は、知る人ぞ知る世界最大かつ作業の正確さを誇る弁当配達ビジネスだ。大都市ムンバイで120年以上の伝統を誇るこの事業は、家庭で調理した弁当を配達人が毎日個別に収集し、顧客の勤務先まで低料金で届けるサービスだ。「ダッパ」は箱や容器を表し、「ワラー」はそれに従事する人という意味である。

実際に配達される弁当の数は毎日約17万人分に上り、東京都で言えば、中央区の人口に匹敵する規模だ。収集・配達は基本的に手作業で行われ、ダッパワラーはほとんど読み書きができないため、弁当箱に貼られた色や番号で収集元と配達先を識別する。通常、1人のダッパワラーが約40世帯を担当し、約20人で1グループを形成する。

弁当を集めるダッパワラー

具体的な作業は、各世帯から自転車で弁当を回収し、最寄り駅にグループメンバーが集まり、目的地ごとに弁当を配分。収集個数の確認や配分の差配は、グループ内の４人のリーダーが行う。その後、各ダッパワラーが鉄道を利用して配達先の最寄り地まで運搬し、そのまま自身で運ぶ場合と、そこで待機する配達組に弁当を引き渡す場合がある。昼食後はその逆の行程をたどる段取りだ。１日約４５００人のダッパワラーが、ムンバイを縦横に移動している。

各家庭からの収集は午前7時から9時の間に行われ、通常は昼12時半に職場に弁当が到着する。配達料金は毎月１５０～３００ルピー（２１０～４２０円）で、弁当の重量によって課金される。

ダッパワラーの給金は月５０００ルピー（７０００円）で、そのうち15ルピー（21円）を所属元のムンバイ・ティフィン・ボックス協会に毎月納める。自転車や運搬用の木枠の購入費用は、ダッパワラーの負担である。配達する弁当の数や正確さなどはグループごとの競争となっており、互いに実績を確認できる体制となっている。最近ではインターネットでの注文も受け、事務の効率化を推進している。

ハーバード大学の調査によれば、配達の間違いは600万個にわずか1つの割合でしか起きておらず、そのビジネスの成功要因は、配達作業におけるチームワークと各工程の厳密な時間配分にあると分析している。事業成立の前提として、人件費の安さが挙げられるが、配達規模、利用者の満足度の高さ、配達人の離職率の低さ、などから優良なビジネスとして認知されている。人の力とノウハウに頼る労働集約型の事業だが、このような大規模で綿密なサービスを可能にする力が、インド社会には備わっている。

農村物流網の変革

モノやサービスが届かない農村の状況を看過できず、地道な取り組みにより物流促進をもたらした企業が、ドリシュティだ。インターネットの普及率がまだ国民の1%程度であった2000年初頭、インドでは農村の経済活動促進や住民の福利向上のため、村落にインターネットキオスクを設置する動きが加速化した。キオスクでは、戸籍証明や車両免許の発行など、主に政府の電子サービスの提供を主としたが、農産物の流通管理なども取り扱うようになる。

ドリシュティも政府受託により、2000年からマディヤ・プラデーシュ州の田舎町ダハーでキオスクを運営していたが、創業者サティヤン・ミシュラ氏の決心で、07年に農村の物流網構築を目指す企業への再編を行った。

インドの田舎町は道路などのインフラ整備が遅れ、地図に載らない村落もあるため、迅速で正確なモノやサービスの流通は困難であった。村落には、「キラナ」と呼ばれる数平方メートルの小さな雑

図1-1　ドリシュティの物流網

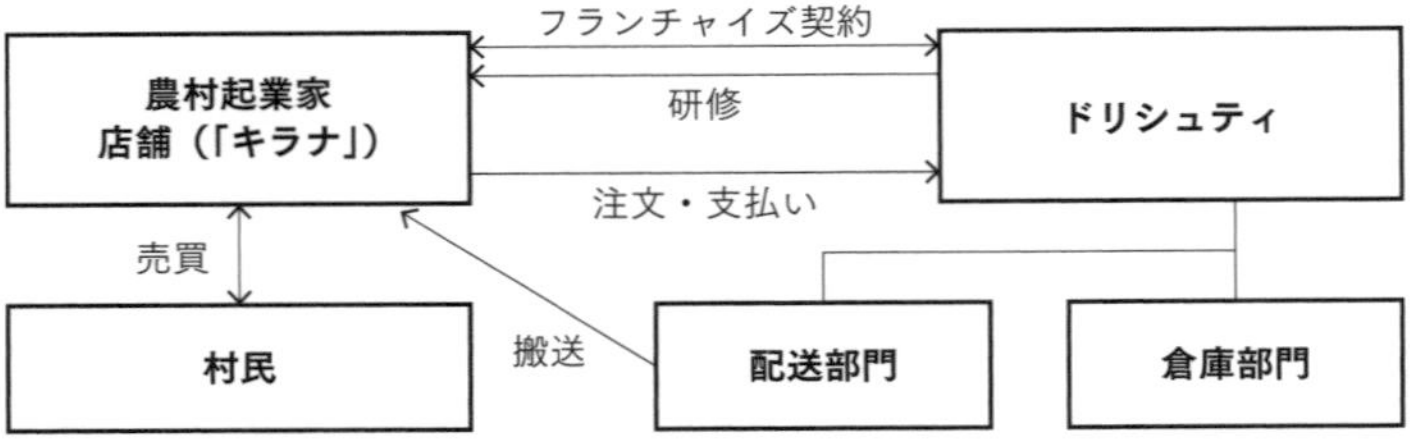

出所：ドリシュティからの聞き取りにもとづき作成

貨屋があるが、欲しい商品が届かない状況が日常茶飯事となっていた。

ドリシュティはこの状況を打開すべく、都市部と農村部を結ぶ流通網の構築により、村民の生活向上の実現に挑戦したのである。現在では、国内計11州、約6000村で販売網を確立している。

ドリシュティは、まず、現地の人材を雇用し、村落地周辺の地図づくりから始める。そもそも地図にも掲載されていない地域なので、家の位置や農道などから主要道路までの詳細な見取り図をまず作成するのである。

並行して、村落の様子を調査し、世帯数や収入状況、また、物品の購買ニーズと頻度について確認する。正確な情報を入手するため、戸別訪問も行う徹底ぶりだ。それらの調査を通じて、物品倉庫からの運搬経路や時間、また、搬入頻度を確定していく。

各店舗はフランチャイズ制やライセンス制をとるのが特徴だ。同契約により、経営者は売上額の一定割合をいわゆるロイヤルティとしてドリシュティに支払う。

実際の事業として、フランチャイズ契約を結んだ店舗経営者の研修を最初に実施する。内容は、店の運営手法、物品管理方法、支払い手続きなどの習得だ。ドリシュティは、これら取引先を「農村起業家」

と位置付け、彼らの経済的自立を事業の大きな目的としている。

次に、注文から運搬までの一連のロジスティクスを構築する。通常は、店舗経営者が商品の需要に鑑みて、インターネットやＳＮＳ通信などでドリシュティに注文。注文担当部門は倉庫部門や配達部門に指示を伝達し、最寄りの倉庫から小型トラックや三輪リキシャで店舗に物品等を運搬する。(図1―1）近隣の店舗をブロックごとにまとめて回る関係から、配達頻度は場所によって週1～2回の割合となっている。店舗からのロイヤリティを含めた支払いは、搬入時か月締めが多い。

この事業では、物品等の搬送が定期的かつ過不足なく行われ、また、卸問屋が介入しないために商品の値段も適正な水準となっている。実際に店舗は売上が伸び、村民は安い商品が欲しい時に手に入る状況が実現した。村落の需要を尊重し、菓子や石鹼なども単品から注文可能としているため、物流コストがかさむブロックも存在するが、ドリシュティは現在の取り組みを変更しない方針である。

この実績には大手企業も注目するようになり、ビジネス上の関係構築が進んだ。世界約190カ国で事業を展開する食品飲料企業ネスレの幹部がインド農村部を訪問した際、複数の店舗に自社の商品がないのに気づき、ドリシュティと即座に契約を結んだとのエピソードが残っている。

農村ビジネスの展開

農村部の流通網整備が軌道に乗るのに合わせて、同社は教育、医療、金融などのサービスについても拡大し、地元の農村起業家を支援している。例えば、地元でコンピュータ教室を始めたい起業家とフランチャイズ契約を結び、ドリシュティは教材提供や授業方法の伝授を行う。ウッタル・プラデーシュ州にある教室の場合、地元農家の子どもを中心に約100名が受講する。3カ月から1年間のカリキュラムで、生徒1人当たり1000～6000ルピー（1400～8400円）を授業料として徴収している。教室の経営は約8年間順調だ。同社の業態のなかでは、農村起業家が行う教育事業と企業の下請け業務（アウトソーシング）の収益が高い。

金融分野では、国内最大の銀行であるステート・バンク・オブ・インディアの受託で、農村部に顧客サービスデスクを設置し、フランチャイズ方式により、地元の起業家が運営する仕組みを構築している。サービス内容は銀行口座開設や送金手続き等で、デスクの設置数は国内2000カ所に及ぶ。1カ所のデスクで扱う顧客数は、平均で約1500人の規模である。この活動により、僻地の農村部においても金融サービスが利用できる状況となっている。

同社はすでに収益が黒字化し、約3億円の内部留保を有する状況にある。現在でも取引する「農村起業家」の数は増加中だ。農村ビジネスを展開するこれら経営者は、2019年末時点で約1万5000人に達した。裨益《ひえき》する村民の数は、概算で数百万人に上る。「私たちの目標は農村の開発であり、人々の幸せだ。人と人とのつながりを強化し、コミュニティとして発展していくことを望んでいる。ビジネスはその手段である」。デリー事務所の統括をしているシッタルダ・シャンカール氏はそう強調する。

創業者のミシュラ氏は、社会起業家の支援を行うアショカ財団やシュワブ財団などから表彰されており、その際の選定根拠が同社の事業を端的に言い表している。「政府・州、ビジネス、医療など情報にアクセスできないインド農村へ情報の流れを整備した。さらに、村民がそれらの情報にアクセスできるよう、サービス提供型キオスクを農村に展開している」（アショカ財団）、「農村へ複合的サービス提供モデルを開発し、実績を上げている」（シュワブ財団）。同社は物流網を管理するデジタル技術も活用しながら、農村のラストマイル問題解消に日夜取り組んでいる。

2　農家の生活を変えた「白い革命」

ミルクの国インド

お釈迦様が6年間にわたる厳しい修行の末、苦行だけでは悟りを開けないと知った時、その半死の体に村の娘スジャータが施したのは乳がゆであった。その乳がゆを食して生気を取り戻したお釈迦様がブッダガヤーの菩提樹の下に座禅し、悟りの境地にたどり着く。お釈迦様が悟りを開いたのは、約2500年前にさかのぼるが、その時にはすでに人々の食卓にはミルクが供されていたことになる。この乳がゆはパーヤサと呼ばれたが、今でも同じ名前のミルクを使ったデザートがインドにある。

紀元7世紀に中国からインドに渡った三蔵法師もヨーグルト（乳酪）や溶かしバター（ギー）を食したと記録にある。ちなみに、三蔵法師はブッダガヤーに近接するナーランダーの仏教学校で学んだが、同地では平和学を基本とする国際大学の設立が現在進展しており、日本も協力している。同じく、ナーランダーやブッダガヤーを通る国道10号線は、日本の円借款を使用して改良工事が進んでいる。

古来、大型草食動物の多くはユーラシア大陸に生息し、牛がインドで家畜化されたのは6000年以上前とされる。太古からインドで好まれてきたミルクだが、インドは知る人ぞ知る世界最大のミルク生産国である。2018年のミルク生産量は約1億9000万トンで、世界全体の約26%を占める。1999年にアメリカを抜いて世界第1位となり、日本の約20倍以上の生産量を誇る。

ミルクと言っても、インドのミルクの約半分は水牛のミルクであるのが特徴で、その他にウシ、ヤギ、ヒツジ、ラクダが含まれる。いわゆる牛乳は通常ウシのミルクを指すので、牛乳だけで見れば、インドの生産順位はアメリカに次いで世界第2位となる。

ミルク生産量が多いということは、インドには水牛やウシがたくさんいるのであろうか。確かに街中や地方の村で水牛やウシを見かける機会は多々あるが、統計によると、2018年時点で水牛の数は世界で最も多い1億1000万頭、ウシはブラジルに次ぐ世界第2位の1億8000万頭に達する。

ヒンドゥー教徒の間で牛は聖なる動物であり、牛糞までも大切に扱う文化があるが、崇める対象の牛はウシであり、水牛は対象ではない。また、インドの人口の約2割を占める他宗教信徒は牛肉を食することを禁じられていないため、インドは水牛肉を中心とした牛肉大国でもある。2014年には世界最大の牛肉輸出国となり、冷凍水牛肉はベトナムやエジプトなどに輸出されている。

生産量と同じく、インドは世界最大のミルク消費国でもある。同国は菜食主義者大国であり、国民の3割以上がベジタリアンと言われる。ジャイナ教や仏教の「不殺生」の教えがヒンドゥー教に取り入れられ、菜食主義が人々に広まったが、現在では店で販売される食品にはすべて菜食か肉食かのラベル表示が義務付けられている。ミルクが好まれるのは、ベジタリアンにとって貴重なタンパク源で

図1-2　インドのミルク生産量

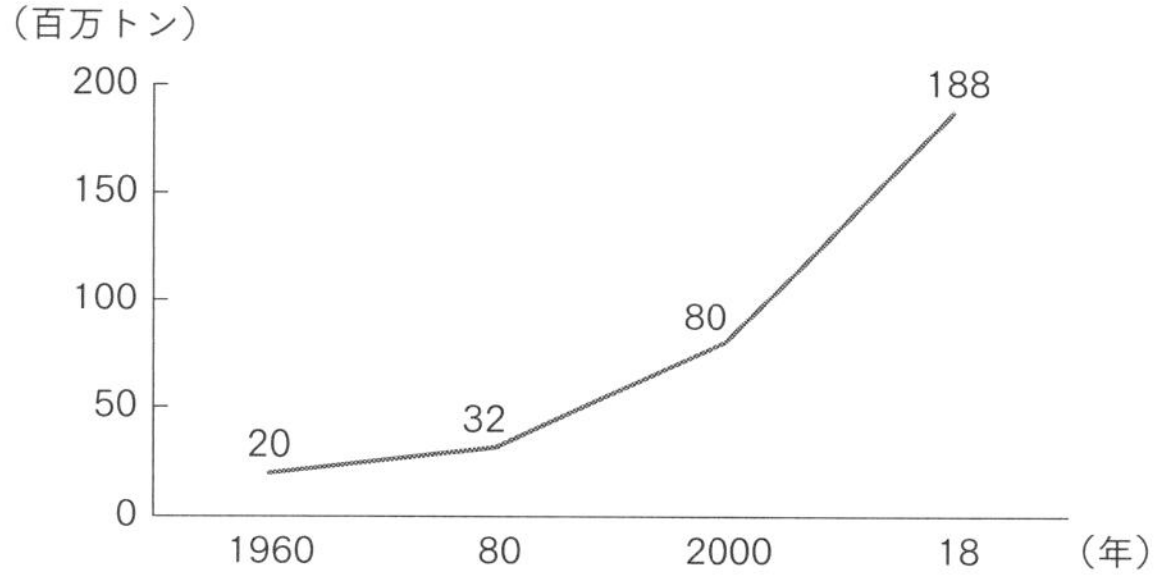

出所：インド国家乳業開発協会等公表資料より作成

あるからだ。

ベジタリアンには、動物由来の食物を一切とらない「ヴィーガン」から、肉以外であれば何でも食する「ノンミートイーター」までいるが、主流なのは肉や魚をとらなくとも乳製品は食する「ラクトベジタリアン」である。そのため、ミルクがベジタリアンの食生活を支えていると言っても過言ではない。

ヒンドゥー教徒に人気のあるクリシュナ神は子どもの頃にミルクやバターが好物だったとされ、同じくシヴァ神を祀る寺院の行事には神の象徴となる石像にミルクが注がれる。宗教との関係でも、ミルクはインド人にとってなくてはならない国民食になっている。

１９４７年の独立後、50年に１７００万トンであったミルク生産量は年々増加し、60年には２０００万トン、80年には３２００万トン、２０００年には８０００万トンに達した。

ただし、その増加の度合いは、１９５０年時の生産量が倍となるのに30年間かかったのに対し、80年時の生産量が倍になるのは14年後の94年である。すなわち、この期間に生産量の増加率が飛躍的に向上した。まさにこの期間にインドの畜産農家の間で「白い革命」が起こっていたのである（図1―2）。

「白い革命」

革命の躍動は、グジャラート州カイラ県アーナンドで始まった。牛から搾った生乳を新鮮な状態で搬入先に納めることが困難だった零細家畜農家は、仲買人が定める一方的な買取価格に業を煮やし、自ら協同組合を立ち上げ、搾ったミルクをボンベイ（現ムンバイ）に直販する事業を開始した。これに刺激され、県レベルの生産者協同組合連合が発足し、村落でのミルク収集から、保持、搬送までの販売経路が整備された。

カイラ県ミルク生産者協同組合は、ミルクのブランドネームとして「アムル」を1955年に採用し、州レベルで設立されたミルク販売協同組合連合会がこの「アムル」を組織の名前として使用するようになった。後々、この取り組みが「アムルモデル」と呼ばれる所以である。

アーナンドの取り組みが全国に展開されるようになったのは、1964年に当時のシャストリ首相が同地を訪問し、活動初期にあった「アムル」の組織体制や管理運営方法に高い関心を示したのが発端である。翌年、インド政府は、「アムルモデル」を普及させる組織として全国酪農開発局（NDDB）を中央に設立。世界銀行や国連、また、当時のヨーロッパ共同体から資金を獲得して実際の活動を開始した。この活動は酪農協同組合の組織化を中心に行われ、「オペレーション・フラッド」計画と呼ばれた。

具体的には、村落での農村ミルク生産者協同組合、県レベルのミルク生産者協同組合、州レベルの酪農協同販売連合会を立ち上げ、農家からのミルク収集、脂肪分検査、保持、加工、包装、販売、などの一連の経路を一貫体制として確立した。すなわち、農村で生産される乳製品を大都市で販売する体制を整え、そのために酪農工場や貯蔵施設を建設する事業が進められた。

中央では、全国酪農開発局が全体計画や資金配分を行う役割を担い、別に設立された全インド酪農協同組合連合が、州ごとの生産状況の管理や生産量にもとづく州間の販売調整などを扱った。さらに人工授精を含む牛の改良、獣医サービスの提供、飼料生産の拡大、などの活動が同時に進められた。中央政府と州政府の協働により、全国的な生産・販売体制が整備されたのである。

「オペレーション・フラッド」計画は、1971年から96年まで3期にわたって実施され、その間に村落の組合数は1600から7万2700に、参加する農民は約30万人から約700万人に、1日当たりのミルク収集量は500トンから1万940トンにまで、それぞれ大幅に増加した。ミルクの生産額推移で見ると、計画開始前は年率1%程度の成長率だったものが、1970～79年は4・6%、1980～89年は5・5%と高い伸びを達成した。

また、粉ミルクやバターなどの乳製品の加工・貯蔵・販売も拡充された。組合メンバーの農家はあらかじめ決められた価格でミルクの購入を保証されるとともに、即時の現金払いが基本となり、生産量の増加に伴い収入が増えた。計画開始後の約10年間で、村落の平均収入は約2倍増となったのである。

この計画の実施を通じて、農家の所得が上がるとともに、従来弱かった零細農家の立場が強化された。すなわち、市場で価格交渉を含む影響力を持つようになったのである。また、全国に「アムルモ

アムル加工工場（グジャラート州）

デル」が広がることで、生産ネットワークが州をまたいで確立され、生産・販売の効率化が促進された。

別の観点では、搾乳などの作業を女性が担い、男性優位の農村社会で女性の就労機会が増加したことも効果として挙げられる。また、一連の活動を通じて消費地が拡大し、ミルクが都市部でも広く普及することになり、人々の栄養面の向上にも一役買っている。

その後、グジャラート州の「アムル」は、情報技術を活用した経営活動を促進しており、村落でのミルク収集の自動化、配送時の衛星情報の利用、メール活用による販売と在庫管理の効率化、などを推進している。

「アムル」製品を扱う企業は3000社以上、小売店舗は全国50万カ所に及び、国内のミルクブランドとして広い販売網を確立している。販売製品も牛乳、粉ミルク、バター、ヨーグルト、アイスクリームなど多種に及ぶ。味も良く、価格も手ごろなので、筆者宅の冷蔵庫にも「アムル」の牛乳、バター、チーズが常備されている。

都市部では、「アムル」製品を含め、多くの乳製品が容易に入手できるようになっているが、首都ニューデリーでは、全国酪農開発局の子会社として設立された「マザーデイリー」がミルク市場の大

マザーデイリーの店舗（右）とミルク自動販売機（左）（デリー首都圏）

手となっている。

同社はニューデリー市内に1万４０００の小売店や８００以上の特約店を有し、街中のマーケットなどで牛乳の自動販売を行うミルクショップなどを展開している。筆者の自宅近所にある店舗の自動販売機では、ミルク1リットルの値段は42ルピー（約60円）である。現在、同社はデリー市の約6割の市場を獲得し、「アムル」と販売を競う関係にある。

「マザーデイリー」は、１９７４年に設立後、牛乳のみの販売を続けたが、96年から他の加工品の生産・販売を開始し、野菜や果物も商品として扱っている。市場で人気のある理由として、近代的な生産技術による品質保証、多様なルートによる販売網、消費者好みの商品差別化、及び積極的な宣伝戦略、などが挙げられる。なお、「マザーデイリー」のミルクショップでは、規律や体力の面で優れる退役軍人を雇用しており、これは雇用機会の提供とともに、研修費用の節約など、経営上の戦略にもとづいたものである。

低い生乳の生産性

このように「白い革命」によって、多くの農家が村落協同組合を

ミルクマン

通じて牛乳販売に参画し、所得の向上を達することができるようになった。他方、国内では農家が生産したミルクの約3割しか市場に出ていない。残りの約7割は、自家消費か、「ミルクマン」と呼ばれる零細卸売業者が介入して近隣地域に直接販売している。

　インドでは、酪農協同組合や民間乳業メーカーが集乳・販売するのはフォーマルセクターでの業態なのに対し、「ミルクマン」による流通はインフォーマルセクターでの取り扱いとなる。

　後者の業態では、農村を回って直接生乳を買い付け、常温のまま缶に入れ、バイクを使って近隣地に運び販売している。「ミルクマン」は農家との直接交渉で集乳・販売を行っており、過剰供給となる冬期に買い取りを拒否したり、価格を大幅に引き下げるなど、一般に取引が不安定で買取価格は市場より低い。

また、他国と比較した場合、農家単位のミルク生産量は未だ低い状況にある。1年当たりの生乳生産量は1頭当たり1500kg程度で、アメリカの約1万kgや日本の約8000kgに比して、7分の1から5分の1程度でしかない。これは、狭い耕作地の小規模農家が大半を占めることがその主な要因である。

搾乳風景

生乳冷蔵機器

表1-1　インドの農地保有面積と世帯数（2010年）

保有農地面積	農家世帯数（万戸）	平均農地面積（ha）	飼育する牛・水牛の平均数（頭/世帯）
極小（1ha未満）	9,283	0.4	1.7
小規模（1～2ha）	2,478	1.4	2.7
中規模（2～10ha）	1,978	3.6	3.4
大規模（10ha以上）	97	17.4	5.3
合　計	13,836	1.2	2.2

出所：三原等（2017）より作成

インドの農家世帯数は約1億4000万に及ぶが、そのうち約9割は耕作地が2ha以下の小規模農家である（表1－1）。ミルク生産には約8000万世帯が従事しているが、小規模農家で飼育する家畜の平均頭数は3頭未満となっている。もっぱら農家の所得が低いため、家畜に食べさせるのは稲わらや野草で、栄養面が貧弱である。

また、多くの村落は市場から遠く離れているため、地域によっては、小規模農家が孤立し、フォーマルセクターの生産・販売体制に組み込まれない状況にある。「白い革命」

図1-3　生乳の流通過程

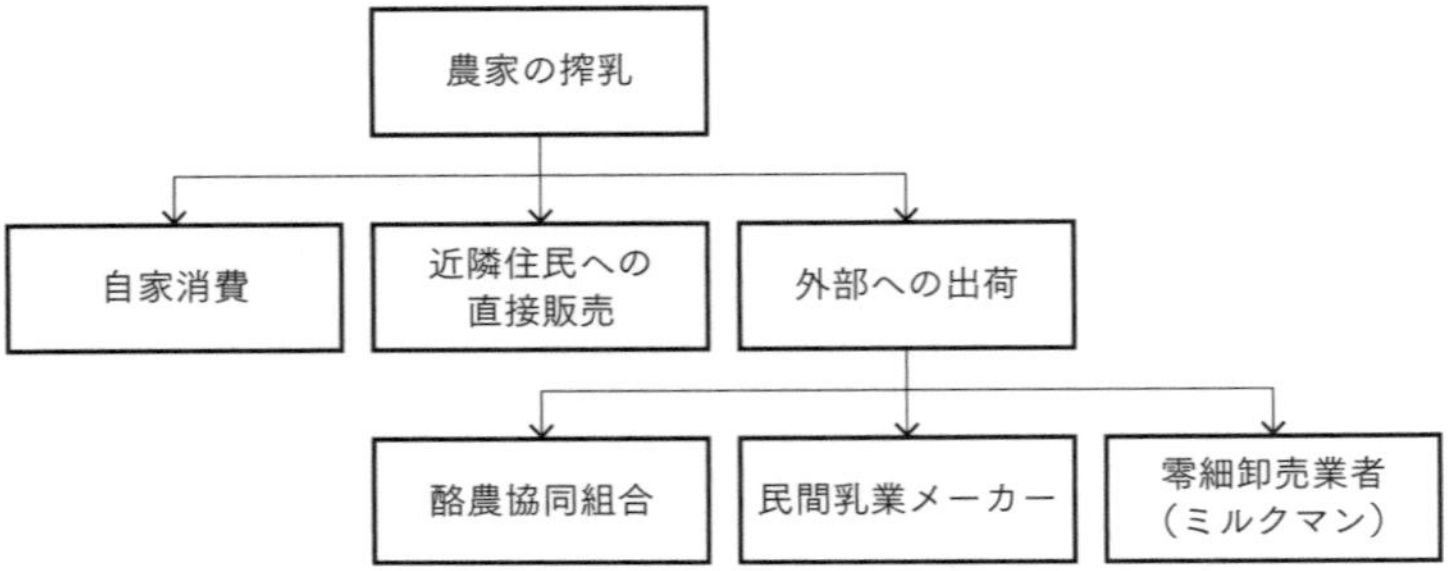

出所：国際協力機構（2016）より作成

にも「取り残された人々」が数多く存在するのである。

生乳の流通過程（図1―3）で重要なのが温度管理である。生乳に含まれるバクテリアの繁殖が生乳の腐る原因であるが、搾乳後数時間以内に工場に持ち込めない場合は、摂氏4～10度に冷却しておくことが必要となる。僻地では村の集乳所に冷却施設がない場合がほとんどであり、農家は自家消費か近隣住民への直接販売、また、「ミルクマン」による集乳・販売に頼るしか方法がない。協同組合や民間企業は村の集乳所に保冷用タンクを設置し、収集車による運搬まで生乳の腐敗を防いでいる。

農家の売却価格は、通常この集乳所において、業者による成分と重量検査で決定される。脂肪分と無脂肪固形分の比率が決め手であり、脂肪分が多いほど買取価格が高くなる。成分比率による単価は事前に農家に伝えられており、検査の結果にもとづき、その場で農家ごとに取引金額が紙に印刷される仕組みである。

小農と協働する社会的企業

ミルクの生産・販売網から「取り残された」村落において、小農からの生乳の収集や販売の手助けをする企業も存在する。そのなかで斬新な方法により実績を上げているのが、ミルク・マントラだ。同社は２００９年に設立された社会的企業で、インド東部のオディシャー州やチャッティースガル州などで事業を展開している。

多くの農家は水牛やウシから搾ったミルクは自家用に使っており、自ら品質管理ができないため、余剰があっても商品として売り出せない。同社は独自に構築した農家からのミルク収集システムや品質維持のための包装技術の開発を通じて、販売を拡大し、農民に新たな所得をもたらしている。

ミルク・マントラの生乳収集所
（オディシャー州）

販売までの具体的な流れを見てみると、農家は搾ったミルクをまず村落内の生乳収集所に運ぶ。ミルク・マントラは運ばれたミルクの質を確認するため、検査機器で脂肪分などを確認する。この検査にはスタートアップ企業のステラップ・テクノロジーが開発したセンサー機器を使用し、品質結果と同時に販売価格を農家に提示する。これにより、仲買人の干渉を排除し、価格と品質の透明性を確保している。

その後、集乳所に設置した巨大な生乳冷却器でミルクを摂氏４度以下の温度に冷やし、新鮮なまま加工工場へ配送する。同社は露光による商品のダメージを防止する３層フィルムの包装技術を使い、ミルクの賞味期限を３日間延ばすことに成功している。加工工場で包装されたミルクは販売店に運ばれる。このような過程を通じて、ミルク・マントラは農家と販売店を直接結びつけ、品質にもとづく適正な価格での販売を可能にしている。

同社の加工工場では、ミルクの他に豆腐やヨーグルトなどの乳製品をつくり、自らのブランド名で販売している。インドで料理によく使われるウコンの成分を使った免疫力に効果のある製品の開発にも成功した。牛乳や乳製品の売上が上がるにつれて、取引を行う農家は年々増加し、現在は3万5000人の農家が同社の事業に参画している。すでに集乳所は300カ所を超え、1日当たり約12万リットルのミルクが集められている。2017年に黒字を計上し、売上は年間約18億ルピー（約25億円）となっている。

同社は農家の生産量を高めるために、牛の飼料会社と提携し、飼料を農家が安価に入手する方法を確立している。家畜に関する知識が不足している農家に対しては、牛の病気や世話に関する情報を提供し、また、牛や農具などの購入を計画する農家には、銀行と協力して融資の斡旋も行っている。

創業者のスリクマ・ミシュラ氏はタタ財閥の職を捨てて、乳業の分野に飛び込んだ。未開拓のミルク販売チェーンの確立を目指したものだが、当初、工場設立の資金調達には約2年を要し、イギリスやインドの個人投資家20人以上から資金を集めた。

過去のインタビューで、「ビジネスが軌道に乗るまでに最も苦労したのは、古い生産・販売体制に慣れた農家の説得と、高価格・高品質ブランドの確立だった」と同氏は述べている。消費者開拓にはソーシャルメディアを積極的に活用し、試飲会等のイベントに親子を招くなどの努力を重ねた。

小規模農家のなかでも特に貧農層をターゲットとした同社の取り組みは、「取り残された人々」の生産意欲を沸き立たせ、それまで期待が持てなかった収入の向上を実現している。ビジネスの力で社会課題に立ち向かい、着実に実績を上げている企業。ミルク・マントラが社会的企業の成功事例とされる所以であろう。

前出のステラップ・テクノロジーは、独自のセンサー技術を使って牛の健康状態や餌の摂取量を管理・記録し、遠隔で獣医と農家をつなぐサービスを提供している。今までの実績で、農家1世帯当たりで見ると、生乳生産量は約20％の増加を実現し、かつ、家畜の治療にかかる費用は約50％の節減につながっている。同社は、独自の支払いアプリケーションを開発し、販売店から農家への自動振り込みを可能にするサービスも提供中である。インド工科大学卒の若者たちが２０１１年に立ち上げた企業が、古い体質のミルクサプライチェーンに最新の技術で切り込み、農民の生活改善に貢献している。

3色革命の成果

インドには、「白い革命」の他に、１９６０年代に本格化した「緑の革命」と80年代から実績が上がった「ピンクの革命」がある。

「緑の革命」は、農産物の品種改良、化学肥料投下、灌漑《かんがい》普及、農法の改良などを内容とし、農家の食料生産を飛躍的に向上させた。

１９５０年代までは大規模な飢饉に悩まされていたインドが、70年代には食料自給国となり、コメの大規模輸出も可能となった。２０１６年時点では、インドは世界第2位のコメ生産国であり、かつ世界最大のコメ輸出国である。「緑の革命」は農家の所得向上をもたらしたが、それにより子どもたちの小中学校への就学率が増えたとの副次的効果も報告されている。

「ピンクの革命」は、インドの食肉生産の増加を示し、特に１９８０年代以降に鶏肉生産が飛躍的な伸びを記録したことを指す。１９８５年時点のインドの食肉生産量の上位が、水牛肉１０１万トン、水牛以外の牛肉95万トン、豚肉36万トン、鶏肉16万トンであったのに対し、２００３年には、鶏肉が約10倍の１６０万トン、水牛以外の牛肉１４７万トン、水牛肉１４６万トンとなり、鶏肉が食肉の代表的な存在となった。

この期間、国内の大手孵卵《ふらん》企業によって、外国品種のブロイラーが養鶏農家へ届けられ、著しく飼養羽数が伸びた。これに伴い、ブロイラー飼育地域が南インドや東インドを中心に拡大し、全国的な鶏肉生産・流通システムが整備された。２０１８年時点で、鶏肉は食肉生産量全体の約5割を占めるまでに至っている。

これらの3色革命は、農家の所得向上を実現し、貧困削減に貢献し、農村の暮らしを改善した。また、農村社会の民主化進展と女性の地位向上にも役立っている。1農家当たりのミルクの生産性や化学肥料使用の是非、また、家禽《かきん》の疫病リスクなど、インドでは未だ諸課題が山積しているが、途上国の農業開発の文脈においては、まさしく革命的な実績を残した事例と言えるだろう。

3　近くて遠い病院

コロナ患者の悲劇

世界を席捲した新型のウイルス感染症は、インドでも保健医療分野の問題を改めて浮き彫りにした。国内の報道では、病院で満足に診断や治療を受けられない事例が多数紹介され、高額な医療費を請求された話などがたびたび取り上げられた。

首都圏では、病床が不足し、ホテルの宴会場や鉄道の車両を病室（10万床分）に仕立てる作業が続けられた。２０２１年４～５月の第２波では、国内の１日当たりの新規感染者が最大約40万人に達し、全国規模で医療提供体制が逼迫し、酸素ボンベ等の不足が大きな問題となった。他方、感染が広がりはじめた時期には、医療従事者への偏見や暴力などの問題も生じた。コロナを怖がる住人が同じアパートに居住する医療従事者の帰宅を阻止する行動などが見られたのである。

農村部では医療従事者や検査キットの不足により、検査や診断を受けられないケースが目立った。東部のオディシャー州では、失業して出稼ぎ先から戻った男性が帰宅前に地元の検疫センターで発熱したが、検査キットがないためそのまま留め置かれ、数日後に亡くなった。別の村の農民は、発熱や咳の症状が続いたが、近所の公立クリニックで検査や診断が受けられないため、都市部の公立病院まで自力で移動したものの、数日待たされた挙句、帰宅を余儀なくされ、症状が悪化して死亡した。

西部マハーラーシュトラ州ボイサール地区の男性は、公立病院でコロナの検査を受け陽性であった

コロナワクチン接種（メガラヤ州）

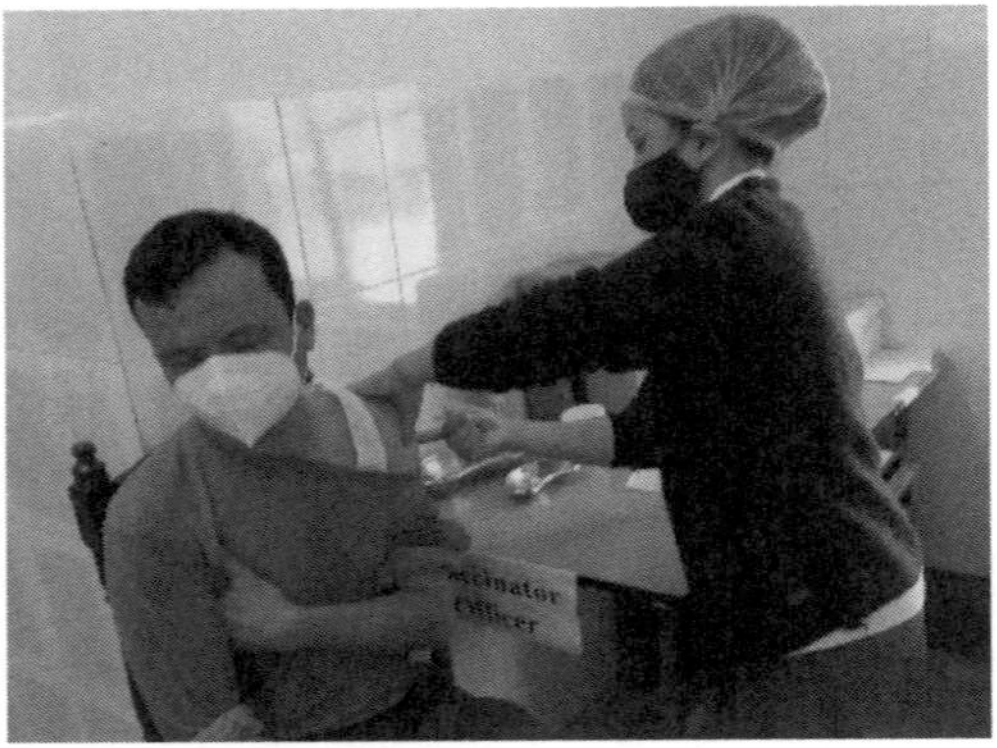

ため、都市部の私立病院への搬送が決まったが、医療費が払えないことが判明すると入院を拒否され、自宅で亡くなった。これらの病院側の対応は、不測の状況下における例外的なものとみなされる部分もあるが、公立の病院やクリニックが近所にあっても住民への医療サービスはすこぶる限定的と言わざるを得ない。農村部の住民にとっては、「病院は近くにあっても遠い存在」なのである。

州や地域によって差異はあるが、地方の公立病院の状況はお世辞にも良好とは言い難い。筆者は農村部に出張する機会を利用して、頻繁に地元の病院やクリニックを訪問したが、その実情には毎回胸がふさがる思いであった。

建物は非常に古いものが多く、室内は暗い。書庫や医療機材は老朽化が激しく、手書きのカルテが散乱している。狭い待合室に患者は入りきらず、気温40度を超える屋外で家族がぐったり座って待っている。入院病棟はベッド数がまったく足りず、床や廊下に患者が所狭しと体を横たえている。そのような状況をたびたび目にした。

クリニックに従事する医師の数は少なく、国際機関の調査では、インド農村部のクリニックでの医療従事者の欠勤率は40％にも上る。そのため、診療室には随時数十人の患者が詰めかけており、感染症の患者がそこに交じっていれば、訪問していた筆者も含め、周りにすぐ病気がうつると思われるほどの混雑ぶりである。「ここで治療を受けたいか」と聞かれれば、答えに窮すると言わざるを得ない。農村部の公立クリニックに行ってみれば、保健医療体制を強化する必要性が一目瞭然なのである。

インドの公的医療

国民が安価で適切な医療サービスを受けるためには、病院に容易に行けること、必要な診断・治療が受けられること、そして、医療費に対する保険制度が整っていること、が必要である。具体的に言えば、家の近くに医療施設があり、そこには資格を有した医療従事者が常駐し、必要な医療器材を使える体制が整い、公的な医療保険が使えることである。

公立の医療施設を見ると、インド政府の基準では、人口5000人につき末端のサブ・ヘルスセンター1カ所、人口3万人につきプライマリー・ヘルスセンター1カ所、人口12万人につき地域医療センター1カ所が、それぞれ設置されることになっている。

サブ・ヘルスセンターでは、医療補助員と看護師の2名により、健康相談、簡易な治療、予防接種などが行われる。プライマリー・ヘルスセンターでは、医師数名と看護師など計15名程度を配置し、軽度な疾病やケガなどの治療、出産や新生児ケア、また、救急対応などを実施する。地域医療センターでは、外科、内科、婦人科、小児科の各医師と看護師など21名を配置し、各種診断や治療を行う。さらに高度な医療サービスが必要な場合は、都市部に存在する県病院や州病院で対応する。

2016年時点で、インド国内のサブ・ヘルスセンターは約15万4000カ所、プライマリー・ヘ

表1-2　公立病院の階層（2016年）

病院の治療レベル	病院の種類
三次（高度）医療	総合・大学病院、高度専科病院
二次医療	県・州病院
一次医療 （文中のクリニックを含む）	地域医療センター（約5,400カ所） プライマリー・ヘルスセンター（約2万5,000カ所） サブ・ヘルスセンター（約15万4,000カ所）

出所：経済産業省公表資料より作成

ルスセンターは約2万5000カ所、地域医療センターは約5400カ所である（表1－2）。インドの人口を約13億人として計算すると、政府の基準に従えば、サブ・ヘルスセンターは約26万カ所、プライマリー・ヘルスセンターは約4万3000カ所、地域医療センターは約1万1000カ所設置される必要があるが、現状はその半分程度となっている。つまり、公立医療施設は未だ政府の基準に従った十分な数に達していない状況と言える。このため、インドでは民間医療機関の数が多く、公立病院の約2・5倍の規模となっている。すなわち、医療機関全体のうち、約7割は民間の施設が占めており、公立病院の不足を民間病院が埋めている状況と言ってよい。

インドにおいて、公的・民間を合わせた医師の数を見ると、2018年時点で人口1000人中0・86人となっている。この数は、WHOの推奨する最低必要な医師数（人口1000人中1人）の基準に達していない。世界平均は同年で約1・57人となっている。

医師の約9割は都市部の病院に勤めており、地方での医師不足が顕著である。このため、農村によっては、「ベンガル医者」と呼ばれる無資格の医療行為者や、「ボーパ」と呼ばれる祈禱師が未だ住民から頼りにされている。WHOによると、インドの農村部では、「医師」

全体の約2割程度しか正式な資格を持っていないという。

また、患者の病床数は2018年時点で人口1000人に対して0・9床となっており、これも世界平均の2・7床を大きく下回る。病床が不足しているので、前述した通り、廊下などに多くの患者が寿司詰め状態で雑魚寝している光景が常態化し、さながら野戦病院のような様相を呈している。このため、都市部の病院などでは、有力者のツテなどを使って入院ベッドを確保する「特別ルート」もよく使われている。

「モディケア」

インドの公的医療保険制度は、代表的な種類として、国家医療保険、従業員国家保険、及び中央政府職員保険がある。このうち国家医療保険は、政府が定める貧困ライン以下の世帯に属する者を対象としており、被保険者は最初の登録料として1世帯当たり30ルピー（42円）を払えば、保険対象となる。給付は、登録された医療機関での入院医療の場合、年間上限3万ルピー（4万2000円）や入院1回当たり100ルピー（140円）の交通費が対象となる。2016年時点で約4000万世帯が加入しており、加入資格がある貧困ライン以下の全世帯の57％に当たる。

2018年にモディ政権はこの制度を拡張した国家健康保護計画（通称「モディケア」）を導入し、世帯当たり年間50万ルピー（70万円）の給付が可能な制度を開始した。加入者は2019年前半に約5億人まで増加し、貧困層のほとんどが公的保険により医療費支出を賄える体制が整いつつある。

「モディケア」導入前は、公的医療保険制度の加入者は国民全体の約2割強であったが、現在は約4

図1-4　複数国の保健指標比較（2017年）

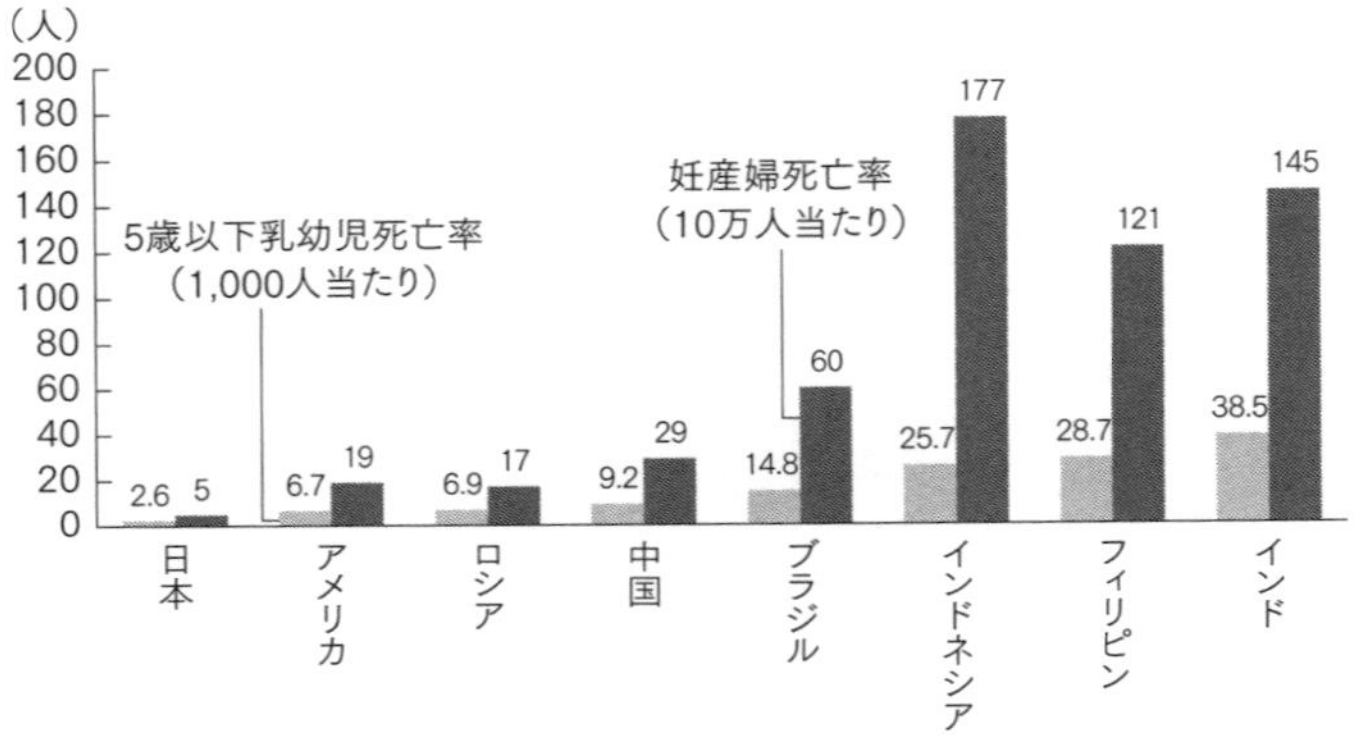

出所：世界銀行公表資料より作成

割まで増加した。特に公的医療施設で治療を受けた場合は、貧困層は無償となるため、その恩恵は大きいと言えるだろう。

他方で、病院の質の問題から、農村部の貧困層であっても公立の医療施設を回避する傾向が顕著である。2006年の政府の調査では、貧困層であっても、全体の7割は民間医療施設を選択することが判明している。同調査では、公立医療施設を使わない理由として、場所が遠すぎること、待ち時間が長すぎること、診療の内容が十分でないこと、が挙げられている。これは公立病院の数が十分でないことや、医師の数が不足していることと整合的である。

同じく、医師や医療従事者の欠勤が多いことや、医療品の不足も、不満の理由となっている。民間医療施設を利用する場合は、公立の約3倍近く医療費がかかるが、それでも質の良い医療サービスの提供が好まれる傾向にある。筆者の職場の同僚であるインド人職員の間でも、民間「公立病院は待ち時間が長すぎて使い勝手が悪く、民間病院しか使わない」とする声がほとんどである。

このように、インドでは公的な医療保険制度の拡充が重要課題となっている。２０１７年時点の５歳以下の乳幼児死亡率（１０００人当たり38・５人）や妊産婦死亡率（10万人当たり１４５人）は、15年を達成の最終年とした当時の「ミレニアム開発目標（ＭＤＧｓ）」の26・７人及び95人をそれぞれ大幅に上回っている。

また、１９９０年には感染症による死亡が全体の約半分を占めていたが、最近は心臓病や呼吸器疾患など、非感染症による死亡が増加しており、２０１７年で全体の約64％に達した。これは、生活習慣の変化などが要因であるが、病院での診断や治療も複雑かつ高度な対応が必要となっている。クリニックから中核病院をつなぐ紹介・連絡体制の構築が求められる。

今後、公的医療分野を充実させるには、病院施設の整備、医療従事者の育成・増員、病院間をつなぐ連携システムの構築などが、同時に行われなければならない。コロナ禍を契機として、インド政府は病院の拡充計画や感染症研究の体制強化など、ようやく本格的な取り組みを開始している。一方で、農村部を中心に未だ保健医療サービスから「取り残された人々」が多数存在するなか、熱意と技術を有する起業家たちが様々な取り組みを行っている。

拡大する遠隔医療――ドックスアップ

村落で生活する住民には、病気やケガの症状に迅速かつ安価に対応するサービスが求められる。この需要に応えるため、人工知能（ＡＩ）を活用してオンラインで医療診断を行うスタートアップ企業や、農村部の住民に特化した遠隔医療サービスを行う社会的企業が出現している。そのなかには、日本の投資家から出資を受けている企業も存在する。

ドックスアップは、「良質な医療を1億人にアクセス可能に」をミッションに掲げ、遠隔医療を行うバンガロール拠点のスタートアップ企業である。一般診療に加え、深夜の緊急診療やセカンドオピニオンを求める患者などにオンラインの医療サービスを提供している。スマートフォンがあれば、農村部からでも医師の診察や薬剤の処方を24時間いつでも受けることができる。実際に患者の約6割は、地方の住民である。

遠隔医療の魅力は、患者の移動時間と費用を節約し、症状に応じて手軽に受診や相談ができる点にある。ドックスアップの診療プラットフォームには約1万人の医師が登録しており、婦人科、皮膚科、循環器科、消化器科、小児科等、幅広く対応している。どの医師が対応するかは、専門性と、患者の居住地に近い医療施設に属しているかで決める。患者によっては緊急対応や対面診療が必要となる場合があり、地理的な利便性を考慮するためだ。

診療を受けるために、患者はまず同社のホームページにアクセスし、診断用のアプリをダウンロードする。年齢や性別等の基本情報と症状を入力すると、ＡＩを用いたチャットボットによる問診が行われ、その結果にもとづき医師が選定される。選定の際には、患者に医師の情報や写真が表示される。医師が決まれば、早ければ数分以内にオンラインで診断が行われる。ビデオコール、チャット、または電話が利用可能で、患者が望む方法を選べる仕組みとなっている。診察後、薬の処方箋がオンラインを通じて発行される。診察料の決済は、デビットカード、クレジットカード、インターネットバンキング、各スマホ決済アプリケーションの使用が可能だ。

発行された処方箋は医師が所属する近隣地の医療機関でも利用できるが、ドックスアップと提携するデリバリー会社への注文もネット上でできる。地方であっても、早ければ注文の翌日には薬が届く迅速さだ。診察代は1回399~899ルピー（約559~約1259円）であり、通常の民間病院より約6割程度安価な料金となっている。定価1500ルピー（2100円）のゴールドメンバーになると、18分野における専門医の診察を家族全員が1年間無制限に受けることができ、薬の配達や検査機関の利用に割引を受けることもできる。

同社のAIによる問診結果や診察内容はすべてデータとして蓄積され、次回の診察に利用される。これは、医師が代わっても同じ情報にアクセスできるデジタル医療の実践だ。患者や症状例が増えるにしたがい、AIの学習も進化し、問診精度が向上する。

2015年の設立後、同社の受診数は年々増加し、1日当たり1万件を超える規模になっている。特にコロナ禍による在宅での診断需要が増えたのと、政府から遠隔医療の推進策が公表されたことが、業務拡大の後押しになっている。同社には、日本企業のテクマトリックス、DeNA、また、日系ベンチャーファンドからも出資がなされており、一時日本人が在籍していた。

農村での医療サービス——イクレ・テクノソフト

スマートフォンを有していない僻地の住民を対象にする社会的企業が、イクレ・テクノソフトだ。同社はクラウドベースの医療診断アプリケーションを開発し、農村と都市部の病院との間で患者の症例についてリアルタイムで通信・照会できるシステムを構築した。これにより、遠隔地でも一次医療サービスを低料金で提供することが可能となった。

同社の事業では、モバイルアプリケーションの操作を含め独自に訓練された保健ワーカーが最前線で活動する。保健ワーカーは携帯用の検査機器とスマートフォンを持参し、農村の家庭を直接訪問する。携帯する機器は血圧や心電図を記録し、スマートフォンに転送可能だ。

患者の症状や検査結果は、その場でスマートフォンから同社が経営する都市部の病院に送られ、担当の医師が診察し、保健ワーカー及び患者に対してビデオや電話機能で結果を伝える。患者やその家族は、リアルタイムで家にいながら医師の診断が直接聞ける。まさに、僻地でのラストマイルを埋める医療サービスの実践である。

農村部には同社が設けたクリニックがあり、保健ワーカーはそこに常駐し、村民の相談にも対応する。現在、同社が設置した都市部の病院は9カ所、農村のクリニックは150カ所に及び、約400人の保健ワーカーがクリニックに配置されている。いわゆる「ハブ（中心拠点）＆スポーク（外に延びる軸）」型で医療サービスを150の村に提供している。診療車による医療出張キャンプも実施されており、2018年度は約60回の回診を行い、合計約9000人の住民が検査や診断を受けた。最近では、視覚に問題を抱える患者が多いため、眼科の診察にも力を入れている。

診療代は、一般診療が1人1回につき100ルピー（140円）、特別診療が同200～250ルピー（280～350円）で、民間病院の6割程度となっている。市街地への移動費や費やす時間を考えると、その節約効果は大きい。今のところ、1地域で月当たりの患者数500人が財務均衡上の目安である。

同社の収入構造は、遠隔医療による診療と企業等からの調査受注があり、2018年度は前者の収入が約2200万ルピー（約3080万円）、後者は約3300万ルピー（約4620万円）を計上し、合計額では前年比14％の増加となった。これにより、2010年の会社設立後、念願の純利益を計上することができた。また、同社の活動に賛同する民間企業からCSR（Corporate Social

イクレ・テクノソフトに従事する保健ワーカーの活動

（提供）イクレ・テクノソフト

イクレ・テクノソフトの遠隔診断の様子

（提供）イクレ・テクノソフト

Responsibility：企業の社会的責任）予算を使った支援があり、医療出張キャンプなどの費用に充当されている。同社には、日本の社会的投資団体ＡＲＵＮが出資を行っている。

会社設立後の累計では、国内西部の7州において、遠隔医療や出張キャンプを実施した村の数が約4000、診療した人数は約800万人に上っている。業績が好調のため、ハブとなる都市部の病院とスポークとなる農村のクリニックを毎年増加させていく方針だ。これまでの実績により、同社は農村遠隔医療の草分けとも言える存在になっている。

貧しい人が利用できる救急車サービス――ジキザ・ヘルスケア

緊急を要する救急医療のラストマイルを埋める社会的企業も存在する。緊急事態が発生してから短時間で最寄りの病院に搬送された患者は、生存の可能性が高くなる。救急医療システムが整備されていれば、多くの患者の命を助けられる。

しかし、インドでは、救急患者の約3割が病院に搬送される前に死亡している。また、交通事故被害者の約8割は、事故発生から1時間以内に医療サービスを受けられていない。搬送の遅れが致命的な結果を招いている事態が、日常化しているのである。

私立病院の増加とともに、保健医療分野は着実に発展してきているが、インドでは中央集権型の救急医療システムが確立されていない。例えば、日本と違い、救急車サービスを受ける場合の緊急電話番号が全国で統一されておらず、多くの州で異なる番号を使用している。また、病院が個別に提供する緊急電話番号も、地域や場所により異なっている。さらに、インドの救急車サービスは一般的に迅速ではなく、車両の数や訓練を受けた救急隊員が不足している。このような状況から、国内のどこからでもアクセスできる救急医療システムの構築が急務となっている。

この課題に挑戦すべく、２００４年に設立されたのが、ジキザ・ヘルスケアだ。同社は、対象地域の患者が24時間いつでも救急車サービスを受けられる体制を築いてきた。救急車の効率的な配車を可能にすべく、追跡システムを備えた最先端技術を活用し、年中無休のコールセンターを運営している。救急車は高度救命用と基礎救命用の２種類を所有し、それぞれに訓練を受けた医師と救急医療技術者が同乗する。

どちらも患者の応急処置、基本的な生命維持、その他の緊急対応を行うが、前者には人工呼吸器、心拍計、蘇生キットなども装備され、生命の危機にある患者の対応を可能にしている。所有する救急車の数は、約３０００台に達している。

ジキザ・ヘルスケアの救急車

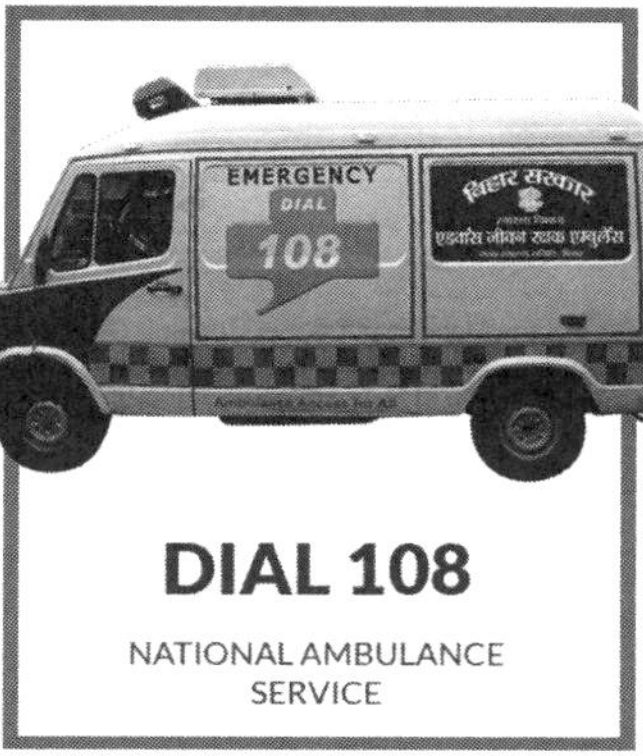

（提供）ジキザ・ヘルスケア

ジキザ・ヘルスケアは、すでに国内16州でサービスを展開し、利用者は累計で２４００万人以上に上る。同社を特徴付ける工夫は、富裕層と低所得者層で異なる料金体系としていることだ。いわゆる「クロスサブシディ方式」と呼ばれるこの手法で、低所得者層は低い料金、あるいは無料で救急車サービスが利用できる。実際、公立病院への搬送は無料となっている。

また、遠隔地の住民や低所得者層がこのサービスを利用できるように、同社は州政府や公立病院と連携し、一部補助金の提供を受け、収入を確保する工夫を行っている。さらに、民間企業の委託業務を受注し、富裕層向けのサービスを通じて相応の料金徴収を行い、低所得者層向けの費用を補塡している。

同社は、医療サービスの質を改善させるため、イギリスやアメリカの救急サービス機関と連携し、知識・技術面の能力向上にも余念がない。さらに、救急車サービスにとどまらず、ケーララ州など複数の州で、農村部を対象とした移動医療ユニットを運営している。いわゆる出張診療で、住民は無料で医療サービスの提供が受けられる。

この出張サービスには、医師、看護師、放射線技師、検査技師、薬剤師、運転手が配置され、クリニック並みの診療が可能だ。公的サービスが届かない分野に進出し、独自の救急医療サービスを提供する同社の取り組みは、農村部の人々にとって永らく懸案だった病院への迅速な搬送の問題を、着実に解消しつつある。

ラストマイルビジネスの成功要因

前述の活動を含め、保健医療分野の社会的企業の多くは、農村地域の貧困世帯に質の高い一次医療サービスを低料金で提供することに取り組んでいる。この分野の主な課題としては、①安価なサービス料金と費用回収、②農村地域での有能な医師や医療スタッフの雇用、③地方の医療従事者の割高な研修費用、④僻地でも機能する遠隔医療システムの構築、⑤村民による伝統的な治療法への依存、などが挙げられる。

これらの課題に取り組むのは容易なことではないが、起業家たちは工夫を凝らし、遠隔医療を可能とするアプリケーションの開発、遠隔地のクリニックと都市部の病院の接続、料金の内部補助金制度（クロスサブシディ方式）の導入、訪問医療や村民の啓発プログラムの実施、などで事態の打開を図っている。

この分野で活動し、実績を上げている団体の成功要因として挙げられるのは、①必要最小限の設備と業務の標準化を通じて、医療及び保健サービス料金を抑えること、②購買力の高い顧客に高い料金を課すことで、貧困層の顧客の医療費を補助するシステムを導入すること、③地域で活動する団体などと協力して、低所得者層が近代医療を信用するような啓発キャンペーンを行うこと、④携帯機器、クラウド、ビデオなどのＩＴ媒体を活用して、農村地域の患者と都市部の医師の間を結びつけること、などである。

コロナ禍の影響を受け、政府は２０２１年に公的サービスの医療施設拡充を推進する施策「首相の自立的な健康計画（ＰＭ－ＡＳＢＹ）」を開始するが、これを受けて、先駆的な取り組みを行うスタートアップ企業や団体が増加することが見込まれる。

4　インドのデジタルトランスフォーメーション

迅速だった給付金振込

２０２０年の春、新型コロナの感染拡大を受け、日本では全国民に一律10万円の特別定額給付金の支給が決まり、各自治体によって支払い手続きが行われた。その際、身分証明や郵便を通じた確認作業などで実際の受け取りまで数カ月の時間を要した例もあった。

インドにおいても、コロナの影響を受けた低所得者層等に対して給付金支給が行われたが、政府の決定後、速やかに支払いが実行された。数億人規模の膨大な人数が短期間で給付金を手にした事実は、インド政府の瞠目すべき実行能力を物語っている。

モディ政権の主要政策の1つが「デジタル・インディア」である。情報通信のインフラ整備を通じて、行政サービスの電子化・効率化を図るとともに、ビジネス環境の改善を主眼としている。「デジタル・インディア」は、①公共サービスとしてあらゆる市民にデジタルインフラを提供する、②電子行政サービスのオンデマンド化を図る、③市民のデジタル知識を向上させる、ことを目標に掲げ、種々の施策が実行されている。

国民共通の身分証明書「アーダール」（日本のマイナンバーカードに相当）のデジタル認証機能としての活用、携帯電話と銀行口座を活用した効率的な金融サービスの提供、行政文書のクラウド化、行政手続きのデジタル化、などがそれに含まれる。

ちなみに「アーダール」には、個人の氏名、生年月日、性別、住所、顔写真、12桁の固有番号の他、十指の指紋と目の虹彩の生体情報が内蔵され、政府のデータベースに登録される。この身分証明書制度は、貧困層や農村部へ社会保障サービスが確実に届くことを意図して、マンモハン・シン政権時の2009年に開始されたものである。2018年7月時点で「アーダール」の保持者は、12億人を超えている。

一時、外国人にも「アーダール」の発行を推奨した時期があり、それを提示しないと新しい銀行口座が開けないとの噂が広がった。結局は杞憂に終わったが、空港やホテルなどでインド人が身分証明として「アーダール」を提示している場面をよくみかける。

インターネットやスマートフォンの普及により、商業活動や日常生活が便利になっているが、特に物流や金融のインフラが未整備の途上国ではその効果は大きい。インドでも、最寄りの銀行にお金を引き出しに行くのに数日を要していた農村部の住民が、スマートフォンを使えば数分で資金のやりとりができるようになった。また、Eコマースにより、製品の価格が下がり、流通費用が節約され、何時間もかけて街のマーケットまで買い物に行く必要がなくなった。

消費者が実際に払ってもよいと考える金額を支払意思額と言うが、Eコマースを利用した実際の購入価格は、旧来の物流網で想定していた支払意思額よりもだいぶ下がっている感がある。経済学では、この実際の購入額と支払意思額の差を消費者余剰と呼び、消費者の「お得度合い」を表す。デジタルインフラの整備が進むことで、この消費者余剰が大きくなり、人々の「お得度合い」は着実に高くなっていると考えられる。特に農村部などでEコマースによる「お得度合い」が増えれば、それだけラストマイルでの経済効果が出ている証左にもなるだろう。

金融包摂の取り組み――「JAM番号トリニティ」

「デジタル・インディア」で導入されたのが「JAM番号トリニティ」である。これは、行政手続きの効率化と国民厚生の向上を同時に図ることを目的としている。具体的には、銀行口座、「アーダール」、携帯電話の3つの番号を結びつけ、行政側から対象者への送金手続きなどを円滑に行うシステムを構築するものである。

例えば、事前に受給資格登録が済んでいる貧困家庭に対し、行政側から銀行振込による現金支給を速やかに実行することが可能となる。これにより、申請書記載などの書類上の手間が省かれ、行政側と受取側双方の手続きコストが軽減される。日本では、前述した給付金支払いの遅延を教訓として、緊急時の円滑な支払い手続きを可能にするため、「マイナンバー」と銀行口座を紐づけて事前登録する方法について、検討が開始された。

「JAM番号トリニティ」が導入される前の2011年時点で、銀行サービスが可能な村は、全国で2割弱にすぎなかった。農村部を中心に、約1億4000万世帯が銀行と関係のない生活を送っていた。このため、受給資格のある貧困家庭や高齢者に給付金が届かない問題が日常化していた。地元の自治体職員による「中抜き」などが、大きな課題となっていたのである。政府の試算では、実際に資格のある世帯に届いている給付金は「予算配分額の半分」程度となっていた。

従来、低所得者層は物理的なアクセスや身分証明などの問題で、銀行口座を持つことは困難であった。このため、遠隔地への支払いなども現金決済を余儀なくされていた。銀行側にとっても、わずかな金額しか預金しない貧困層の口座は、維持費用に見合わず、口座開設の動機が薄かった。農村では、多くの世帯が金融サービスから「取り残された」状態だったのである。金融のラストマイルを埋めるには、「ＪＡＭ番号トリニティ」の登場が必要だった。

第１次モディ政権は、金融アクセス向上策を２０１４年に開始し、低所得者層の銀行口座開設を促すキャンペーンを実行した。これにより口座開設数が急増し、銀行の預金残高の増加につながった。

このキャンペーンは、口座維持手数料の無料化などを内容としたものだが、並行して進められた「アーダール」の普及事業が銀行での口座開設手続きを容易にした。この結果、２０１９年までに低所得者層を中心に３億３０００万以上の新しい口座が開設されることになった。

銀行サービスを利用することで、政府からの給付金受け取りだけでなく、家族への送金や物品の支払いなども円滑になり、生活上の便利さが向上した。携帯電話の普及率が高まるにつれ、オンラインでの決済等が容易となり、使えるサービスの幅が広がっている。さらに、書類の手続きが減ったことで、行政コストの削減や汚職の抑制につながっていることは明らかだ。実際、地方の役人が現金を横領したりする事案が減り、政府によって定められた金額が受給者に届くようになっている。政府の補助金や給付金支給の住民へのラストマイルが、ようやく実現したのである。

口座振込は４日以内

コロナ禍において、インドでは、低所得者層、高齢者、障害者等が一時給付金の支給対象者であっ

農村の銀行顧客サービスデスク
（ウッタル・プラデーシュ州）

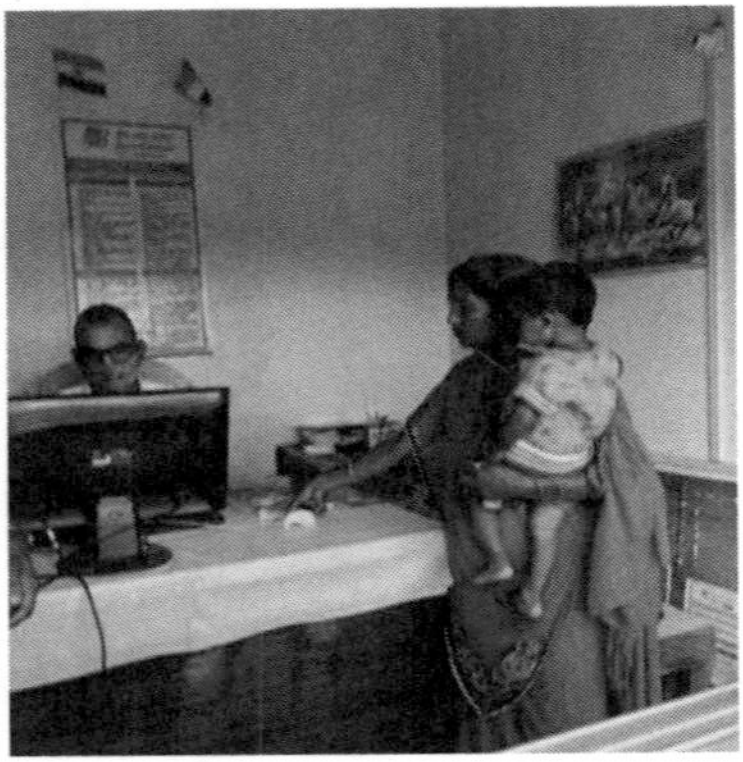

たが、前述の「ＪＡＭ番号トリニティ」が有効に機能したからこそ、口座振込を通じて迅速に支払いが実行されたのである。政府の給付金振込マニュアルによると、当局が振込を指示すれば、4日以内に対象者の口座に給付金が入金される手筈となっている。対象者はすでに確定しているので、事前に身分を確認する作業は不要である。

現在では、国民の9割以上が種々の金融サービスを直接受けられる状況にある。銀行口座が「アーダール」に紐づけられている数は約9億に上り、給付金対象者全体の約8割をカバーしている。ちなみに、「アーダール」の活用により、コロナワクチンの接種もデジタルを通じて一元管理される状況にある。いつどこで接種を受けたかが、自治体及び自分で把握できるようになっている。

「ＪＡＭ番号トリニティ」の用途は、「全国農村雇用保障法」下で公共事業に従事した村民への給金支払い、プロパンガスの補助金、奨学金、高齢者等への年金の支給、などに広がっている。これにより、国民の厚生は着実に向上していると言えるだろう。デジタル化推進のため、政府は、全国どこでもインターネットにつながる環境の構築を目指している。そのため、約65万に上る村落すべてに光ファイバーの敷設を行う「国家光ファイバー網計画」も推進中である。

すでに同計画のフェーズ1が終了し、約15万村が高速ブロードバンドに接続された。モディ首相は、第2次政権の期間中（2019～24年）にすべての村への光ファイバー敷設を実現することを表明している。これが実現すれば通信ネットワークが全国隅々まで行き渡り、「JAM番号トリニティ」による送金に限らず、各種決済や公共サービスの遠隔監理、また、オンライン教育などが広く普及することになる。インドでは農村部の変革が社会のデジタル化によってもたらされようとしている。

世界最大の電子選挙

デジタル化と言えば、インドで5年ごとに行われる中央の総選挙には電子媒体が使われている。いわゆる「電子選挙」である。インドは1947年の独立時から民主主義を国是としており、国会議員や州議会議員は平等選挙によって選出される。

国政選挙に投票する選挙民の数は約9億人に上り、世界に誇る民主主義大国となっている。その投票システムを支えるのがデジタル技術で、インドは2004年から「電子選挙」を導入している。

この背景として、従来の手作業の投開票が膨大な作業と時間を要し、また、投開票途中の不正行為が頻発したことなどが挙げられる。「電子選挙」はそれらの問題を解決する方法だが、すでに当時においても、インドはそれを実行する技術を有していた。

2019年の総選挙を見てみると、全国に設けられた投票所は約100万カ所、動員された選挙職員は約500万人、使用された電子投票機は約230万台に上る。投票は地域を特定した形で順番に行い、4月11日から5月19日まで39日間かけて7フェーズに分けて実施された。下院議員545議席

電子選挙の様子

に対し、登録政党数は２３５４、立候補者は８０３９人に上り、第1次モディ政権の信任を問う選挙となった。結果として、投票率は67%、モディ首相が所属するインド人民党が圧勝し、第2次モディ政権が誕生した。

筆者はこの選挙時にニューデリーに駐在していたので、住居近くの商店街に設置された投票所を訪れてみた。係の人に投票の方法を聞いてみると、まず、投票所に来た有権者は、自分の「アーダール」や他の身分証明書を提示する。係員はそれを選挙人名簿と照らし合わせ、本人であることを確認する。

次に投票になるが、電子投票機は「コントロールユニット」と「投票ユニット」からなっており、係員が「コントロールユニット」のボタンを押すと「投票ユニット」のロックが解除される仕組みになっている。ロック解除後に有権者は、自分の支持する政党のボタンを自分で押す。各ボタンの横には候補者名と政党のシンボルが表記されており、字が読めない人であっても、シンボルが判別できれば投票が可能である。ボタンを押すと、選んだ候補者名の印刷された紙がプリンターから出力され、投票者はそれを確認する。確認後、投票が終わったことを示すために職員に特別な塗料を手に塗られ、それで終了だ。この塗料は数週間落ちないので、悪意を持った人が再度投票人を装って票を入れる（ボタンを押す）ことを防止している。

当日、投票所は野外に設置され、数十人が列をなして投票作業を待っていたが、静かに淡々と投票が進んでいたのが印象的であった。

選挙管理委員会のガイドラインでは、選挙民の住居から2㎞以内に投票所を設けることが定められている。報道によると、投票所のうち、約2万カ所は山中の僻地に設置され、最も標高が高い場所は、富士山よりも高い海抜4600メートルの地点だったそうだ。また、わずか数名の投票者のため、選挙係が山岳地帯を1日かけて徒歩で踏破し、コンピュータのボタンを押してもらった事例が紹介されている。国是である民主主義を守るために、ラストマイルをつなぐ努力が必死に行われたのである。

この「電子選挙」を歓迎する国民の声は多い。その理由として、①投票にまつわる不正や暴力事件の防止につながること、②従来の紙による選挙では、森林伐採など環境面で問題があったこと、③数億人に上る読み書きのできない選挙民の投票がより容易になったこと、そして④何より投票の効率が格段に高まったこと、などが挙げられている。インドにおける「電子選挙」の例は、デジタル社会の実現が環境問題への対応や民主主義の維持にも大きく貢献することを物語っていると言えよう。

広がるEコマース

インド国内では、旅行サイトやタクシーの配車サービス、また宅配や映画コンテンツの配信など、

Eコマースの規模は年々拡大している。2010年に約60億USドル（約6300億円）であった市場規模は、20年には約1000億USドル（約10・5兆円）規模に達している。同年11月のインド新年に当たるディーワーリー前後では、1カ月間のEコマース売上が前年比約6割増の約83億USドル（約8700億円）に達した。

利用者数は、前年比約9割増の8800万人に上る。利用者の約半分は、地方の中規模都市（農村部含む）の住民だ。スマートフォンが広く普及しはじめたことやEコマース関連の法制度・決済システムが整備されてきたことが、ビジネス拡大を後押ししている。

携帯電話は、すでに国民の約9割が保有するに至っているが、スマートフォンはその半分程度、約4億人が使用している。携帯電話回線を利用したデータ通信も広まり、インターネットの利用者は2010年には約1億人規模であったが、2020年時点で約7億人に達している。スマートフォンは、1万ルピーほど（約1万4000円）で買える中国ブランドが人気で、中間層を中心に市場が拡大している。

電子決済については、統合決済インターフェイス（UPI）をインド決済公社（NPCI）が開発し、モバイル決済に特化したプラットフォームを構築した。これにインドで広く普及している通信アプリケーションのワッツアップ（WhatsApp）が接続され、オンライン決済サービスが拡大している。モディ政権が2016年に実施した高額紙幣廃止政策の効果もあり、現金を使わないオンライン支払いが着実に国民に浸透しつつある。店舗での支払いに利用するデビットカードも、日常の使用が増えている。

中央銀行に当たるインド準備銀行は、2020年末に電子決済の普及を目指した「決済インフラ基金」を設立し、農村部の店舗を中心にPOS（販売時点情報管理）端末やQRコードを利用した決済システムの導入に補助金を支給することを発表した。この基金を通じて、POSは100万店、QRコードは200万店での使用を目標にしている。同基金には、準備銀行や電子決済で収益を得るカード会社などが資金を拠出している。

Eコマースのうち、各家庭に商品を届けるオンライン小売市場の規模も年々拡大中だ。2010年には約5億USドル（約525億円）規模だった市場は、20年には約300億USドル（約3・2兆円）に達し、Eコマース全体の約3割を占めるに至っている。いわゆる小売のEコマース率（小売全体に占めるEコマースの割合）は約5％となり、日本の約7％（2019年）に近い水準となっている。

2007年に現地企業であるフリップカートが業務を開始し、10年に同じくスナップディール、12年には米アマゾンが参入し、オンライン小売が本格化した。すでにアマゾンの利用者は1億5000万人以上、フリップカートは1億人以上に達している。

現在、デリーやバンガロールなどの大都市では、全体の約5割の消費者が同サービスを利用している。また、農村部でもオンライン売買を利用する世帯は全体の約4割にまで増えている。実際の購買商品は、スマートフォンなどの電子機器や冷蔵庫などの大型家電が全体の半分程度を占める。

注文者への配送について、自社の配送網を有している企業もあるが、アマゾンなど多くのオンライン業者は、各地の配送業者と協力し、地方でも宅配を可能としている。オンラインで注文があると、商品を有している出店舗が自力でオンライン業者の集配センターに注文品を届け、センターで梱包された後、各配送業者が集荷し、消費者に届けるシステムである。

消費者の便宜を図るため、オンラインで発送状況の確認が可能となっており、配送完了時には配送業者が荷物のQRコードを自分のスマートフォンで読み取り、即時に報告できるシステムになっている。また、住所の確定が困難な場合は、自宅以外の最寄りの店舗などで受け取れる方法も導入されている。店舗に商品が届く際に配送業者が注文者に電話し、本人が出向いて直接荷物を確認し、受け取るシステムである。

農村への配送サービスと課題

地方への配送は、費用やアクセスの問題で取り扱う地域を限定している場合がある。他方で、最近ではその課題に取り組む努力もなされている。例えば、当該地域にある小売店を自社のプラットフォームに登録し、在庫管理を行い、近所の消費者がオンラインでその店舗から商品を購入できる体制の整備である。店舗に注文した後、地元の配送業者が自宅まで商品を届ける「地産地消型」の販売と言える。

インドの小売店で代表的なものが、全国に1200万以上存在する「キラナ」と呼ばれる小店舗である。消費者にとって最も身近な存在で、日用品、飲料、菓子、パン等の食料品などを販売し、ツケ払いや配達なども可能である。コロナの影響で、この「キラナ」を活用したビジネスが展開されている。すなわち、「キラナ」をオンラインでつなぎ、在庫管理などを効率化して費用を節約しつつ、消費者の需要に応える事業だ。
　コロナ禍のロックダウンでは、外出が困難となった家庭に「キラナ」が食料品などを配送するサービスが拡大した。必ずしも大手オンライン販売企業が関わるのではなく、地元のＩＴ企業が独自のアプリケーションなどを開発し、「キラナ」と家庭をつなぐ地域の販売網の構築が見られたのである。配送は通常、車、オートバイ、自転車を利用し、商品価格に料金を上乗せする。

総合雑貨商店「キラナ」

　配送網の構築は、地方の消費者へのサービス拡充のために重要な課題であるが、それ以外にも高い返品率や受取時の現金決済が多いことが、Ｅコマースの問題となっている。返品率が高いのは、服のサイズが合わないなどの理由以外に、そもそも指定された住所が特定できず、未達が頻発しているためである。都市部でも住所特定が困難な場合があり、注文時に最寄りの目立つ建物の情報を入れる項目もあるぐらいである。農村部での未達は費用がかさみ、ビジネス上の損失となる。
　また、農村部では、決済に必要なデビットカードの普及率がまだ低く、現金による支払いを好む傾向にある。都市部での現金決済が約7割なのに対し、農村部では約9割に達する。現金を好む理由としては、オンラインショッピングにまだ慣れていないため、先払いに対する不安が大きいこともあるようだ。

インドでのオンラインショッピングは現在発展途上であり、搬送やカード決済への信用が増し、その便利さがさらに実感されれば、農村部での利用者は今後ますます増えるであろう。それによって、購入の「お得感」である消費者余剰の規模も大きくなるに違いない。

インドの現状を見ると、利用可能な最も進んだ技術を開発の最も遅れた状況に適用することで、先進国が経験してきた発展プロセスを短縮することに成功している。この観点で、急速に進む社会のデジタル化はその好例と言えるだろう。政府主導により従前の公共インフラ事業が農村部で進められる一方、最新技術を使った民間企業によるEコマースの利用が急速に拡大している事実。このアプローチは、インドに古くから根付く精神の在り方「ジュガード」を想起させる。

「ジュガード」とは、ヒンドゥー語で「革新的な問題解決の方法」や「独創性と機転から生まれる解決法」を意味する。様々な社会問題をイノベーションのきっかけとし、逆境を発展の機会に変える手法は、インドのまさに強みと言えるだろう。「ジュガード」の基本である「柔軟に考え、迅速に行動する」ことで、インドは既存の先進国とは異なる発展経路をたどろうとしている。

5　CSR大国インド

インドのフィランソロピー

インドでは、異なる宗教やカースト制度による社会の分断の側面がある半面、社会的な弱者に対して手を差し伸べるボランタリズムやフィランソロピー（慈善活動）の精神が深く根付いている。コロナ禍においても、職を失った出稼ぎ労働者への炊き出しや高齢者世帯への宅配、医療関係者へのマスクや防護服の寄付など、数多くの慈善活動が見られた。筆者の限られた経験でも、今まで接してきたインド人の多くには、自分の損得を顧みず、他人に奉仕するふるまいが自然に身についていると感じられる。

富裕層による寄付行為も盛んであり、インドのベイン・アンド・カンパニーが毎年発表している「インドフィランソロピーレポート」によると、２０１０年に１２５０億ルピー（１７５０億円）であった寄付額は、18年に4倍以上の５５００億ルピー（７７００億円）に増加している。寄付者については、２０１０年には全体の26％だった個人の割合が、18年には同60％まで増えている。特に10月はじめのガンジーの誕生日に合わせたダーン・ウトサヴ（「与えることが喜びである」ことを意味する）の期間には、約７００万人の個人が寄付行為を行ったと報告されている。

同じく、最近では、欧米で教育を受けた若手経営者が会社の利益や個人の収入をＮＰＯなどに寄付する傾向が強くなっており、会社単位で考えれば、ＣＳＲ活動を通じて、社会への貢献に積極的に取り組んでいる実態が示されている。昨今のＳＤＧｓの認知度の高まりも、この動きを後押ししている。

寄付の対象分野は教育と保健が多く、全体金額の約５割を占める。一方、寄付先の事業地には偏りが見られ、大手民間企業の立地や富裕層が多い大都市ムンバイを擁するマハーラーシュトラ州は、寄付額全体の34％を受け取っている。これに対し、東部に位置する貧困層の多いジャールカンド州は全体のわずか１％程度である。これは、資金を必要とする州に相応の寄付がなされていないことを示す。

大手の民間企業でも、財閥系のタタやビルラは、自ら財団を設立し、従来ＣＳＲ活動を実施してきた。タタはその取り組みが徹底しており、タタグループ全体の株式の約７割を傘下のタタ財団に保有させ、毎年数十億ルピー（約50億円）以上の資金を様々な社会奉仕活動などに充てている。１００社以上のグループ企業を有し、60万人以上の従業員を誇る同グループが、毎年利益を計上しているからこそ可能な取り組みとも言える。

２０１８年度の実績だけ見ても、保健医療を中心に、教育、職業訓練、水供給、環境保全、スポーツ、村落開発など、計15分野に対し、１０９億ルピー（約１５３億円）を支出した。各プログラムの実施は、地元のＮＰＯや市民グループと協力し、保健医療分野だけで協力団体は１５０以上に上る。

この実績もあり、タタ財団には社会開発分野に詳しい職員が多く、ＮＰＯなどでの実地経験も豊富である。同財団とは、開発事業の現場で意見交換したり、セミナーなどで顔を合わす場合があるが、国際機関や公的援助機関にはノウハウの少ない草の根活動や、インドの実情に根差した政策提案などに長けている。

まさにインドを代表する「社会貢献企業」と言える存在だが、創業者であるジャムシェトジー・タタ氏の「企業にとって、地域社会への貢献が存在目的そのものである」という言葉が、今でも同グループの信念として受け継がれていると言えよう。

ＣＳＲの法制化

インドにおいて、企業のＣＳＲ活動を制度化したのが、２０１３年の会社法改正によるＣＳＲの義務化である。改正会社法では、純資産額50億ルピー（70億円）以上、売上高１００億ルピー（１４０億円）、純利益５０００万ルピー（７０００万円）以上、のいずれか１つの基準に該当する企業は、ＣＳＲの実施が義務付けられる。この基準に該当する企業は、直近３カ年の税引前利益を対象にその平均額の２％をＣＳＲ活動に充てなければならない。これは日系の進出企業も同様である。

仮にこの２％ルールを達成できない場合、その理由を記載した報告書を作成のうえ、公表し、未達の金額は次年度に繰り越されて使われる必要がある。これらの義務が守られない場合は、法律の定める罰則の対象となる。改正会社法では、取締役会にＣＳＲ委員会を設立することも定めており、同委員会は会社のＣＳＲ方針や予算及びその用途などを取締役会に報告することになっている。

ＣＳＲの対象活動としては、飢餓や貧困の撲滅、安全な飲料水の確保、教育の促進、女性や障害者の雇用、高齢者の福祉、環境保護、文化遺産の保護、など、11項目が明示されている。原則として、これらの活動は地域住民や生活水準が低い脆弱層など、会社外部に対して行われるものである。すなわち、従業員の福利厚生や企業活動を通じた温暖化防止などをＣＳＲに含む日本の場合とは、趣旨が異なっている。インドのＣＳＲには、企業が社会の公器として公共的な事業や活動に直接貢献することが求められているのである。

日本を含む先進国においては、企業のＣＳＲ活動は自助努力であり、大手企業では「サステナビリティ」報告書などの発行が標準化しつつあるものの、法律上の義務はない。フィランソロピーの重視や寄付文化なども含め、インド社会の実情を考慮する必要があるが、利益を上げている企業の公的責任を徹底するために、ＣＳＲを義務化しているのがインドの特徴である。ＳＤＧｓなどのコンセプトが企業活動の指針として広まる今、インドの制度は先進国の良い参考になり得ると言えよう。

CSR予算は何に使われているか？

インドＫＰＭＧが発表している「ＣＳＲレポート２０１９」によれば、大手１００社の２０１８年のＣＳＲ支出総額は約８６９億ルピー（約１２１７億円）で、制度導入後の15年時点の約５１６億ルピー（約７２２億円）から１・７倍ほど増加している。ＣＳＲの主な対象は教育と保健の分野であり、全体の約６割を占め、貧困地域開発や環境問題への対応がそれに続く。ＣＳＲ全体の約６割は、寄付先のＮＰＯの活動、もしくは企業が有する財団とＮＰＯの共同事業に充てられている。

対象地域を見ると（表１－３、表１－４）、すでに述べたように、比較的裕福なマハーラーシュトラ州やカルナータカ州での投入額や活動数が多い。これは、企業の立地（ムンバイやバンガロール）が強く関係しているためである。地元の地域社会に貢献するのは自明と言えるが、メガラヤ州やミゾラム州など北東部の貧困州ではそもそも大手企業が少なく、資金が提供されない状況だ。政府から対象地選定に係る新たな通達等がない場合、この傾向は続くだろう。

表1-3　CSRの支出が多い5州

州名	支出額（百万ルピー）	事業数
マハーラーシュトラ	8,726	243
カルナータカ	3,107	87
ラージャスターン	2,473	105
ウッタル・プラデーシュ	2,130	159
グジャラート	2,008	61

出所：KPMG（2000）より作成

表1-4　CSRの支出が少ない5州

州名	支出額（百万ルピー）	事業数
シッキム	25	6
マニプル	6	2
ゴア	3	3
メガラヤ	2	6
ミゾラム	1	3

出所：同上

ＣＳＲを行う企業側は、資金使途を検討するにあたり、自社の手間を省く観点から、ウェブ上に載っている大手のＮＰＯを選定し、そのまま寄付を行う事例が多いとの話を聞く。現地の実情に詳しくない場合は、やむを得ない対応とも言えよう。他方で、どのような活動に資金提供すれば最も事業効果が上がるかを真剣に追求し、対象事業の選定、実施スケジュールの策定、予算見積もり、実施のモニタリング、成果評価などを委託先の団体と詳細に詰める企業もある。タタ財団などがその例だ。

ムンバイで企業のＣＳＲ活動をサポートするサムヒタは、ＣＳＲの有効活用に係る助言や事業選定などの委託を請け負っており、ＮＰＯと企業の斡旋は４００件を超える実績を有する。代表のプリヤ・ナイク氏は、アメリカの大学を出て、国際機関のコンサルタントとして働いた後、この会社を立ち上げた。

ナイク氏によれば、「開発の現場では、様々な団体や個人が関係するが、それぞれが必ずしも有効に結びついていないため、時間や資源の無駄が多い」のが実情だ。また、ＣＳＲを使う企業も実施団体の能力や実績を知るべきで、「事業開始前に関係者間で相応の協議がなされることが好ましい」と強調する。同氏は、その課題を解消するために今の会社を始めるに至ったそうだ。

あるＮＰＯは事業の実践力はあるが、資金に困っており、資金調達のノウハウに乏しい。他方、ある企業は寄付先を探しているが、どの事業・団体を選定するかを検討する時間の余裕がない。これは開発の現場でよくあることだが、未だその「需給ギャップ」は大きい状況と言える。

これらの関係者をうまく結びつける方法があれば、効果の高い事業を円滑に実施できる。ＣＳＲの増加に伴い、需要者（企業）と供給者（活動団体）の縁結びを行う仲介者の存在が、インドではますます重要になっている。知識と経験があり、マッチングの実績が豊富な個人や団体が、今後さらに求められるに違いない。

インド企業のＣＳＲ活動の実態を理解するため、以下で具体的な事例を取り上げてみる。セメント会社、大手銀行、そして「インドで最も有名な日本企業」と言えるマルチ・スズキの活動である。

セメント企業のＣＳＲ活動

インドのセメント業界で売上第４位に位置するダルミア・セメント。１９３０年代に操業を開始した同社は、国内計９州に13のセメント工場を有し、昨今の建設需要の増加を受け、業績を伸ばしている。２０１８年度の総売上は約９４８億ルピー（約１３２７億円）と、前年度から11％増加し、同年の税引後利益は約35億ルピー（約49億円）となっている。

ダルミア・セメントのCSR（井戸改修）

（提供）ダルミア・セメント

同社は、気候変動問題に取り組む姿勢を鮮明にし、２０１５年には再生可能エネルギー使用の国際的なイニシアティブ「ＲＥ１００」に参加を表明した。同イニシアティブは、企業が自らの事業の使用電力を１００％再生可能エネルギーで賄うことを目指すもので、先進国の企業を中心に２０２０年末時点で約３００社がメンバーとなっている。インドからは、ＩＴ大手のインフォシス、タタ自動車に続いて3社目の参加企業となった。

同社は自家発電用にバイオガスや風力を利用した約80ＭＷの発電所を所有しており、今後その利用量を増加していく方針だ。また、セメント製造による温室効果ガス排出量の削減に取り組んでおり、セメント１トン当たりで世界平均より約20％低い水準を達成している。同社は、国際的な取り組みであるセメント・サステナビリティ・イニシアティブ（ＣＳＩ）にも参加し、インド国内でこの活動を推進する役割を担っている。これら環境配慮に対する取り組みは、同社のＣＳＲ活動にも反映されている。

同社が２０１９年度に支出したＣＳＲ予算は約８０００万ルピー（約１億１２００万円）で、クリーンエネルギーの供給や水資源の保全等を対象にしている。クリーンエネルギー分野では、２００９年に設立したダルミア・バラット財団を通して、国内の無電化村向けにソーラーランタンの設置や啓発活動を行った。配布・設置したソーラーランタンの数は約７０００世帯分に上る。また、燃料効率の良い調理器具の提供や液化ガスの利用促進を行い、この結果、約２万５０００トンの二酸化炭素（CO_2）排出量を削減したと報告している。

水資源の保全や職業訓練などのプログラムも含めると、同社のＣＳＲ活動の対象州は計11州、１２００村に及んでいる。同社のセメント工場がある州で活動を重点的に行っていることが特徴だ。

社長であるマヘンドラ・シンギ氏と意見交換をした際に印象的だったのは、国際目標であるＳＤＧｓを強く意識した会社経営を強調していたことだ。「産業界は社会が持続的でないと発展できない」と繰り返し発言し、５０００人を超える従業員にその考えを浸透させていると言う。

それを反映してか、同社の年次報告書は３００ページに及び、ＳＤＧｓの達成と同社の取り組みの関係をはじめ、環境配慮に関する技術開発等を詳細に記載している。社長のＣＳＲに対する強い思い入れが報告書の行間に表れているようだ。

大手銀行のCSR

インド最大の市中銀行がステート・バンク・オブ・インディア（SBI）だ。年間総収入約6兆円、国内支店約2万2000カ所、従業員約21万人、海外支店約200カ所を誇る。34カ国に店舗を有し、日本にも東京と大阪に支店を構える。2019年度は、約8600万ルピー（約1億2000万円）をCSR予算としている。実際の活動は傘下のSBI財団を通じて行われている。

CSRの活動に関し、国内の経済的かつ社会的に困難な状況にある地域の生活水準向上を目的に掲げ、効果測定が可能な取り組みを強調している。対象分野は多岐にわたり、保健医療、教育、職業訓練、生活向上プログラムの実施、伝統的建築物の保全、女性の生活支援、高齢者の保護等が含まれている。

ステート・バンク・オブ・インディアのCSR（教育分野）

（提供）ステート・バンク・オブ・インディア

主な実績として、1万1000世帯を対象とした保健の啓発プログラム、公立学校38カ所の修繕及びコンピュータクラスの設置、小学生約500人を対象とした教育向上カリキュラムの実施、若者9万7000人を対象とした職業訓練、121カ村での電化事業、1万本を超える植林、14カ村におけるごみ処理システム導入などが挙げられる。教育向上カリキュラムについては、プログラム前後の児童の学力を計測し、ヒンドゥー語や算数の教科でそれぞれ20%から30%の成績向上があったと報告している。

最近では、コロナ感染対策の一環として、公立病院への検査キットの寄付や保健医療の強化を目的とした「首相ケアファンド」への資金提供を行った。同行のCSR活動について、ムンバイのオフィスで直接ヒアリングした際、担当者は「資金提供のみならず、職員のボランティア活動や効果のあるプログラムの組成が重要」と強調した。また、「実際の取り組みは能力のあるNPOや市民団体との協力が不可欠で、職員が現地で一緒に活動することも多い」と言う。対象分野や事業の選定は、国内の各支店にCSR活動の計画やアイデアを提出させ、本部の担当部署による審査の後、必要な予算とともに決定する仕組みだ。

同行は政府系の銀行として、唯一「サステナビリティレポート」を毎年公表し、銀行の活動報告に加え、職員の研修や福利厚生、省エネ努力、グリーン債券発行による再生可能エネルギー事業への貢献、CSR活動、デジタル化の取り組みなどを詳しく記載している。職員の多様性（ダイバーシティ）に配慮し、不可触民や先住民族、後発諸階級に属する人々を合わせた割合を全職員の約半分にする取り組みも公にしている。インド政府がSDGsの達成を強く打ち出していることもあり、他の銀行も同行の活動に今後追随していくだろう。

マルチ・スズキのCSR

世界第5位の規模を誇るインドの自動車市場で約5割のシェアを誇るマルチ・スズキ。1980年代にインドに進出した日本のスズキの子会社である。コロナ禍でインド国内の経済活動が縮小するなか、２０２０年度第３四半期（10～12月）は前年同期比で25・８％の純利益の伸びを記録した。ハリヤーナー州とグジャラート州に生産工場を有し、全国津々浦々に販売網を有する同社は、ＣＳＲ活動にも以前から力を入れている。

同社のＣＳＲ対象分野は明確で、工場近隣の村落開発、道路安全の確保、及び技能訓練の３分野だ。各分野の事業に関しては、ＳＤＧｓの関連ターゲットへの貢献も明示しながら取り組みを進めている。ＣＳＲを担当する職員は約50名に及び、自助による活動を基本としている。すなわち、職員自らが供与する機材等の調達や現場での活動の監督を行い、専門的な知識等が必要な場合のみ、外部人材や地元のＮＰＯ等の協力を募っている。

村落開発では、工場周辺の計26村を対象に公立学校や保健施設の拡充などの支援を行っている。２０２０年には農村部の物流効果を高めるモビリティ事業も開始した。これは、グジャラート州アーメダバードに本拠を置く女性自営者協会（ＳＥＷＡ）と協力し、農村部と市場を結ぶための交通手段を提供する取り組みだ。

具体的には、自社のワゴン10台を同協会に提供し、農村部で農作物の運搬や救急車として活用。事業の持続性を確保するため、ＳＥＷＡは会員グループに月６０００ルピー（８４００円）でリースし、収入をワゴンの管理費用等に充当する。現在、グジャラート州内の２県を対象に試行中で、成果が実証できれば他地域に拡大する計画となっている。

ＳＥＷＡは、貧しい女性の経済的自立を目的に１９７２年に発足した団体で、立場が弱い女性によ

SEWAの会員

（提供）SEWA

る労働組合を組織し、会員に対して技能訓練や金融サービス等を提供している。傘下機関として、協同組合銀行（SEWA Bank）や農業、教育、保健等の諸団体を擁し、国内計16州に約150万人の会員を擁する。グジャラート州で成功すれば、すぐに事業を他地域に展開できる体制だ。

　CSRの柱の1つである道路安全の確保は、国内で緊要な課題となっている。インドは言わずと知れた交通事故多発国で、2019年には約15万人が亡くなっている。これは世界で最も多い数字で、同国のコロナ感染による死亡者数（2020年2月～21年1月の1年間の数字）に匹敵する。

　マルチ・スズキは、国内の計5州を対象に運転技術訓練センター7カ所と道路安全センター19カ所を運営し、運転技術指導、交通マナー伝授、事故の分析、などの活動を実施している。訓練を施すのは同社の社員だ。同分野では、運転免許の更新等が必要な一般人が対象となり、過去20年間に約340万人が同センターで受講した。

　技能訓練の分野では、計11州、30カ所の公立工業技能センターに対して施設拡充や講義の提供を行っている。これらのセンターにおいて、2019年度だけで計約1万人の生徒が技能訓練に参加した。

また、日本政府の方針にもとづき、インド人の製造業者育成を目的とする「日本ものづくり学校」を2017年に開校。同校では、自動車関連のエンジン整備や板金修理などの技能訓練、及び「カイゼン」や5Sなどの日本式経営手法の講義が実施されている。所定のカリキュラムを修了すれば、生徒はそのまま同社や下請け企業に就職できる仕組みだ。すでに2校目の運営も始まっており、これまで約900名が研修を受けている。

マルチ・スズキの運転技術指導

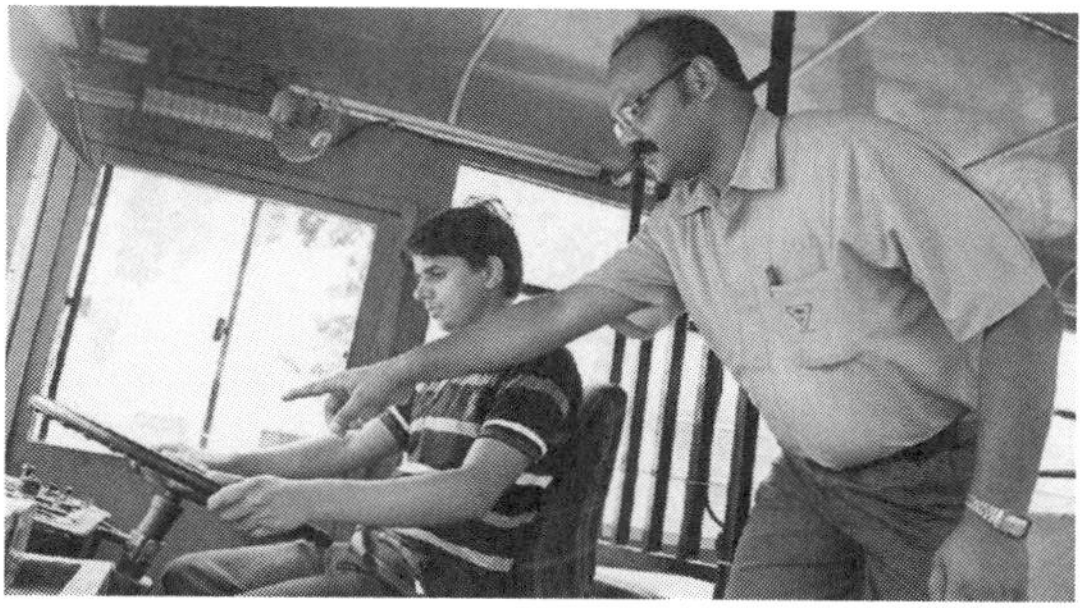

（提供）マルチ・スズキ

さらに、コロナ禍を契機に同社は、グジャラート州メサナ地区に50床の病院を建設している。同地区は医療施設に乏しく、住民が十分な医療サービスを受けられない環境にある。完成後の病院運営は、国内の大手製薬会社ジダス・カディリアと協力して行う計画で、運営が軌道に乗れば、施設を100床に拡大する方針である。国内のロックダウン時には、周辺の村落に食料の配給やマスクなどの衛生用品の提供も行った。

マルチ・スズキのCSR活動は年々拡大しており、2015年度に約6億ルピー（約8億4000万円）だったCSR予算は、19年度は約17億ルピー（約23億8000万円）に増加している。会社内に設けられたCSR委員会は会長及び社長がメンバーに入っており、法律上で定められる利益の2％の支出をトップ自ら厳しく管理している。実際に、過去5年間のCSR支出は予算額１００％の実行を達成している。

同社でＣＳＲを担当するディーパンクル・シャルマ氏によれば、「会社が一丸となってＣＳＲ活動を実施している。社員の士気は高く、予算が増えて活動が拡大することは喜ばしい」とのことだ。インドの社会課題に取り組む同社の姿勢と実績は、他の日系企業の良い参考事例になると言えよう。

以上、３社の取り組みを紹介したが、コロナ禍の影響が払拭され、経済が高成長の軌道に戻れば、企業の業績向上に合わせ、ＣＳＲの規模もより拡大していくだろう。ＣＳＲが義務化されてまだ10年に満たないが、企業内の方針策定や実施体制の強化、また、実施部隊であるＮＰＯ等との関係構築などが今後ますます進んでいくものと考えられる。活発なＣＳＲ活動により、困難な状況に置かれた人々の生活が変わることで、国全体のＳＤＧｓ達成にも貢献することが期待される。

コラム　インドのノーベル賞受賞者

国の力を測る尺度には、経済規模、資源保有状況、軍備、教育制度の充実、などが挙げられるが、いかに優秀な人材を擁しているかが重要であることは論をまたないだろう。優秀な人材は実社会で活躍する政治家や経済人、学術面や芸術面で広く高い評価を受けている人々など、想定される人材像は様々であるが、そのなかでもノーベル賞受賞者は象徴的な例と言える。

ノーベル賞は、物理学、化学、生理学・医学、文学、平和、経済学の分野で顕著な功績を残した人物に贈られ、従来アメリカやイギリスを中心とした先進国の受賞者が大半を占めている。このなかで、インドは2020年までに計9名の受賞者（外国籍を獲得したインド人含む）を輩出しており、途上国のなかでは最も多い人数である。

例えば、2019年のノーベル経済学賞は、コルカタ生まれの経済学者であるアビジット・V・バナジー氏（アメリカ国籍取得）と、その配偶者でフランス国籍のエスター・デュフロ氏に授与された。バナジー氏は、1981年にコルカタ大学を卒業し、83年に首都ニューデリーのジャワハルラール・ネルー大学で経済学修士を取得、その後、88年にはアメリカのハーバード大学で経済学博士号を取得した。2003年には教鞭をとるマサチューセッツ工科大学（MIT）内にアブドゥル・ラティフ・ジャミール貧困アクションラボ（通称J-PAL）を立ち上げ、貧困問題の研究に焦点を当てた活動を行っている。

2人の貢献は、薬剤の実験で用いられる「ランダム化比較試験」を途上国の貧困問題を分析する方法として確立し、「科学的」な結果にもとづく解決案により、貧困層の直面する課題に取り組んできたことである。「ランダム化比較試験」とは、治験の際に被験者を無作為（ランダム）に2群に分けて、片方の群には治療・投薬を行わず（対照群）、他の群にのみ治療・投薬を行い（処置群）、事後の健康状態を観察し、2群の比較によりその効果を確かめる手法である。この手法を貧困問題に持ち込み、ある特定の対象グループに何かしらの施策を施し、もう1つの対象グループには何も行わず、その効果の差を観察する。

取り組みの例として、ケニアの小学生を対象とした研究がある。児童が学校に来ない理由を探るため、寄生虫駆除薬を飲ませたグループとそれをしないグループとを比較したところ、前者の方が出席率の改善が見られた。すなわち、児童の健康状態が不登校の要因に関係していたことが判明したのである。このように、もし、最初のグループで一定の効果が出れば、その施策を有効なものとみなし、実際の施策として試行するのが、この研究のアプローチである。

インドでもバナジー氏のチームが小学校を対象とした教員の欠勤率改善の研究を実施し、その結果にもとづいて、公立学校の質を上げる改善策をNPOが実践している。彼の研究ラボは日本の国際協力機構と途上国を対象とした共同研究を行うなど、今や多くの国の研究者と協力し、途上国を対象に様々な貧困問題の研究に取り組んでいる。

インド人国籍に限った場合、ノーベル賞受賞者は、ラビンドラナート・タゴール（文学賞、1913年）、チャンドラセカール・ラマン（物理学賞、1930年）、マザー・テレサ（平和賞、1979年）、アマルティア・セン（経済学賞、1998年）、カイラシュ・サティヤルティ（平和賞、２０１４年）である。

このうち、タゴールはアジア人初のノーベル賞受賞者であり、また、ラマンはインド本国での光学を対象にした研究成果が認められ、科学の分野で受賞した同じく初のアジア人である。彼の甥のスブラマニアン・チャンドラセカールは、アメリカに渡り天文学の研究に従事し、アメリカ国籍を取得した後、１９８３年に同じくノーベル物理学賞を受賞している。

世界的に有名なマザー・テレサは、コルカタで貧しい人々の救済に生涯を捧げたが、若い時分にマケドニアからインドに渡り、インド国籍を取得している。よく知られているように、彼女が立ち上げた「神の愛の宣教者会」の活動は世界の多くの国で継続されており、コルカタでの「死を待つ人々の家」におけるホスピスや児童養護施設の活動も活発に行われている。筆者が同地のマザーハウスを訪問した際、日本から活動に参加していた修道女の方が案内をしてくれたが、「生前来日したマザー・テレサに刺激され、今の道を選んだ」との話をうかがい、彼女の影響力を改めて認識した覚えがある。

受賞者９名のうち、マザー・テレサ以後の４名に共通しているのは、インドの貧困問題に取り組んだ功績である。

経済学者のアマルティア・センの研究対象は、人間開発、飢饉、厚生経済、貧困メカニズムなどだが、幼少期に遭遇した１９４３年のベンガル大飢饉が貧困問題の研究者になる動機であったと言われている。ちなみに彼の提唱した人間の潜在能力アプローチは、その後「人間の安全保障」の基礎概念となり、日本の開発援助方針の柱となっている。

また、カイラシュ・サティヤルティは、インドに数千万人いると言われる児童労働の問題に取り組む活動家で、奴隷的な労働環境に置かれた児童の救出や、助け出された児童への教育機会の提供などを行っている。インドでは、南部タミル・ナードゥ州のシバカシ村におけるマッチ製造のように、村全体が児童労働に依存する営みで成り立つ「児童労働市場」が存在する。その背景に貧困家庭が抱える生活の問題があるのは、明らかである。

　これらが示す通り、受賞者の研究や活動の動機は目の前にある深刻な社会課題への対峙からきていると言える。インドでは、様々な社会課題に対して斬新な手法でその解決に取り組む多くの研究者や活動家が存在するが、日々接する社会の矛盾がそのような人々を生み出す要因となっている。「必要は発明の母」と言うが、社会を変えたいとの強い想いが結果的に人々のほとばしるエネルギーに転化し、活発な研究や活動の実践に作用していると言えるだろう。

第２章

インドの開発状況と「インパクト企業」の台頭

1　SDGs達成の鍵を握る主役国

途上国の所得分布

インドの1人当たり国民総所得（２０１９年）は年間２０８１USドル（約22万円、世界銀行の統計）であり、国際協力機構の途上国分類基準では「低・中所得」に分類される（表２―１）。同じ階層には、インドネシア、エジプト、ケニア、パキスタン、などが属している。世界全体では、１９３カ国中、１４６位だ。20年前にはインドの1人当たり国民総所得は年間約４００USドル程度であったので、今はその約5倍にまで上昇している。

２０２０年度の同基準では、１０２５USドル（約10万８０００円）以下が「最貧国・貧困国」、１０２６USドル以上３９９５USドル（約42万円）以下が「低・中所得国」、３９９６USドル以上が「中進国」以上、となっている。この階層に従って、日本政府が供与する円借款の金利や返済条

表2-1　円借款対象国の所得階層別分類

所得階層	対象国
最貧国かつ貧困国	アフガニスタン、エチオピア、ギニア、中央アフリカ、南スーダン、など
最貧国または貧困国	カンボジア、ザンビア、セネガル、バングラデシュ、ミャンマー、など
低・中所得国	インド、インドネシア、エジプト、ケニア、パキスタン、モンゴル、ベトナム、など
中進国以上	アルジェリア、アルゼンチン、スリランカ、イラク、トルコ、など

出所：国際協力機構公表資料より作成

件が決定される。

例えば「最貧国」の場合は、金利0・01％、返済期間40年であり、インドが属する「低・中所得国」であれば、固定金利1・15％（変動金利もあり）、返済期間は30年となる。国の所得水準が高いほど、融資の条件が厳しくなる枠組みだ。国際機関である世界銀行やアジア開発銀行も類似の基準を用いている。

先進国と途上国の分類については、国際的に統一された基準があるわけではなく、国連や世界銀行は独自の定義を有している。例えば、「最貧国（後発開発途上国）」の分類について、国連は1人当たり国民総所得（GNI）、人的資源指数、経済脆弱性指数によって決めている。

人的資源指数は、栄養の不足している人口の割合や中学校就学率などを基準にして求める。経済脆弱性指数は、農業生産の安定性や輸出の状況などにもとづき算定される。

2018年から20年までの期間を対象にした世界銀行の基準では、1人当たり国民総所得が1万2335USドル（約130万円）以上は高所得国となり、これらの国々は外国か

表2-2　所得の高い5州と低い5州（2018年）

州名	1人当たり州内総生産（USドル）
ゴア州	5,734
シッキム州	5,079
デリー首都圏	4,591
ハリヤーナー州	3,018
カルナータカ州	2,742

州名	1人当たり州内総生産（USドル）
アッサム州	1,104
ジャールカンド州	1,003
マニプル州	975
ウッタル・プラデーシュ州	835
ビハール州	546

出所：インド統計省公表資料より作成

表2-3　人口規模の大きいインド10州（2020年）

州名	人口（百万人）	人口規模の近い国
ウッタル・プラデーシュ州	239	パキスタン
ビハール州	125	日本
マハーラーシュトラ州	123	日本
西ベンガル州	100	エジプト
マディヤ・プラデーシュ州	85	コンゴ（民）
ラージャスターン州	81	イラン
タミル・ナードゥ州	78	イラン
カルナータカ州	68	イギリス
グジャラート州	64	フランス
アーンドラ・プラデーシュ州	54	ミャンマー

出所：Statistics Timesを参考に作成

らの政府開発援助（ＯＤＡ）を原則受けられない。もはや援助は必要ないとされる「援助卒業国」の扱いである。最近では、アンゴラ、ブータン、バヌアツ、ソロモン諸島などがその対象候補として挙げられている。中国は高所得国の基準に達していないが、経済発展状況などに鑑み、日本のＯＤＡは「一定の役割を果たした」として、２０１８年に両国でＯＤＡの終了に合意した。

インドのように領土が広い国では、地理的な要素や経済政策の違いなどによって、州の間で所得格差が著しくなっている。１人当たり州内総生産で考えると、２０１８年時点でゴア州やシッキム州は５０００ＵＳドル（約53万円）を超えているが、ウッタル・プラデーシュ州やビハール州は１０００ＵＳドル（10万５０００円）以下である。州の人口規模が１つの国家並みであることを考慮すると、国内に「中進国」と「最貧国・貧困国」が存在するような状況だ（表２－２、表２－３）。

外国人が大都市のデリーやムンバイに旅行しても、交通量や高層ビルの多さから、貧しい国のイメージがわきにくいが、車で30分も走って近郊の様子を見れば、その格差は歴然としている。このように、国の所得水準はあくまで平均値であり、地域や人々の間で経済格差が大きい場合には、国内の実情をそのまま表しているとは限らない。

進む貧困削減

途上国の特徴は貧困率の高さにあるが、国の経済成長に伴い、インド国内の貧困率は着実に下がる傾向にある。世界銀行の貧困基準（１日当たり１人分の支出が１・９０ＵＳドル〈約２００円〉以下）で見た場合、２０１１年のインドの貧困率は21・６％で国民の５人に１人が貧困層であったものが、15年には13・4％となり、貧困層は国民7人に1人の割合となっている。人口規模が大きいため、この期間だけで約1億人が貧困層から脱した計算となり、2015年の貧困人口は約1億8000万人である。

他方で、この人数は世界全体の貧困人口約7億4000万人の24％を占めており、それに続くナイジェリアの同12％、コンゴ（民）の同7％を大きく上回っている。貧困人口は減少しているが、未だインドは世界で最大の貧困人口を抱える国である。すなわち、インドの貧困率を下げることが、世界の貧しい人々を大きく減らすことに貢献する。

州によって発展度合いが異なることは前述した通りだが、貧困の状況も格差が生じている。インドは、28の州と8つの連邦直轄領で構成されるが、貧困率は州によってかなり異なる。インド政府の貧困基準（1日当たり必要なカロリー摂取量や最低限必要な教育・保健費用などから設定）で見た場合、2011年時点で貧困率が30％を超える州は計7州に上る。中国国境に接するアルナーチャル・プラデーシュ州、ネパール国境に接するビハール州、インド東部に位置するチャッティースガル州などが高順位である。これらの州は北東部や東部に位置している。

他方、貧困率が10％以下なのは、西部のゴア州やケーララ州など計8州ある。これらの多くは、海に面し、工業や観光業が盛んで港湾施設を有する州である。地理的な要因で古くからヨーロッパやアジア諸国と交易が盛んであったことなどが、州の発展に大きく影響している。中国でも経済発展の進む沿岸部と開発の遅れた内陸部の格差の問題が存在するが、インドでも似たような状況と言えよう。

都市部と農村部でも貧困の格差は著しい。インドの貧困基準で見た場合、2011年には都市部と農村部の貧困率はそれぞれ約26％、14％となっており、その間には倍近い数字の開きがある。すなわち、多くの途上国に共通するように、貧困世帯は都市部より農村部に多く、また、産業別では農業従事者に多い。農村部の貧困家庭を訪れてみれば、粗末な家に大家族が居住し、電気、水道、トイレ、移動手段などに事欠く生活をしている状況が一目瞭然である。

社会階層による貧困率の格差もある。インド特有のカーストにもとづく社会階層として、カースト外の不可触民（ダリト）は指定カースト、先住民族は指定部族と呼ばれる。同階層を合わせた人口規模は、2012年時点で国全体の約28％の割合だが、世界銀行の基準による同階層の貧困率は約43％と高い水準になっている。すなわち、階層の低い指定カーストや指定部族は、所得面でも低い階層に位置する。

経済階層と教育水準に一定の相関があることを考えれば、これら階層の上位教育機関への進学人数は、その人口割合に比して未だ低い状況である。また、中等教育以下の学校からの中退率も、国平均の約2割より倍程度高いと見られている。すなわち、指定カーストや指定部族の子どもたちは、10人中4人が中学卒業に至らずに学校を辞めている。

貧困は複合的な要因によって構成されているが、教育の普及や医療サービスへのアクセス、また、就労機会の確保などが並行して改善される必要がある。

インドの貧困状況をまとめれば、昨今の経済成長により、貧困率、貧困者数とも大幅に減少する傾向にあるが、地域や社会階層ごとの格差は大きく、貧困層の多い農村部や特定の社会階層に属する人々の生活水準の向上が大きな課題と言えよう。

中間層の伸びと巨大な市場規模

貧困世帯が少なくなれば、いわゆる中間層の割合が増えてくる。所得階層については、上位、中位、下位や上位層、中間層、脱貧困層、貧困層など、調査によって分け方が異なるが、最近の英ユーロモニターによるインドの調査では、中間所得層（年間世帯所得５０００～３万４９９９ＵＳドル〈52万５０００～３６７万５０００円〉）の割合は、２０００年の約４％から、18年には約54％まで上昇した。中間層の基準として、仮に年間世帯所得を１万ドル（１０５万円）以上と設定した場合でも、同割合は同じ期間に０・６％から20％にまで増えている。

中間層の厚みは、当然ながら商業活動に直接影響する。すなわち、購買層が増加することで、消費が拡大する。特に、生活に直結する耐久消費財などの購買が目立つようになる。この購買量に着目して、中間層を所得で測るのではなく、教育水準や所有資産（二輪車、カラーテレビ、冷蔵庫、洗濯機、など）により推計する方法もある。

実際にインドにおける耐久消費財の購買量は年々増えており、ユーロモニターの調査では、２０００年時点と18年時点の普及率を比較した場合、テレビは31％から71％へ、冷蔵庫は９％から35％へ、エアコンは2・5％から22・5％へ、それぞれ増加している（図２－１）。

携帯電話は、２０００年時点では、アメリカ、中国、日本、ドイツ、イギリスが契約数で上位５カ国になっていたが、17年には、中国、インド、インドネシア、アメリカ、ブラジルがその位置を占めている。インドの携帯電話加入率を２０１４年から18年まで見た場合、その値は73％から87％にまで増加している。

図2-1　インドにおける耐久消費財の所有率

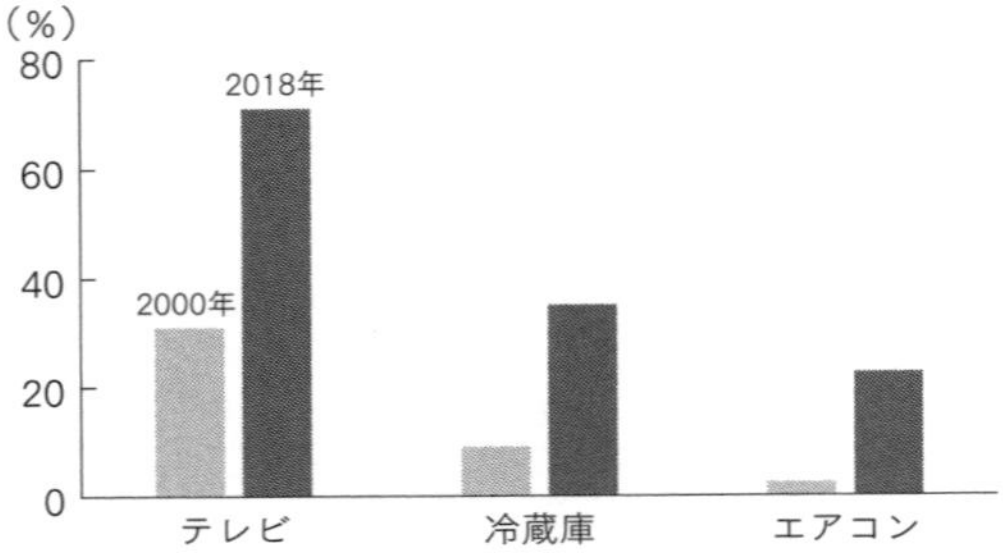

出所：経済産業省公表資料より作成

インドは若年人口の多い国であり、所得の増加によって、耐久消費財などの購買意欲も盛んになる。このため、若年層を中心とした中間層の増加は、消費性向が大きく、インドの内需拡大に貢献する。経済成長による中間層の増加が購買需要を高めることで、消費市場が拡大し、供給側の企業活動もさらに盛んになる構図である。日本企業を含む多くの国がインドを有望な消費市場とみなし、投資を増加させているが、経済成長による中間層の伸びが見込まれる限り、その傾向は継続するであろう。

ＭＤＧｓの評価

２０１５年までの達成を目指して掲げられた「ミレニアム開発目標（ＭＤＧｓ）」では、８つの目標と21のターゲットが設けられ、それに対応する60の具体的な開発指標が用いられた。１９９０年の開発状況を基準にして、この開発指標がどの程度改善したかによって、国ごとのＭＤＧｓの達成度が測られた。

世界全体で見れば、極度の貧困に苦しむ世界の人口割合は、１９９０年から２０１５年の間に約36％から約12％にまで減少した。これは人口にすると約10億人に相当する。途上国だけで見れば、極貧にあえぐ人の割合は、国民の2人に1人から7人に1人の割合になった。特に人口の多い中国やインドでの貧困削減効果が大きく、急速な経済発展が国民の所得を押し上げた。実際に中国では、この期間に貧困率が約60％から5％未満にまで急激に下がっている。インドでは同じく約48％から10％台まで改善した。

それ以外にも、世界全体で飢餓に直面する人口割合は半減し、小学校の就学率は約90％に上昇した。学校に行く男女比も改善し、女子の就学率が大きく伸びた。マラリアの感染率は基準年に比べ3分の1まで下がり、結核などの感染症対策が功を奏したことで数千万人の命が救われた。安全な水を利用できる人口は対象期間中に2倍に伸びた。これにより、世界の人口割合で10人のうち9人が安全な飲料水を入手できるようになった。携帯電話は10人のうち9人が使える環境にある。これらの分野では、ＭＤＧｓへの取り組みを通じて、世界規模で開発の効果が如実に表れたと言ってよい。

一方で、乳幼児死亡率や妊産婦死亡率などの保健指標は、ターゲットに届かなかった。実際の数値として、乳幼児死亡率は対象期間中に約5割減少し、１０００人中90人であった子どもの死亡数は43人にまで改善した。しかし、ターゲットとして掲げる１０００人中30人に下げることはできなかった。妊産婦死亡率も同じく5割程度改善し、亡くなる人の割合は１０００人中２人にまで下がったが、基準年の4分の1にまで下げるターゲットは達成できなかった。

インドの場合、ＭＤＧｓの目標を達成した項目は全21ターゲットの約半数に上る。貧困削減、女性の就学率向上、妊産婦死亡率の低減、安全な水の利用、など計10項目において、削減目標を１００％

達成した。それ以外にも、幼児の低体重の比率、小学校就学率、衛生施設へのアクセス率などの項目で目標をほぼ達成している。他方、女性の賃金労働比率の向上や乳幼児死亡率の低減では、達成度は低かった。

国際的な取り組みとして、ＭＤＧｓは大きな成果を上げたと言えるが、ターゲットごとに達成度合いは異なる結果となった。また、国ごとに進捗の差が大きいことや、進展が著しい国でも地域や階層の間で格差が拡大したことも課題とされた。

例えば、東南アジアや南アジアでは、指標が大幅に改善したが、サハラ以南のアフリカ諸国ではその度合いが低かった。新興国など経済成長が著しい国では、女性、子ども、障害者などの立場の弱い人々が開発から「取り残される」傾向が見られた。

さらに、工業化の進展による環境破壊や気候変動問題、また、災害などによる国民生活への影響が新たに国際的な課題として認識され、当該分野への対応も必要とされた。そのような課題を取り込んだ形でＭＤＧｓを引き継いだのが、ＳＤＧｓ（「持続可能な開発目標」）である。

ＳＤＧｓ達成状況

２０１５年に国連で採択されたＳＤＧｓは、ＭＤＧｓよりも対象分野やターゲットを広げ、２０３０年を達成時期として、17の分野における１６９項目のターゲット、及びその達成状況を評価する２３２の指標が定められている（表２－４）。ＭＤＧｓで確認された課題や昨今の気候変動問題などにもとづき、格差是正、温暖化対策、天然資源の持続的な管理、都市化の対応、雇用の確保、イ

表2-4　SDGsとMDGsの比較

	MDGs	SDGs
目標数	8	17
ターゲット数	21	169
指標数	60	232
対象	途上国	途上国、及び先進国
目標値の設定	国・地域ごとの状況や多様性にかかわらず、一律の指標を設定	世界全体の目標達成を考慮し、国・地域に合わせた指標を設定
	全世界共通の数値	国・地域ごとの数値
目標達成年	2015年	2030年

出所：国連等の公表資料から作成

ノベーションの推進などが新たに目標に加わった。

その特徴を挙げれば、理想的な目標と達成時期を掲げ、その達成に必要かつ斬新な取り組みを促す「ムーンショット型」を採用しており、政府、民間、市民団体の総合的な力による成果を期待するものである。アメリカのJ・F・ケネディ大統領の月へのロケット打ち上げ計画のように、多くの資源と能力を結集して最終目標を達成する取り組みである。

また、人間を中心に一人ひとりに焦点を当て、「誰一人取り残さない」ことを重視する包摂性を強調する。さらに、国際的な枠組みのなかで、各目標の達成状況が定期的に公表され、参加者すべてが各ターゲットの進捗を確認できる透明性を確保している。

これにもとづき、各国がSDGsの達成を促進する政策や体制を整え、国内で取り組みを進めている。インドの場合は、中央政府が管轄する行政委員会（旧計画委員会）が中心的な役割を担い、関係省庁と協力して実施状況の監督やSDGsの考えを広める啓発事業を行っている。行政委員会は、全国的規模での施策推進を念頭に、進捗の透明性を確保する観点も踏まえ、国内各州の取り組み状況を数値化し、定期的にその進捗を公表している。

国連のＳＤＧｓ評価基準（２０２０年）によれば、インドは１６６カ国中１１７位の達成順位（日本17位）となっており、全体のターゲット達成度を最高１００とした場合、61・9となっている。

インド政府は２０１８年のターゲット達成度60を基準に各州の達成度を計算しており、西部のケーララ州の70を筆頭に、北部のヒマーチャル・プラデーシュ州や東南部のアーンドラ・プラデーシュ州が上位州としてそれに続く。達成度が低いのは東部のジャールカンド州やビハール州で、その数値はそれぞれ53と50である。このような国内格差を踏まえながら、国全体の達成度を目指して施策を実行していく必要がある。

インド国内で達成状況の評価が低いのは、飢餓撲滅、ジェンダー平等、都市開発等である（図２－２）。飢餓の場合は、「毎日摂取できるカロリー量が最低必要とされる基準量をどの程度下回るか」で測るが、インドでは未だ国民の15％が食料不足の状況である。特に乳幼児の栄養不足は４割に達しているとされる。

ジェンダーの分野は、女性の成人識字率や労働参加率などの数字が男性に比べて大きく劣っているのが現状である。例えば、男性で字が読めないのは10人中２人だが、女性の場合は10人中４人に増える。都市開発は、基礎インフラや廃棄物処理などに改善の余地が大きい。

このように、ＭＤＧｓとそれに続くＳＤＧｓへの取り組みを通じて多くの開発指標の改善が進むインドであるが、各ターゲットの達成度を上げる余地は未だ大きい。開発の遅れた地域、飢えた子ども

図2-2　インドにおけるSDGsの目標別スコア（2019年）

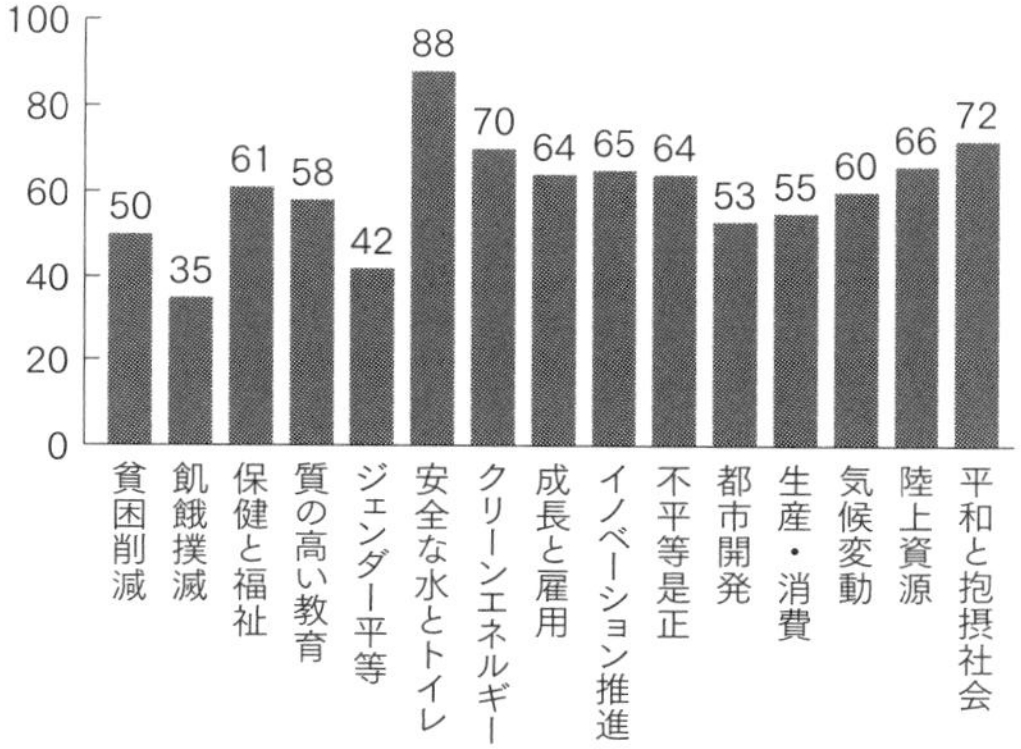

出所：　インド行政委員会公表資料より作成（ターゲット14の海洋資源、ターゲット17のパートナーシップはスコア計算を省略）

たち、偏見に悩む女性などが、今後の国の発展から「取り残される」ことのないよう、包摂性の高い施策の遂行がＳＤＧｓの達成に不可欠となっている。

ＢＲＩＣＳの開発指標比較

ブラジル、ロシア、インド、中国、及び南アフリカ共和国はＢＲＩＣＳ（各国の頭文字を並べたもの）を構成し、毎年首脳会談を行うなど、メンバー間の関係を強化している。２０００年代の高い経済成長率から新興国の代表的な存在となった5カ国だが、人口規模、資源保有、軍事力の強さ等の点から、各地域での影響力はますます大きくなっている。

開発協力の分野では、ＢＲＩＣＳは２０１４年に加盟国のインフラ整備支援を行う「新開発銀行」を設立し、中国上海に本部を設置した。同銀行は２０１９年だけで約72億ＵＳドル（約７５６０億円）の融資契約を結び、主にメンバー5カ国内の運輸や電力などのインフラ事業に融資を行っている。

ＢＲＩＣＳとしてひとまとめに見られがちであるが、それぞれの国の開発状況はまちまちだ。表2―5は5カ国の経済・社会指標を示しているが、国ごとに差があることがわかる。経済指標で見ると、インドは1人当たりの経済規模（名目ＧＤＰ）が低く、数値はロシアや中国に比べ5分の1程度の水準である。ＧＤＰに占める輸出割合や税金の徴収率も5カ国中で最も低い。この数字には、輸出依存の度合いが低い経済構造や納税者が少ないインドの現状が示されている。他方、対外債務のＧＤＰに対する割合は中国とともに10％台であり、途上国のなかでは比較的低い値と言える。

ＳＤＧｓの関連指標で見た場合、ランクが最も高いのは中国で全166カ国中48位、インドは117位で5カ国のなかで最も低い順位だ。順位の近さで言えば、50位前後に位置する中国、ブラジル、ロシアの3カ国と110位台に位置する南アフリカ、インドの2カ国のグループに分けられると言えよう。他の社会指標で見た場合、妊産婦死亡率や5歳未満死亡率、また、識字率や公衆衛生サービスの利用率などについて、インドの値は5カ国のなかで最も改善余地が大きくなっている。中国と比べた場合、飲料水へのアクセスや銀行口座の保有及びモバイル決済の利用割合がほぼ同じ値であるのを除いて、インドの数値が及ぶものはない状況だ。このため、開発指標だけで言えば、この2国間には大きな隔たりがあると言わざるを得ない。

総じて言えば、昨今の高い経済成長を通じて国の経済規模が拡大し、国際的に見ても有望な市場となっているインドだが、保健、教育、衛生などの開発指標は改善の余地が大きく、ＢＲＩＣＳの他の4カ国と肩を並べるために相当の開発努力が必要であると言えよう。

表2-5　BRICS 開発指標比較表

指標	ブラジル	ロシア	インド	中国	南アフリカ
GDP成長率（%）（2019年）	1.1	1.3	4.2	6.1	0.2
1人当たり名目GDP（USドル）（2019年）	8,751	11,601	2,098	10,287	5,978
輸出額（%）（対GDP比）（2018年）	12.8	26.7	12.4	18.0	29.9
対外債務（%）（対GDP比）（2018年）	35.6	27.4	18.9	14.8	46.8
税収（%）（対GDP比）（2018年）	13.3	26.7	7.8	20.7	25.2
SDGs関連指標（2020年）					
SDGs指標スコア順位	53	57	117	48	110
SDGs指標スコア	72.7	71.9	61.9	73.9	63.4
SDGs 1（貧困削減）（2015年、ただし、インドのみ2016年）					
貧困率（%）	2.7	0	13.4	1.4	18.7
SDGs 2（飢餓の撲滅、栄養改善）（2017年）					
栄養不足蔓延率（%）	2.5	2.5	14.5	8.6	6.2
SDGs 3（健康と福祉）					
妊産婦死亡率（10万人当たり）（2017年）	60	17	145	29	119
5歳未満死亡率（出生1,000件当たり）（2018年）	14.4	7.2	36.6	8.6	33.8
平均寿命（歳）（2016年）	75.1	71.9	68.8	76.4	63.6
SDGs 4（包摂的な質の高い教育）（2018年、ただし、南アフリカのみ2017年）					
識字率（15～24歳の人口当たりの%）	99.2	99.7	91.7	99.8	95.3
SDGs 6（包摂的な水と衛生の利用）（2017年）					
飲料水サービスを利用する人口の割合（%）	98.2	97.1	92.7	92.8	92.7
公衆衛生サービスを利用する人口の割合（%）	88.3	90.5	59.5	84.8	75.7
SDGs 7（安価かつクリーンなエネルギー）（2017年）					
電気を受電可能な人口比率（%）	100	100	92.6	100	84.4
SDGs 8（包摂的な経済成長及び人間らしい雇用）（2017年）					
銀行口座保有かモバイルマネーサービスを利用する成人（15歳以上）の割合（%）	70	75.8	79.9	80.2	69.2

出所：IMF報告書や国連のSDGs Index 2020などより作成

国際開発地図とインド

全世界のSDGs達成を目指す観点で、インドの比重及び役割は大きい。人口、経済規模、CO_2排出量などの世界に占める割合を考えれば、同国における開発指標の改善は、世界全体の指標の向上に寄与する。別の観点で言えば、SDGsの達成において、インドが率先した行動をとれば、途上国を代表する存在として、他の国々に影響を与えることができる。すなわち、SDGs達成のリーダーとしての役割を担える立場にあるということだ。

国のグループとして見た場合、先進国や経済規模の大きい新興国から構成されるG20は、世界の経済規模の約8割、人口の約6割を占める。メンバー国のなかで開発指標が他国と比べて劣後するインドの動向が、G20全体のSDGsの達成を大きく左右する。例えば、SDGsの貧困削減目標（目標1）におけるG20のなかのインドの達成寄与度を見ると、実に全体の約65%を占める。すなわち、インドが貧困削減目標を達成すれば、G20全体の65%がその目標に到達するということである（図2－3）。

他にも、インドの教育分野の改善は、G20全体の57%、ジェンダー分野は50%、保健の分野は48%に貢献する。インド国内で各分野の取り組みが進めば、G20全体の目標達成に向けて大きな前進となる構図である。インドの貧困者数は約2億人、安全な水にアクセスできない人は約1億6000万人、満足に読み書きのできない人の数は約2億人である。その人口規模を考えると、同国の開発指標が改善すれば、世界全体の目標達成に大きく貢献するのは明らかだ。

インドの状況に大きく進展があれば、その取り組みや実績について広く国際的に発信できる立場に

図2-3　G20全体のSDGs達成に占めるインド・中国の比重

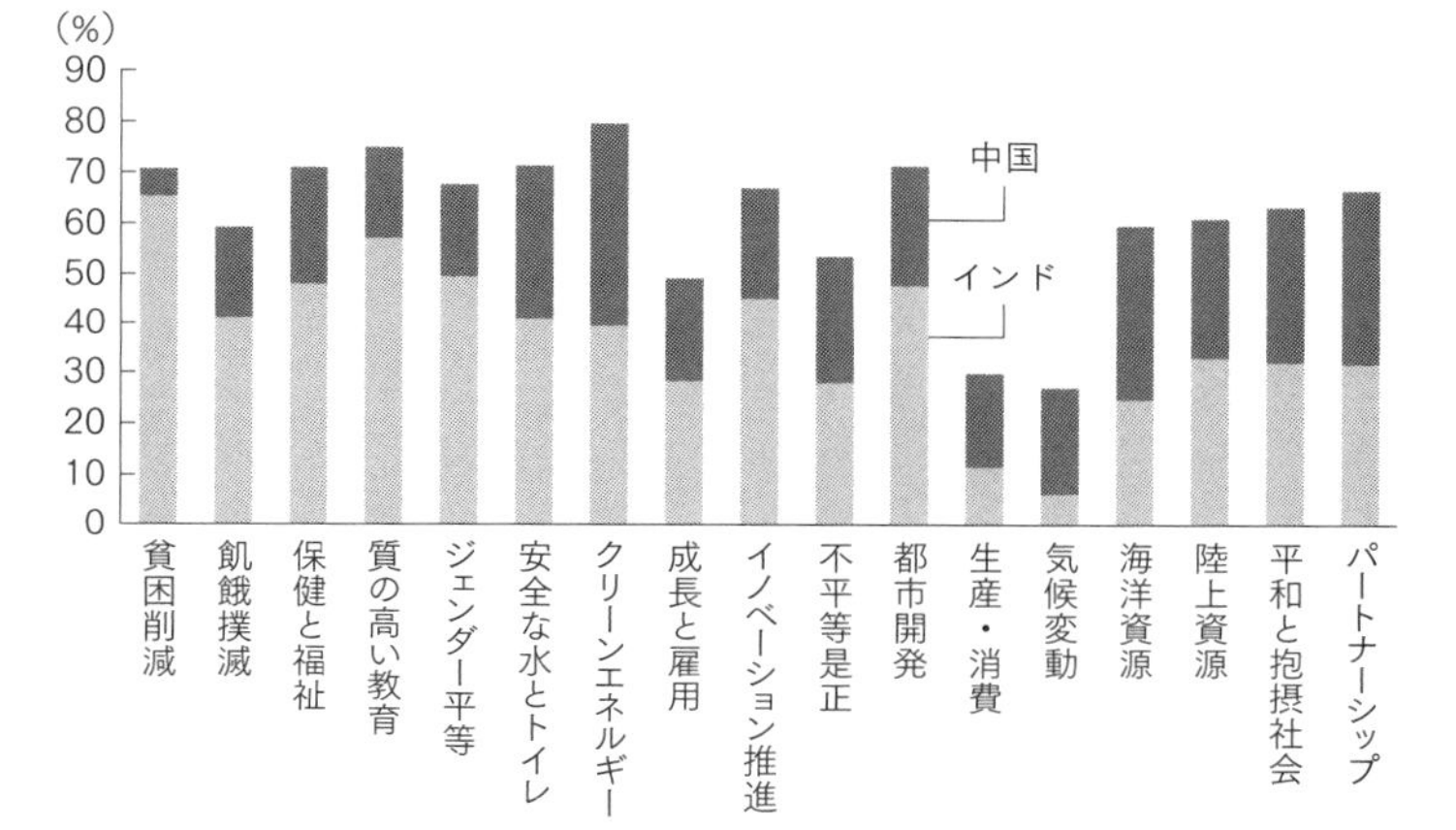

出所：持続可能な開発レポート（2020）より作成

なる。例えば、第5章で紹介する「後発県の変革プログラム」が実績を上げれば、その実施手法などは、他の途上国の参考になるだろう。インドの外国支援の枠組みを使って、他国から研修生に来てもらい、実施の手続きや方法を伝授するのもよい。それによって、ＳＤＧｓの実現に向かって、他の途上国が開発実績を向上させる可能性が出てくる。

このような観点で見た場合、日本はインドの開発努力を支援することで、世界の開発指標の改善に寄与していることになる。

実際にインドへの政府開発援助を通じて、今まで約９００万人分の電力供給、約３０００万人分の水道整備、約１００万人に及ぶ女性中心の自助グループの所得向上、などに貢献してきた。貧困州の多い北東部では、道路整備を支援し、人の移動やモノの輸送を活性化させている。保健分野では、病院の新設などにより、毎日数万人の患者に医療サービスを提供している。インフラ整備に必要な工事は、労働者の雇用機会にもつながっており、１つの事業で数千人規模の雇用を生んでいる場合もある。

政府の協力だけでなく、日本の民間企業による貢献も大きい。インドにはすでに１４００社を超える日本企業が進出しており、自動車産業、工作機械、電子・電気、金融、通信などの分野で経済活動を行っている。環境に優しい生産プロセス、省エネの製品、技術移転の研修、水道施設やトイレの販売、医療器具や検査機器の供給、栄養食品の開発など、多くの面でインド社会を豊かにしている。

これらのなかには第１章で紹介したように、ＣＳＲ活動を通じて村落での水供給や病院の建設などを支援している企業もある。日本企業の諸活動がインドのＳＤＧｓ達成に役立つことは明らかだ。

コラム

日本より多いインドの超富裕層

国際的に事業を展開する大企業の経営者には、超富裕者が多いが、インドも例外ではない。世界の超富裕者については、アメリカの経済誌「フォーブス」や同国調査会社ウエルスーエックスが毎年発表しているが、後者のレポート「2020年版ビリオネア・センサス」によると、世界のビリオネア（個人資産10億ドル以上の保有者）の約4分の3が15カ国に住み、人数では、アメリカが788人で断然トップ、インドは87人で第8位になっている。この15カ国に日本は入っておらず、アジアの近隣国では、中国（第2位）やシンガポール（15位）がその上位を占めている。

インド人超富裕者のトップはムケシュ・アンバニ氏で、リライアンス・インダストリーズの会長の職にある。同社はムンバイに本社を置き、石油化学を中心に、石油・ガス開発、小売、インフラ、バイオテクノロジーなどの事業を手掛ける、インド有数の民間企業である。

創業者である父のディルバイ・アンバニ氏は、1958年に小さな店舗を構え、香辛料や糸の取引を始め、その後の化学繊維工場の成功を機に一代でリライアンス・グループを築いた。現在、息子2人がリライアンス・グループを2つに分けた形で継承し、長男ムケシュ氏がリライアンス・インダストリーズ、次男アニール氏が金融業や建設業を営むリライアンス・ADA・グループをそれぞれ率いている。

ムケシュ氏と言えば、弟アニール氏と会社の継

ムケシュ氏の自宅「アンティリア」

承に関する係争や、総工費８７０億円とされる地上27階建てのムンバイの自宅「アンティリア」の建築でも注目を集めた。また、最近では、歌手のビヨンセを含む著名人が招待された、数十億円規模の娘の結婚式などで話題となった。

さらに、彼の肝入りで２０１６年に立ち上げた通信企業「リライアンス・ジオ・インフォコム」が第４世代（４Ｇ）の携帯電話市場において創業わずか半年で1億人の加入者を獲得。現在、その数は4億人に上り、瞬く間にインド最大の通信事業者に成長した。

インドの富裕層と言えば、国際的な業務展開を行う新興の財閥系企業の経営者及びその一族が名を重ねる。

代表的な財閥系企業は、国の独立以前から有名なタタやビルラなどであるが、これらの企業は一定の地縁（ビルラはラージャスターン州マルワル地域の商業カースト）や宗教（タタはパールシー系商人）にもとづき、同族経営の形態をとっているところが多い。

タタやビルラは、インド独立後の財閥の活動を制限する政策のなかで、業務の多角化を積極的に行い、前者は綿工業などから鉄鋼や機械などの重化学工業に進出し、後者は、製鉄所や貿易業から自動車、鉄鋼、食品加工、ホテルなどの多業種への参画を果たしている。現在、これら2社にリライアンス・グループを加えた3社がインドの三大財閥と呼ばれる。ちなみに、インドには相続税がないために、富裕層の子息がそのまま資産を継承できる環境にある。

第二次世界大戦後に勃興してきた企業としては、世界最大の鉄鋼企業であるミッタル・スチール、農業用トラクターで国際的な市場シェアを誇るマヒンドラ・グループ、港湾運営や経済特区の開発などで業績を伸ばすアダニグループ、また、2003年にインド企業で初めてロンドン証券取引所に上場したベダンタ・グループなどが挙げられる。インドには国際的な市場シェアを誇り、先進国の大手企業と肩を並べる会社が多く存在する。

「サンダルからロケット」まで、何でもつくれるというインドの企業群。自動車産業だけとっても、戦後早い段階で自動車の製造を開始し、輸入代替政策の下、国内地場企業が販売シェアの大半を長い間占めてきた実績は、他の途上国ではほとんど例を見ない。

昨今注目される人工知能（AI）やセンサー技術を活用したスタートアップ企業を含め、外資の積極的な導入がさらに進むことで、民間企業の実力はますます向上していくであろう。

2 世界最大級の「社会課題大国」

広がる「サードセクター」

第1章では、種々の社会課題に斬新な手法で取り組む団体に触れたが、コロナ禍の状況でも、事態の改善に迅速に対応する企業やＮＰＯが多く存在した。

販路の途絶えた農家から一般家庭への農産物の直販を可能にするアプリケーションを開発したスタートアップ企業、市中で行われる集団抗原検査の結果を効率的に収集し、医療機関に届ける方法を編み出した地元企業、３Ｄプリンターを使った安価なフェイスシールド製作を開始した地方の中小企業、障害者の在宅勤務を可能とする職場環境づくりを実現した社会的企業など、事例はいくつもある。

これらの企業や団体は、顧客のニーズを第一に考え、情報通信技術や人的ネットワークなどを駆使し、低所得者でも購買が可能な安い値段でモノやサービスを提供している。コロナ禍において、短期間で成果を出すスピード感と実践能力は賞賛に値するものだ。このように、小さな範囲での社会イノベーションとも言うべき現象は、インド国内では日常の頻度で目にすることができる。

注目すべき事例がインドで多いのは、それを実現する熱意やビジョンを兼ね備えた人材の存在があるからだが、そもそも取り組むべき大小の「社会課題群」が人々を取り囲んでいる証左でもある。未だ貧困層が数億人規模で存在し、国民の約３割は非識字の状態で、地域によって水や電気へのアクセスがままならず、出稼ぎ労働者が数千万人規模で存在する。このように、インドには膨大かつ広範な開発上の課題が存在しており、社会変革を志す側からすれば、非常に大きな「市場」が目の前に横たわっていると言えよう。

一般に途上国では、政府の歳入が不足し、十分な行政サービスが提供できない。また、貧困世帯が多く、市場の発達度が未熟であれば、民間企業の活動範囲も限定的である。この意味で、行政サービスや市場取引の「網」から漏れた多くの国民が存在している。すなわち、政府や民間のサービスから「取り残された人々」が都市部にも農村部にも多数生活している状況である。

この分野は、従来「サードセクター」などの名称でヨーロッパを中心に研究等がなされてきた。NPO、ボランティア団体、協同組合などが主体で活動する領域である。「サードセクター」とは、端的に言えば、行政サービスが行き届かず、かつ民間企業も手が出せない領域を指す。

13億人の人口規模や国土の広さ（日本の約8倍）を考えれば、インドの「サードセクター」は茫々たる広がりを持つことは容易に想像できる。その領域に様々な社会の問題が横たわっているならば、インドは世界でも突出した「社会課題大国」であり、かつ最大級の「社会イノベーション市場」であるとも言えよう。

社会課題の領域

「サードセクター」の領域を示す概念として、「市場取引」「互酬」「再分配」の資源分配に焦点を当てたペストフの福祉トライアングルが参考になる（図2－4）。この枠組みでは、政府、民間企業、地

図2-4　福祉トライアングル

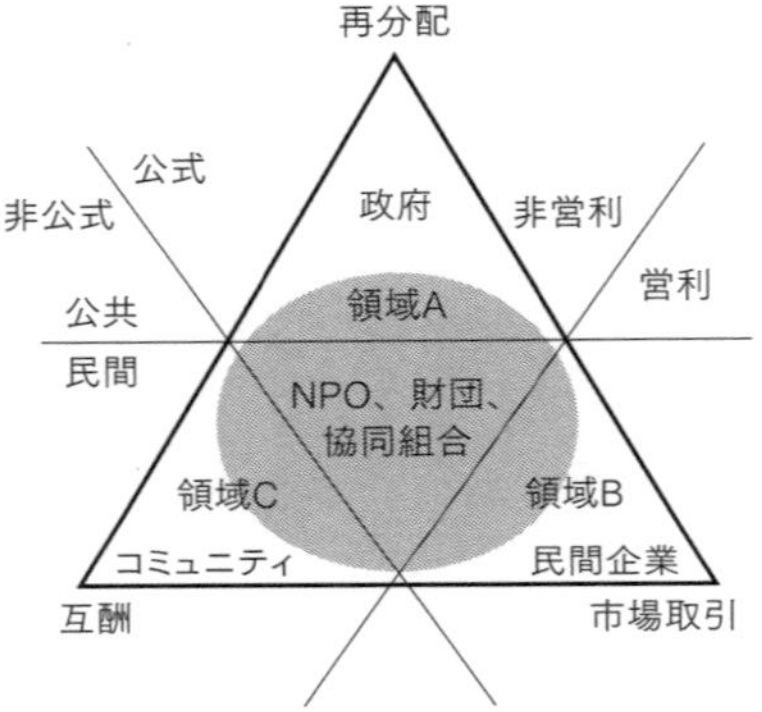

注：楕円形の部分が本書で述べる広義の「サードセクター」
出所：Pestoff（1998）を参考に作成

域（コミュニティ）の各活動領域があり、それに属さない空間として「サードセクター」が位置付けられる。

この図では、政府は資源の「再分配」を担当する。すわなち、国民から税金を徴収し、政策の優先分野に割り振る役割である。当然ながら、政府は公共の分野で公式に機能する。民間企業は、営利を目的に公式な活動体として「市場取引」を行う。コミュニティは、家族の営みや地域の付き合いなど、「互酬」の関係を通じて非公式にかつ非営利な領域で機能している。

それぞれの属性を表すために、図中では、公式と非公式、営利と非営利、公共と民間の活動領域を分ける3つの線が引かれている。

これら3つの領域に囲まれる図の中央の逆三角形部分は、どこにも属さない空間である。単純に言えば、政府や民間企業、また、非公式の互助会などが活動しない分野である。

図中では、公式・非営利・民間の立場で活動を行う組織の属する領域を示している。この空間では、前述のように、従来、NPOや非営利の財団等が主な活動主体となっている。すなわち、この逆三角形部分が純粋な意味での「サードセクター」に当たる。

「サードセクター」の活動を日本の場合で考えれば、共働き家庭を支える幼児の一時預かりサービス、スーパーマーケットや食堂からの廃棄食材を孤児院などに配布する食料配給、シングルマザーの雇用促進、などのNPO等による事業が思い当たるかもしれない。

一方で、図中にある政府、民間企業、コミュニティの領域は、厳密な基準で正確に区分されているわけではない。それぞれの活動範囲は国によっても広さに差があることが、推定できる。そのため、「サードセクター」の領域は可変である。また、官立民営型の図書館事業やNPOの活動等に政府の補助金が支給されている場合など、領域をまたいだ活動も行われている。

この図で見ると、政府側にはみ出ている領域Aは、公式・非営利・公共の狭間にあり、公共的な組織が活動する場となっている。例えば、日本の行政外郭団体や旧制度の公益法人などの活動が該当すると考えられる。

民間企業の方向に伸びている領域Bは、公式・営利・民間の狭間にあり、主として市場取引を通じて収益を得る協同組合やNPOの取り組みが想定される。

コミュニティに伸びる領域Cは、非公式・非営利・民間の狭間にあり、日本では、町内会や互助会などを含め、多くのボランティア活動がこれに当たるであろう。

インドを含む途上国では、政府や民間の活動領域が限定的であるため、A、B、Cを含む図の楕円形部分が大きく広がっている状況と考えられる。

日本を含む先進国では、行政や民間活動が充実しているため、逆三角形部分の「サードセクター」の領域は一般に狭く、モノやサービスの供給が社会に広く行き届いている状況にある。これに対して、インドなどの途上国では、行政や民間の活動領域が限定されており、モノやサービス供給の「網の目」は粗く、それらの恩恵を受ける対象が都市部や一定の所得階層などに偏っている環境と言える。すなわち、「サードセクター」の領域が広く、貧困世帯の多い農村部を中心に「取り残された人々」が多数存在する状況である。繰り返しになるが、インドの抱える「サードセクター」は、人口規模などの観点から、途上国のなかでも突出して巨大な領域と考えられる。

社会的企業の概念

社会イノベーションを起こす企業や団体のうち、特に途上国開発の分野で注目を浴びるのが、社会的企業である。社会的企業とは、一般に、ビジネスの手法によって社会課題の解決を図る組織を指す。そもそも、社会的企業や社会起業家については、今日まで様々な「定義」が存在し、学術界では未だ概念的な枠組みは明確に定まっていない。

例えば、資金確保を目的としてビジネス活動を行うＮＰＯ、貧困層を主な顧客ターゲットとする民間企業、商業活動を通じて社会課題の解決を図る個人や団体等、想定される組織や活動形態は様々である。

社会的企業の性格を表すために、どの程度市場行動に依存しているかを基準にする見方もある。純

図2-5　社会的企業のスペクトラム（商業性の度合い）

商業性高い 経済的リターン追求	←→	商業性低い 社会的リターン追求

通常の民間企業	CSRに熱心な民間企業	社会的責任ビジネス	社会的企業	収入活動を取り入れたNPO	伝統的なNPO

出所：Alter（2007）より作成

粋な慈善活動を一端とし、もう一端を通常の商業活動とする直線上によって、組織の「商業活動の度合い」を示すものである（図2－5）。

例えば、低所得者層へのサービス提供を第一義に考え、高所得者層には市場価格を採用し、その利益を低所得者層向けの安い価格に転嫁するビジネスは、このスペクトラムの中央部に位置するだろう。第1章で挙げたアラビンド眼科病院などの場合である。

他にも社会的企業を特定する基準として、資産配分に制約を求める考え方がある。協同組合のように、得られた収益を団体の目的達成に必要な活動に限定して配分する組織である。

一方で、そのような制約を求めない「営利志向型社会的企業」のカテゴリーもある。このタイプは、資産制約がない代わりに、企業が掲げる社会的使命に組織活動が律せられ、そのビジネスモデルに使命の遂行がそのまま埋め込まれる組織である。例えば、視覚障害者の生活向上に貢献することを使命とし、点字版の製作やコンピュータ上の読解アプリケーション開発に特化する会社などの場合である。

社会的企業の類型

社会的企業を法律で認定する国もある。イタリアの社会的協同組合法や韓国の社会的企業育成法では、社会的企業の要件について規定を設けている。

社会的企業を支援するアジアで最初の法律（「社会的企業育成法」）は、韓国で２００７年７月に施行された。これは、イタリアの社会的協同組合法やイギリスの社会的企業の活動事例を参考として制定されたものである。同法では、社会的企業の活動を支援することで、国内で十分に供給されていない社会サービスを充実させ、新しい就労を創出することを目的としている。

同法では、社会的企業の定義を「脆弱層に社会サービスまたは雇用機会を提供し、地域住民の生活の質を高めるなどの社会的目的を追求しながら、財貨及びサービスの生産・販売等の営業活動を行う企業として、認証を受けたもの」（同法第2条）としている。そして、社会的企業の認証を受ける要件として、

(1)組織形態の決定（民法上の法人、組合、商法上の会社または非営利民間団体などの大統領令が定める組織形態を満たしていること）
(2)有給勤労者を雇用して財サービスの生産販売などの活動をさせること
(3)社会的目的性（主たる目的が、脆弱者層に就労または社会サービスを提供して生活の質を向上させるなど、社会的目的の実現に当たること）
(4)意思決定の構造（民主的な意思の決定として、サービスを受ける者や勤労者などの利害関係者が参加する意思決定構造を整備すること）
(5)営業活動を通じた収入基準（営業活動による収益が、大統領令の定める基準値〈全体労務費の30％〉以上であること）

(6)定款、規約などを整備すること
(7)社会的目的のための再投資純利益の3分の2以上を社会的目的のために再投資することを求めている。最後の(7)の規定は、資産制約を条件とするものである。

韓国の社会的企業には、雇用創出型、社会サービス提供型、地域貢献型、混合型などがあり、これは社会的企業のタイプとしてわかりやすい類型と言える。

労働市場で就労が困難な層を対象にした雇用創出型、行政や民間のサービスが行き届かない層に従事する社会サービス提供型、地域の福祉などに資する地域貢献型、そして、それらの混合型である。社会的企業がターゲットとする顧客層は、市場価格によるサービス購入が困難な者であり、具体的には低所得者、高齢者、障害者、等となっている。

国によって、社会課題の大きさや種類は異なり、社会的企業の性格も多様であるものの、韓国の例は、社会的企業の制度や類型を知るのに良い参考となる。

また、最近では、資産制約のない営利志向型社会的企業の活動を促すために、特に欧米において、これら組織に対して様々な法的根拠を与える立法がなされている。具体的には、アメリカで制度化されている低収益有限責任会社（L３C）やベネフィット企業などである。

ただし、社会的企業に関する法律を有する国は限定的であり、この分野の制度整備は未だ主流になっていない。

インドでは、インパクト投資家協会（IIIC）などの団体は、国内の社会的企業を「インパクト企業」と称している。社会課題の解決と経済活動を両立し、斬新な手法で事業活動を展開する比較的若い中小規模の企業を指している。社会的企業に関する法律が同国では存在しないため、「インパクト企業」は主に民間企業として登録され、資産制約などの条件はない。

同協会によれば、現在数千社以上の「インパクト企業」が本格的に活動しており、その数は年々増え続けている。マイクロファイナンス、保健、教育、電力、農業、水供給が主要な活動分野となっている。これらのなかからは、マイクロファイナンスを行うエクイタスのように、株式上場を果たし、毎年利益を計上している企業も出現している。

上場前にエクイタス代表のP・N・バスデバン氏と話をする機会があったが、彼の発言内容は強烈だった。「金融はテクノロジーだ。個人情報や取引の内容を秘密にし、僻地でも酷暑日でも出先でデータ管理ができない組織はだめだ。自分はそれをつくりあげた。政府が困っている人を助けるわけがない。その考えも工夫もない。己の力でやるしかない」。政府や民間企業が手を出さない領域に自ら乗り込んで、社会課題に取り組み、実績をつくっていく。彼の言葉には、「インパクト企業」を引っ張っていく代表者の矜持や信念が凝縮されている。

3 拡大するインパクト投資

インパクト投資とは？

短期の利益目的ではなく、中長期の社会的インパクトの発現を目的とするインパクト投資は、世界的に資金規模が拡大している。インパクト投資の国際的ネットワークであるグローバルインパクト投資ネットワーク（ＧＩＩＮ）の２０１９年の調査では、世界で約２３９０億ＵＳドル（約25・１兆円）がインパクト投資として運用されており、その全体の市場規模については、18年末時点で約５０２０億ドル（約52・７兆円）に達したとする。

２０１４年から18年までの5年間の傾向として、年平均成長率では中東・北アフリカ向け43%、南アジア向け24%、中南米向け21%、東・東南アジア向け20%となっており、投資先分野では、金融サービス、エネルギー、食料・農業の各分野が上位を占める。

ＧＩＩＮによれば、インパクト投資とは、財務的リターンと同時に測定可能な社会的及び環境的インパクトを同時に生み出すことを意図する投資である。名称が示すように社会や環境面への正のインパクトを重視し、投資による具体的な成果を求めることが特徴である。例えば、投資を通じてどれぐらいの人々の生活を改善できたか、どの程度環境の保全に貢献したか、児童の成績が何%向上したか、などを投資先の企業に求める。

インパクト投資の考えは古いものではない。１９９０年代に欧米で社会的企業の台頭が始まり、２０００年にはイギリスで「社会的投資タスクフォース」が設立され、さらに、コミュニティ投資に特化した基金やチャリティ銀行の開業が続いた。その後、同国でコミュニティ開発金融機関を通じた社会的投資減税が導入され、制度や実務が根付いていった。

アメリカでは、ロックフェラー財団が２００７年にインパクト投資の名称を用いはじめ、民間セクターからの参入が増えはじめた。具体的には、ビル＆メリンダ・ゲイツ財団等のＩＴ起業家群による

図2-6　インパクト志向型団体の種類と投資の性格

投資 ←		高　収益性　低		→ 慈善活動
ESG投資、インパクト投資 ←		拠出資金の種類		→ CSR、補助金、寄付
営利追求企業		インパクト志向型団体		非営利組織
事業活動の一部として社会的成果目標を掲げる営利企業	社会課題の解決を目的とする利益・目的両立型企業	協同組合など、収益分配や配当に制約のある団体	一部収益事業を行うが、活動目的に充当する非営利団体	収益事業を行わない非営利団体

出所：社会的インパクト投資タスクフォース報告書（2014）を参考に作成

参画やゴールドマン・サックスによるソーシャルインパクトボンドの設立などである。

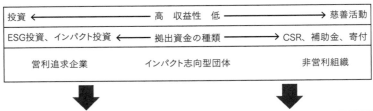

２０１１年には、ロックフェラー財団、ＧＩＩＮ、ＪＰモルガンの共同によるインパクト投資の年次報告書が発行された。ちなみに、フェイスブック創業者のマーク・ザッカーバーグもインパクト投資を行うチャン・ザッカーバーグ・イニシアチブを２０１５年に設立している。この時期には、世界的な金融危機となった「リーマン・ショック」を契機として、資本主義の在り方を見直す機運が醸成され、投資の目的も再考されるようになった。

現在の国際的な取り組みを後押ししたのが、２０１３年のＧ８サミット（議長国：イギリス）である。キャメロン英首相の主導でインパクト投資を国際的に推進することが合意され、「Ｇ８社会的インパクト投資タスクフォース」が発足した。その後、同委員会は２０１５年に「インパクト投資のためのグローバル・ステアリング委員会（ＧＳＧ）」に名前を変え、各国政府により取り組みが実施されている。２０１９年Ｇ20大阪サミットの首脳宣言においても革新的資金調達メ

表2-6　日本におけるインパクト投資の事例（2019年度調査結果）

種類	組織名	内容
独立行政法人	国際協力機構	JAPAN ASEAN Women Empowerment Fund を含むマイクロファイナンス事業等への海外投融資
都市銀行	みずほ銀行	広島県における大腸がん検診受診率向上ソーシャル・インパクト・ボンド、日本インパクト投資2号投資事業有限組合
資産運用会社	三井住友トラスト・アセットマネジメント	日本株インパクト投資
保険会社	第一生命保険	再生エネルギー、途上国におけるマイクロファイナンス、健康寿命の延伸、雇用創出、女性の活躍等の分野で社会課題解決を目指すベンチャー企業等への出資、など
ベンチャーキャピタル	新生企業投資	日本インパクト投資1号投資事業有限責任組合、日本インパクト投資2号投資事業有限組合
インパクト投資機関	KIBOW	KIBOW社会投資ファンドを通じたソーシャルビジネスを営む事業者への出資
財団	社会変革推進財団	社会的インパクト評価を導入したヘルスケア系ベンチャーファンドへの出資、インパクト投資中間支援組織への出資、など
その他	日立キャピタル（現三菱HCキャピタル）	グリーンボンド

出所：GSG国内諮問委員会年次報告書（2020）を参考に作成

カニズムの重要性が議論され、インパクト投資の推進が確認されている。

２０１４年に立ち上げられた日本のＧＳＧ国内諮問委員会（旧：Ｇ８社会的インパクト投資タスクフォース国内諮問委員会）は、日本国内の各界有識者や金融機関等で構成され、国際協力機構も委員として参加している。同委員会は、インパクト投資の年次報告書を発行し、日本国内の取り組みや市場の動向について公表している。２０１９年の報告書によれば、17年に約７１８億円だった投資規模は19年には約３１７９億円に増加している。

図２－６は同報告書を参考に、「インパクト志向型団体」と拠出資金の種類の関係を示したものだ。また、日本国内の主な投資機関と内容について表２－６に示した。同報告書によれば、今後のインパクト投資の市場拡大には、環境（Environment）、社会（Social）、ガバナンス（Governance）の側面に配慮したＥＳＧ投資の動向、少子高齢化などの社会構造の変化、自然災害の規模などが影響するとしている。

ＥＳＧ投資とインパクト投資の関係

日本でもＥＳＧ投資が注目されるようになり、その投資残高は増加している。２０１６年に約55兆円だった金額は、18年には約２２９兆円となっている。投資額全体に占める割合も同じ期間に０・２％から18・３％に増えている。世界で見ると、２０１８年のＥＳＧ投資残高は約３２２２兆円に達しており、16年から30％以上も増加している。投資総額に占める割合は、２０１８年に35・４％となった。地域別では欧米が全体の８割強を占めており、先進国による先進国内の企業への投資が主流だ。

日本のＥＳＧ投資の増加は、年金積立金管理運用独立行政法人（ＧＰＩＦ）が２０１７年から本格的に投資を開始した影響が強いとされる。２０１９年３月時点で同法人は３兆円を超える投資を実施している。２０１７年に国内株運用として３つのＥＳＧ指数を採用し、その後、外国株運用として２つの指数を使っている。同基金は、２０１５年に国連の責任投資原則に署名し、ＥＳＧ投資を開始した17年に投資行動原則を改訂し、すべての資産においてＥＳＧを考慮する方針を打ち出した。

投資による収益確保を目的としつつ、企業活動における環境・社会・ガバナンスの非財務情報を活用するのがＥＳＧ投資であるが、企業を選定するうえでいくつかの手法がある。

ＥＳＧ評価の高い企業を選ぶ「ポジティブスクリーニング」、武器やギャンブルなどを扱う業種を投資から除外する「ネガティブスクリーニング」、国際的な規範への対応が不十分な企業を外す「規範にもとづくスクリーニング」、グリーンエネルギーや持続性のある農業等へ投資する「持続的テーマによるスクリーニング」、などである。そして、そのなかの１つが「インパクト投資及びコミュニティ投資」だ。世界の投資残高で言えば、２０１８年の数字で全体の１・５％の割合である。

「インパクト投資及びコミュニティ投資」が未だ限定的なのは、収益が出るまでの期間やその金額規模などがリスク要因となっているためである。社会の課題に取り組むため、技術を開発し、必要な製品やサービスを提供する社会的企業は、起業直後の「アーリーステージ」から事業の本格展開を図る「ミドルステージ」に移行するまで相当の時間がかかる。低所得者層を顧客にしているために、仮に収益が出てもその金額は限定的となる。特に途上国での活動はその傾向が強いと言えるだろう。

インドでインパクト投資を展開するアキュメンファンドのマネージャーは、「利益が出るまで最低でも7〜8年待たなければならない」と断言する。いわゆる「ペイシェントキャピタル（忍耐強い投資）」だ。同ファンドはアメリカを本拠地とし、投資財源は基本的に企業や個人の寄付で賄っている。代表のジャクリーン・ノボグラッツ氏が団体設立までの個人の経験を書いた『ブルー・セーター』（邦訳、英治出版）は、日本でも注目された。

ＥＳＧ投資のなかには、「持続的テーマによるスクリーニング」があるが、債券投資では「グリーンボンド」「ソーシャルボンド」「サステナビリティボンド」など、特定の分野や期待される貢献に絞ったものが増えている。

「グリーンボンド」は気候変動問題など環境問題の解決に資する事業、「ソーシャルボンド」は福祉や教育など社会問題の解決に貢献する企業活動に必要な資金を調達するための債券である。「サステナビリティボンド」は、それら両方を含むものだ。

これらはまとめて「ＥＳＧ債」「ＳＤＧｓ債」と呼ばれることがあり、発行金額は世界的に増加傾向にある。２０１５年には約５００億ＵＳドル（約５・３兆円）であったこれらの債券発行額は、19年には２０００億ＵＳドル（21兆円）を超えている。

ビジネスとＳＤＧｓの関係が強まるなか、ＥＳＧ投資やＳＤＧｓ債などは今後も増加することが見込まれる。それにしたがい、「インパクト投資及びコミュニティ投資」や「ソーシャルボンド」が拡大し、途上国で社会課題に取り組んでいる企業群にも投資の恩恵が届くことが期待される。実際に、インドのインパクト投資には国際的な注目が集まり、投資額は拡大している。

図2-7　インドのインパクト投資実績

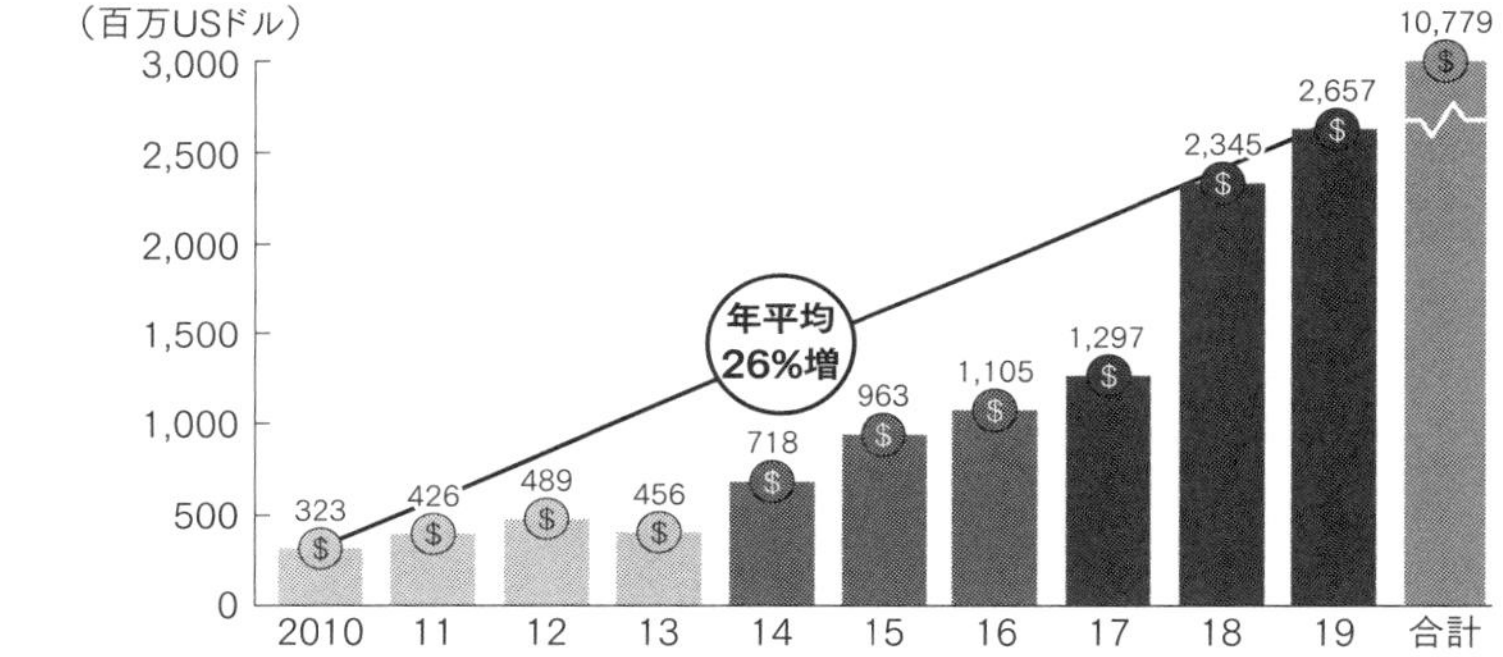

	2010	11	12	13	14	15	16	17	18	19	合計
投資件数合計	62	67	73	95	120	174	166	165	177	152	1,251
平均投資額（百万USドル）	5	6	7	5	6	6	7	8	13	17	9

出所：インドインパクト投資家協会公表資料より作成

インドにおけるインパクト投資

２０２０年にインドインパクト投資協会が公表した情報では、国内の「インパクト企業」への投資は、過去10年間の累計で約１０８億ＵＳドル（約１兆１３４０億円）に達した。主要な投資機関の数は50に上り、２０１９年の１件当たりの平均投資額は約１７００万ＵＳドル（約18億円）である。調査対象となった約６００に上る「インパクト企業」は、合計で約２億人の顧客を対象にモノやサービスを提供している。

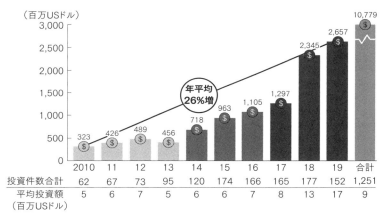

「インパクト企業」の主な活動分野は、前述のように、マイクロファイナンス、教育、保健、農業、電力供給などとなっている。投資規模は毎年平均26％の割合で増加している（図２－７）。

同協会は、国内のインパクト投資の普及と拡大を目的に設立された団体で、現在40の国内投資機関と協賛企業が参加している。国内外の投資機関や「インパクト企業」を集めた会合「Prabhav」を毎年開催しており、投資手法や社会インパクト測定など、様々な項目をテーマにした分科会の運営等を行っている。2020年の会合では国際協力機構もパネリストに招かれ、現在の当該分野の取り組みやコロナ禍でのインパクト投資の意義について意見を述べた。

投資機関には、世界銀行グループの国際金融公社なども含まれ、インドには途上国のなかで最大規模の資金が供与されている。実際に、国際金融公社や前出のアキュメンファンドの投資規模や件数では、インド向けが最も大きくなっている。

最大という観点では、社会課題解決のために革新的な取り組みを行う人々を発掘するアショカ財団は、すでに400人以上の優れた「社会起業家」をインドで選定している。これは他国に比べて群を抜いて多い。同国の社会課題の多さや大きさを裏打ちするように、社会変革を目指す多くの「チェンジメーカー」がインドで挑戦を続けている。

国際機関が公的資金を社会的企業に投入する理由として、①政府及び市場の「失敗」に対応していること、②社会的インパクトを目的としていること、③包摂的かつ持続的開発へ貢献していること、及び④ベンチャー的初動費用が必要となっていること、を挙げている。

これは、革新的なアプローチを生み出す際の初期費用や社会的インパクトを拡大する事業に対しては、公的な支援が不可欠との認識にもとづいている。特に営利志向型の社会的企業への投資判断においては、社会課題の克服に必要な技術面・ビジネス面の斬新なアプローチを高く評価する傾向にある。

表2-7　インドにおける主なインパクト投資企業

名前	概要（創業年、ファンド数、投資金額、投資企業数）
アービシュカールグループ	2001年、6ファンド、計約450億円、70社
カスピアン	2005年、4ファンド、計約280億円、140社
ロック・キャピタル	2000年、4ファンド、計約186億円、37社
アキュメンファンド	2001年、3ファンド、計約33億円、77社
ビルグロ	2001年、計約25億円、300社 （企業創業時の投資に特化）

出所：各企業のホームページや直接の聞き取りから作成

国内大手の投資企業――アービシュカールグループ

インドで「インパクト投資」のパイオニアと言えるアービシュカールグループは、国際機関や民間投資家から資金を集め、社会課題解決のために計6つのファンド、約450億円を運用している（表2－7）。

投資先となっている「インパクト企業」は、低所得者層を対象とした農業、教育、廃棄物処理、保健医療、金融などの業種で計70社に上り、すでにそのうち30社が利益を継続的に計上している。ファンドの収益率は約20％を誇っており、前出のエクイタスなど、上場企業も出ている状況だ。

社会的なインパクトという意味では、投資先の「インパクト企業」計70社は、合計約1億人のターゲット層に必要とされるモノやサービスを届けている。

同グループは、単なる投資業務だけでなく、「取り残された人々」にインパクトを与える諸団体の協働システムの構築を目指している。その一環が、世界最大規模の社会的企業の集まり「サンカルプ・フォーラム」だ。投資家、社会的企業、国際機関、民間団体、など、数千人が集うこのイベントでは、社会課題に関わる様々なテーマが議論され、参加者間のネットワーク構築が行われている。

創業者のビニート・ライ氏は「単に投資を拡大するだけでなく、企業の育成のため、人材の確保や技術開発などを円滑にする体制を構築したい。この観点で日本の企業との関係構築も進めたい」と語っている。この申し出もあり、２０２０年の「サンカルプ・フォーラム」では、国際協力機構主催の「ジャパンセッション」を開催し、日印の社会的企業や投資機関によるプレゼンテーションを実施した。

参加した日本の投資機関であるドリームインキュベータは、インド国内のスタートアップ企業に出資を行っており、投資対象企業は20社を超えている。現在、保健医療分野を中心に斬新な技術やビジネス手法を採用する事業を後押ししている。そのなかにはすでにユニコーン〈企業評価額が10億ＵＳドル〈１０５０億円〉以上〉となった企業も含まれる。同社は今後も社会インパクトを重視した投資を行う方針である。

アービシュカールグループには、設立当初から証券業務の経験がある日本人が投資審査に関わっており、インドの「インパクト企業」に対する日本企業からの投資促進活動も行っている。この活動を通じて、現在、上智大学や三井住友海上キャピタルなどが同グループ向けの投資に参画している。このような地道な努力もあり、日本の投資家や企業とインドの社会的企業との間に少しずつネットワークが広がりつつある。

この動きを後押しするため、国際協力機構もインドの社会的企業と日本企業をつなげるプラットフォーム、通称「つながるラボ」をインド事務所内に立ち上げ、企業活動に関する情報提供や企業同士の交流を推進中である。

4 「インパクト企業」の宿命

チャレンジされる企業

ＳＤＧｓの達成に向けた活動は、政府、民間企業、市民団体等、関係者の協力によって推進されることが期待されている。なかでも民間企業は、業務遂行の効率性、即応性、イノベーション、及び独自の技術や資源などに強みがあり、主要な実践者と言ってもよい。この観点で、社会的企業の斬新な手法と顧客への訴求力は、社会課題の解決に大きく貢献する。市場志向のアプローチが「サードセクター」にいる「取り残された人々」への必要な製品やサービスの供給を可能にし、ＳＤＧｓの達成に直接連動する構図だ。

他方、途上国では、企業が直面する様々な困難がある。特に低所得者層をターゲットとする社会的企業の場合には、克服しなければならない多くの障害がある。低所得者層が購入可能な価格の設定、製品・サービスの購入時の利便性、商品価値の適切な理解、新参企業としての信頼構築、村落に根付く因習の克服などである。このため、低所得者層向けの製品やサービスの提供を持続的な方法で行うには、様々な工夫が必要となる。具体的には、低価格、購入の利便性、品質の理解、コミュニティ内の同調圧力の打開などを実現する戦略と能力がなければならない。

これは決して容易なことではない。特に途上国の低所得者層は、所得が不安定であり、不規則な家計の支出入、貯蓄不足、地域内の限られた移動範囲、識字率の低さ、フォーマル市場へのアクセス制限などの制約がある。

また、村落内の因習は根強く、発言力の弱い女性が製品の購入を望んだとしても、家族や隣人から賛同されない場合がある。

そもそも、まとまった資金を持たない、耕作物の出荷時にしか収入がない、説明書が読めない、資産が乏しく普通の銀行から借入れができない、家長の発言権が強い、等々の特性を有する人々をビジネスの対象にしなければならない。

物的インフラについても、電気、水道、道路、通信などが不足している状況だ。通常の民間企業が手を出せないのは至極もっともであると言える。

このような種々の障害を克服するため、社会的企業は、既存のビジネスモデルを構築し直し、組織能力の強化を図り、新たな資源の獲得や創出を通じて、活動を持続的に行う方法を生み出さなければならない。まさに、「不可能なことを可能にする」ような取り組みが最初から課せられた宿命なのである。それを成し遂げて初めて、経済的利益と社会的価値を同時に満たし、社会的インパクトをもたらすビジネスが可能となる。

アメリカでは、生活に支障をきたすような障害のある人々を「チャレンジド」と呼ぶ場合がある。彼ら・彼女らは、文字通り、普通に生きていくだけで社会や周りの人々から様々な「挑戦」を課せられる。

同じ観点で、当初から制約の多い環境で事業を進める必要がある社会的企業は、言わば、最初から困難を背負う「チャレンジド企業」とも呼べるだろう。その難しい「挑戦」をいかに乗り越えるかが、立ち向かう起業家たちの腕の見せどころだ。行政や市場から「取り残された人々」のため、社会的企業は多くの困難に遭遇し、克服する宿命を課せられている。

何がイノベーティブなのか？

ノーベル平和賞受賞で有名になったグラミン銀行のマイクロファイナンス。その特徴的なアプローチは、地域や国境を越えて多くのマイクロファイナンス機関に採用されている。代表的な取り組みとしては、対象地域への訪問業務、女性をメンバーとするグループへの運転資金や奨学金の貸付などが挙げられる。

グループ貸付を行うのは、信用審査や回収作業にかかる手間や費用の節減を目的としている。すなわち、メンバー間の相互監視機能によって、各人への返済圧力が高まる効果を用いている。実際にこの方法で高い返済率を誇っているのが特徴と言える。

前出のアラビンド眼科病院の場合は、効率的な業務遂行にもとづく時間当たりの手術数の増加、料金のクロスサブシディ方式の導入、出張による啓発プログラムの実施などを採用することによって、貧困層への裨益とともに持続的な活動を可能にしている。これらが事業目的を成し遂げる「取り組みパターン」として、海外で参考にされている。事業を円滑に遂行するためのビジネスモデルと言えるかもしれない。

また、特に途上国の文脈においては、関係諸機関との効果的な連携も重要とされる。企業や団体の資源不足や実施能力の欠如を克服する方法として、自治体や地元に根差すＮＰＯ等との協働体制が有効な場合がある。

例えば、地方の貧困層は、教育水準や識字率が低く、近所の知り合いや現地で活動する身近なＮＰＯによる品質保証の助言があって、初めて製品やサービスを受け入れることがある。顧客に対する周りからの同調圧力に変化をもたらすために、諸団体との協働が功を奏するのである。

この関係において、ＮＰＯは住民の就労状況や所得水準などの情報を社会的企業に提供し、企業側はそれにもとづき、製品やサービスの内容を迅速に検討できるようになる。このような協働を行うことで、それぞれの能力や業務を補完し合い、好ましい結果を生み出す可能性が高くなる。

ただし、過去の事例では、ＮＰＯとの協働が裏目に出る場合があり、企業とＮＰＯが活動をめぐる方針などで反目し、地元の住民から企業が嫌われることもある。お互いの信頼関係の構築や目指す方向性を揃えることが、協働体制をうまく機能させる要素と言えるだろう。

これらの手法により、通常の民間企業では困難と思われるビジネスが実現している。すなわち、低所得者層が直面する支払い能力、製品やサービスへのアクセス能力、購買の利便性、及び知識不足の各課題を克服した事業の遂行である。民間銀行から相手にされなかった貧困層への金融サービスを行うマイクロファイナンスのように、通常の民間企業とは異なる独特のアプローチの採用が「インパクト企業」には不可欠となっている。

直面するビジネス上の課題

低所得者層をターゲットとする場合のビジネス上の主要課題を改めて列挙すると、以下のようになる。これらは、従来BOP（ボトムオブピラミッド）ビジネスの文脈でも取り上げられてきたものだ。

- 支払い能力／商業性の課題：顧客層の購買能力の欠如、及び製品やサービスの購入を容易にする支払い手段の欠如
- アクセス能力／到達度の課題：製品やサービス購入のための物理的なアクセスの欠如
- 利便性／即時性の課題：製品やサービスの購入に係る不便さや困難さ
- 知識不足／動機付けの課題：製品やサービス購入に係る顧客への啓発や営業活動の不足
- 受容性／納得度の課題：顧客との信頼構築を通じた売買行為の最終合意までの労力
- スケールアップ／販売規模の課題：販売対象の拡大についての方法論や戦略

社会的企業のイノベーティブなアプローチの本質は、これらの課題に挑み、解決していく実践的な手法として特徴付けられる（図2－8）。第1章で紹介したドリシュティやイクレ・テクノソフトなども、独自の工夫で実績を上げている社会的企業である。様々な分野のラストマイルを埋める取り組みを次章で紹介するが、具体例として、農家向けのビジネスを展開する社会的企業を以下に取り上げる。

図2-8　途上国の低所得者層が直面する課題と必要なビジネス上のアプローチ

顧客に共通した条件

低所得

農村地帯に居住

低学歴

伝統的な生活習慣

主な課題

支払い能力

アクセス能力

利便性

知識不足

受容性

スケールアップ

問題解決アプローチ

- 購買力に合わせた価格設定と決済メカニズムの構築
- 顧客アクセスを拡大するための流通メカニズムの構築
- 技術開発を通じた顧客層の拡大
- 生産性改善及び市場アクセス強化
- 技術訓練による能力開発
- 関係機関との協働
- 成功モデルの他地域での展開

出所：Matsumoto（2018）より作成

農民への遠隔情報サービス
――エクガオン・テクノロジーの取り組み

インドの農業は、農家1世帯当たりの狭い耕作地と天候に左右される不安定かつ低い生産性が特徴である。エクガオン・テクノロジーは、農家の実態に合わせ、作付け方法や天候などの情報サービスを行う社会的企業である。同社は、農家が必要とする知識や技術を安価かつ適時に提供することで、農業の生産性を向上させ、同時に生産コストを削減することを目指している。

同社の工夫は、農民にも普及しはじめた携帯電話のモバイル通信による助言・情報サービスである（図2－9）。音声認証や双方向音声応答システムなどのアプリケーションを開発し、顧客農家が要望するタイミングで相談が可能な「ワンファーム」（同社のつけた名称）サービスを実施している。

農家への助言については、各世帯のニーズに合った正確な情報を提供するため、事前に調査した農地や作物の状況にもとづき、気候、土地、土壌、及び農産物の種類などの特性を考慮したアルゴリズムを自ら考案。天候や季節に応じて耕作に必要な

図2-9　エクガオン・テクノロジーの事業スキーム

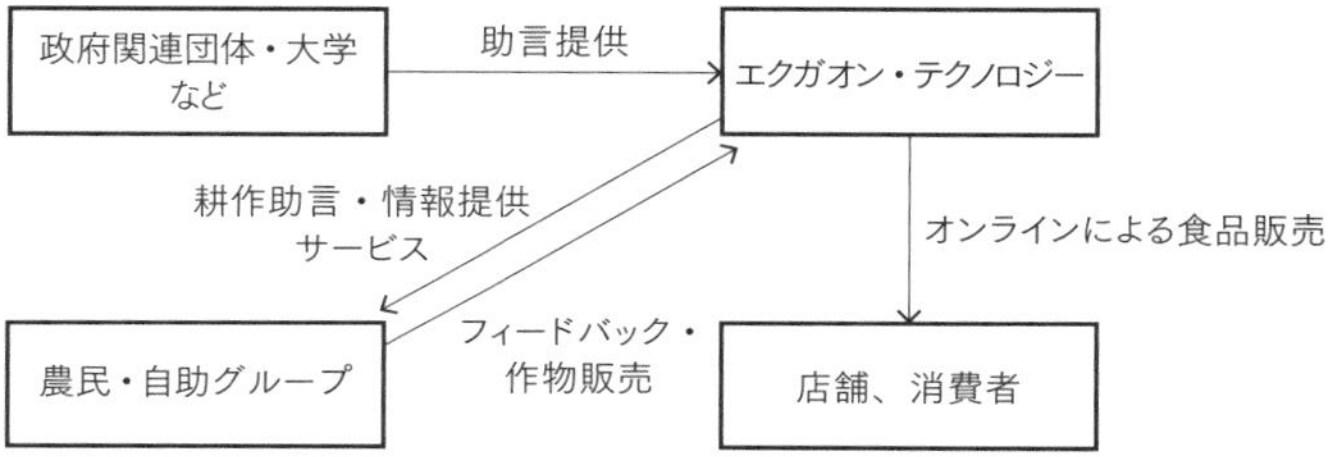

出所：Matsumoto（2018）より作成

情報を送っている。

携帯電話を使用することで、遠方の田畑を直接訪問せずとも遠隔でのサービス提供を可能にしている。これにより、職員の移動費や資料作成費などの低減を図っている。農家が支払う料金は、１収穫期当たり１５０ルピー（２１０円）であり、低所得者層でも支払い可能な価格である。同社は政府の農業関連機関や大学の専門家とも連携しており、必要により助言を無償で受けることができる。

サービスの質を上げるため、農家からの反応や意見をＳＮＳなどを利用して受ける体制も構築。これにより、助言サービスの活用状況を確認しつつ、農家からのフィードバックにもとづく生産の現状と教訓について随時追跡できるようにしている。

顧客の広がりにしたがって、農家同士や農家と消費者を直接結びつけるオンラインのプラットフォームも構築した。さらに、農家と市場を直接つなぐことで、仲介者を排除し、生産者の希望価格による販売を実現するサービスも行っている。自らオンラインマーケットを立ち上げ、同社が農家から直接仕入れた米、豆類、香辛料、砂糖など50種類以上の作物を直接消費者に販売する業務である。仲介者が排除されたことで、作物単位当たりで約6割の売上額向上に寄与している。

すでに約20年の実績のある同社は、今まで国内計4州、約30万人の農家に助言サービスを提供し、農家の生産性は平均で15％以上の増加を実現している。また、使用される肥料や水などの費用を約3割節減することに成功した。さらに、女性の自助グループと協力して「ワンファーム」を通じて金融機関へのアクセスに関する情報提供を行い、数十万に上る自助グループの啓発に寄与してきた。

ラストマイルを克服する工夫

同社の活動上の工夫をまとめると、①遠隔サービスを可能にするアプリケーションの開発、②安価なサービス料金の設定、③生産向上に資する現状に合致した具体的な助言の提供、④農家と消費者を直接結びつけることによる作物販売量の拡大、⑤農業関連機関との協働、⑥移動費や資料作成などの費用の節減、などが挙げられる。これらは、低所得者層が抱える諸課題を乗り越える斬新なアプローチとして理解できよう。

農業に従事する社会的企業は、貧しい農家の所得向上を図るために農産物の生産と販売を拡大し、同時に化学肥料や水など投入資源の利用節減に資する活動を行っている。

この分野では、①農民の生産方法に関する知識不足、②流通や保管のインフラの不備、③伝統的な農法の浸透、④農法や季節に応じた多様なサービスの必要性、⑤農民のマーケティングや販売のスキルの欠如、などが主な課題として挙げられる。

このため、エクガオン・テクノロジーのように、専門知識や技術を移転し、農産品の生産増大と投入費用の節減を図り、農家の市場参入を容易にする活動が必要となる。

今まで調査した農業分野で活躍する社会的企業においては、その成功要因として、①生産サイクルを通して農家と密接に協力し、農家のニーズを理解すること、②個別ニーズに沿った製品やサービスを提供し、顧客の信頼を得ること、③事業関係者（地域のＮＰＯ、マイクロファイナンス機関、地元の有力者、政府、及び銀行など）と連携し、協動すること、④モバイルテクノロジー等を利用し、対象規模を拡大すること、⑤農家の欲する産品価格の設定を実現すること、及び⑥農産品を市場で差別化すること、が挙げられる。

インドの社会的企業は、対象とする農家のニーズや土地の特性などにしたがって、これらのアプローチの選択を行っている。

【コラム】農村に根付く青年海外協力隊の活動

インドの農業は、作物の生産性や物流等の分野で課題が大きく、日本は灌漑事業や養蚕の技術移転、また、ミルクの生産性向上などの支援を行ってきた。これらの協力のなかで、地域の村落に入り、農民と直接向き合って生活向上の活動をしているのが青年海外協力隊の面々だ。

ヒマラヤ山麓で山岳部が広がるヒマーチャル・プラデーシュ州。就業人口の約7割が農業に従事するこの州では、日本の円借款により穀物を野菜に転換する作物多様化の事業が行われている。この事業地域の一部ハミルプールで、日本から派遣された協力隊の女性2人が日々農家を回っている。活動内容は、農家の耕作状況を調べ、個々の課題を把握し、州の農業局と協力して生産や販売の向上を促すことだ。

農家と接触するにしたがい、耕作する野菜の知識が不足していることが判明。野菜がどのような栄養価を含んでいるか、それらが健康にどう影響するか、どのような料理方法があるか、について、イラストを使用した冊子を作成した。協力隊から説明を受けた農家は、改めて自分たちがつくっている作物の価値を知り、売り先にも自分のつくった栄養豊富な野菜の話を伝えるようになった。家庭でも子どもの食事に気を遣うように変化した。農業の意義や大切さを認識することで、自らの職業に自信を持つ機会にもなっている。

料理についても、隊員の発案で女性グループに大豆から豆乳やおからをつくる方法を伝授し、商品として売り出す支援を行っている。地元でつくるドライトマトは絶品だが、販路開拓のため、都市部のスーパーマーケット等に商品を置いてもらう折衝なども協力隊がサポートしている。このような地道な取り組みにより、農家からの信頼を集めつつ、貧しい農民の所得向上に貢献している。

南部カルナータカ州やアーンドラ・プラデーシュ州では、農家の養蚕事業を支援している協力隊員が奮闘している。インドは古くから養蚕が盛んな国であり、カルナータカ州にはアジア最大の繭《まゆ》マーケットが存在する。従来、生産される生糸の大部分は品質の劣る蚕《かいこ》から生産されるため、女性がまとうサリーなど絹織物の「タテ糸」となる質の良い生糸の大部分は中国などから輸入していた。これに対して、生糸の品質向上を目指した日本の技術協力が15年間にわたって実施され、質の高い生糸をつくりだす養蚕方法確立への協力が行われてきた。

技術協力事業では、優良蚕種の大量製造の方法伝授、養蚕技術の農家への普及、繭マーケットにおける品質評価システムの導入、が実施され、繰糸機などの設備の開発改良やインド行政官の育成が同時

協力隊の活動（ヒマーチャル・プラデーシュ州）

繭のクラフトづくり（アーンドラ・プラデーシュ州）

に行われた。この結果、3700戸以上の農家に二化性養蚕技術が普及し、技術を習得した農家の大幅な所得向上（従来の約2〜10倍）が実現した。日本で研修を受けた中央シルク委員会の人たちは、今でも薫陶を受けた日本の指導者の名前を忘れず、当時の困難や成果を楽しそうに話してくれる。協力隊員はこの事業を継続する形で、養蚕技術の農家への浸透・普及活動に従事している。

養蚕を新たに始める農家に対し、繭の育て方や桑の栽培などの指導を行いつつ、すでに成功している農家に協力を打診し、経験談を語ってもらう。造花、封筒、ヘアピンなど、繭細工に新たな工夫を施し、農家がつくったクラフトの販路開拓の支援を行う。このような活動の他、隊員の実績として賞賛すべきは、スマートフォンを使って、養蚕技術を視覚的にわかりやすく伝え、いつでも質問を受け付ける関係を構築したことだ。

協力隊の制作した動画や写真を使用することで、細かい説明がなくても農家が理解できる工夫などがされている。最初は農民の反応が悪かったが、そのうち、繭の病気への対応、農具の使い方、繭の相場など、毎週協力隊に質問が届くようになった。隊員のなかにはすでに1000世帯と関係を持ち、日々の相談や技術の伝授を行う者もいる。40度の気温のなかで農家を回り、時にはホームステイをして生活の現状を理解しようとする協力隊の面々。これらの活動は、農家の所得の向上だけでなく、日本人のポジティブな印象を広く伝える役割も果たしている。

協力隊員は、コロナ禍で一時帰国を余儀なくされたが、インターネットを通じて農家との関係を保っている者もいる。活動停止前の時点で、インドで活動する協力隊は、日本語教育、コミュニティ開発、スポーツ指導など、計21名であった。活力溢れる協力隊は、インドにおいて住民へのラストマイルを埋める大事な役割を担っている。

第3章 ラストマイルの奮闘

1 安全な水までの距離——村にできた水のATM

8歳の水汲み

インドの東部に位置する西ベンガル州プルリア地区。田園風景が広がり、点在する村々には人家はまばらだ。この地域で水道事業の計画があり、現地の状況を確認するため、いくつかの村落を訪問した。村では家の敷地内に井戸を有している家庭もあったが、ほとんどが村のなかに数カ所設けられた公共水栓を利用している。インドの公共水栓は、一般に手押しポンプ式で、通常は村落内に何カ所か設置されている。日本で言えば、公園や観光地など、野外に設置された公共の水道をイメージすればよいかもしれない。

牛糞でつくられた壁の家が立ち並ぶ村の一角で公共水栓の利用状況を確認していると、小学生と思しき女の子が大きな甕《かめ》をかついで水汲みにやってきた。公共水栓に集まっていた4～5名は、年齢層は異なるがいずれも女性であった。女の子は手押しポンプで水を甕に入れると、重そうに両手でかつ

公共水栓での水汲み風景(タミル・ナードゥ州)

いで歩きはじめた。

甕の大きさから5〜6リットルは余裕で入ると想像したが、水汲み場所から家までどれぐらい離れているかを知りたくなり、同行したインド人職員とともに女の子の後を追ってみた。しばらくたっても家に着かないので、途中で話しかけてみたら、年齢は8歳で毎日朝夕に水汲みをしているという。

甕の重さが気になっていたので、女の子にことわって手に持ってみたところ、あまりに重いので驚いた。両手で持って15mほど歩いてみたが、一度降ろさないと腕が疲れて運び続けられない。水の重さは7〜8kgと踏んでいたが、甕の重さが加わったのか、10kg程度はある感触だ。重さに加えて、運んでいる時に水が揺れるので、何ともバランスがとりにくい。その後、50mほど歩いてみたが、女の子が迷惑そうな表情だったのでそこで甕を返した。女の子はそれを頭に載せ、歩き出した。それから20分ほど歩いただろうか、ようやく家にたどり着いた。正確な距離は測らなかったが、おそらく公共水栓から1km程度であろう。

家は3つの部屋に区切られており、女の子は吹き出る汗もぬぐわずにかまどや食器が置かれた台所に入っていった。隣の家の敷地を覗くと、大きな井戸が設置されていた。

女の子の母親に挨拶し、「隣の家の井戸は使わせてもらえないのか」と聞いたところ、「隣家の持ち物なので使わない」との回答。「毎日娘が往復約2㎞の道を運ぶのは大変では？」と聞いたところ、「これでも以前よりは公共水栓が近くなり、便利になった」由。甕のなかの水には浮遊物があったので、「料理の際は煮沸するか」と聞いたところ、「飲食の場合はそうする」との答えだった。長居は迷惑と思い、早々に失礼して、また別の公共水栓のある場所に移動した。

あの甕の重さと家までの距離。筆者に同じ年代の娘がいたこともあり、その時は複雑な胸中だった。多くの途上国で小さい女の子が井戸から家まで重い水を運んでいるのだろう。訪れた村でのわずかな経験だけでも、この地域における水道事業の必要性を強く実感することになったのである。

インドの水事情

インドの水問題は深刻だ。近年の降水量減少や地下水の枯渇、また、人口増加による水需要の増大によって、水をめぐる問題への対応は年々重要性を増している。行政委員会は、インドで約6億人が水不足に陥っており、子どもを中心に毎年20万人以上が水の疾患で死亡していると発表している。

水道から安全な水を得られる世帯の割合は、２０１５年時点で全人口の4割程度にとどまり、農村部はさらにそのうちの約2割とされている。チェンナイやバンガロールなどの大都市では、水道水の供給が制限されているため、政府が手配する給水車に毎日何十万人もの住民が列をつくる。安全な水道水を全国民が飲めるようになるまでには、長い道のりが続いている。

インドの水供給で特徴的なのは、地下水への依存度が高いことである。インド政府の発表では、地下水に頼っている人口は全体の4割に達する。近年、この地下水の水位が低下しており、農村部を含めて全国で5割以上の井戸の水が減少し、2020年には主要都市21カ所の井戸が枯渇した。調査された井戸のうち、北西部に位置するラージャスターン州では、地下水位が20m以下の個所が全体の37%にも上った。

地下水への依存は、水を多く消費する農業部門において顕著であり、近代的な灌漑施設が未だ未整備（全耕作地のうち約4割）のため、耕作量の増加に伴う地下水の過剰汲み上げが枯渇の原因となっている。アジア開発銀行の調査では、インドの地下水利用は年間251㎦に上り、中国の2倍以上の規模に上る。

また、地域によって、地下水の汚染状況はひどく、有機物汚染の他、フッ素汚染は計20州で約300カ所、ヒ素汚染は計10州で約90カ所、重金属汚染は計15州で約110カ所に及んでいる。ヒ素やフッ素は症状が慢性化するので、病院などに通う期間が長くなり、医療費がかさむことになる。また、非衛生的な水を摂取したことで、下痢等の症状に苦しむ住民は多い。

このように、インドにおいては、安全な水の入手は未だ大きな課題となっている。世界規模で見た場合、安全な水へのアクセスができない人数約8・4億人のうち、インド人の割合は全体の19・3%（約1・6億人）を占めている（図3－1）。

この事態に対し、第2次モディ政権下でも対策を強化しつつある。2019年には、それまで水行政を分担していた水資源・河川開発・ガンジス川再生省と飲料水・公衆衛生省を統合し、水管理省を新設した。

図3-1　きれいな水にアクセスできない人々の割合（世界全体約8.4億人、2015年）

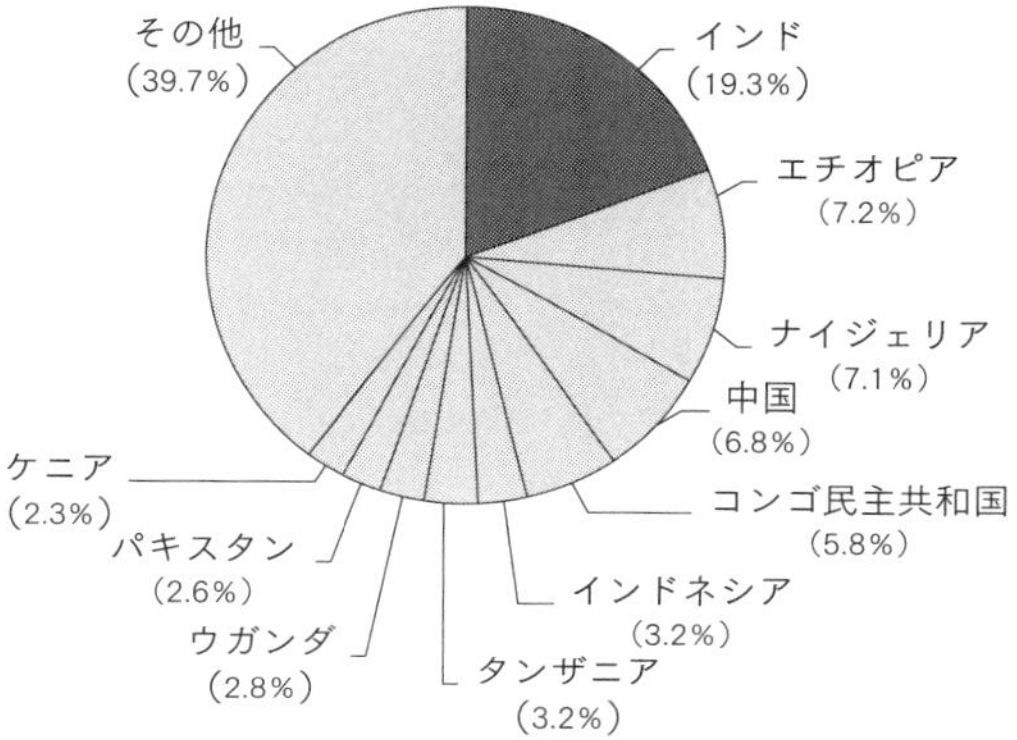

出所：ウォーターエイド公表資料より作成

新しい省の名前はヒンドゥー語でジャル・シャクティと言い、「水の力」を意味する。水管理省は水資源開発や河川管理に加えて、上下水事業や衛生事業を一手に引き受け、水を総合的に管轄する責任を負っている。

同年、モディ政権は、地方のすべての世帯に水道水を供給する「ジャル・ジーバン（水の生活）・ミッション」を発表し、水管理省が全体の方針や管理を担っている。現時点でどれぐらいの家屋に水道水が供給されているかは、同省のホームページで確認できる。２０２０年９月時点では、インド全土の約１億９０００万世帯のうち、約５６００万世帯が水道につながり、アクセス率は全体の約29％となっている。

一方で、水道へのアクセス率は、州によってばらつきが激しい。アクセス率が高い州を見ると、ゴア州が世帯アクセス率１００％、テランガーナ州が同98・３％、グジャラート州が同80・１％となっている。これに対し、低い州は、西ベンガル州が同２・５％、メガラヤ州が同4・3％、アッサム州が同4・4％である。冒頭の女の子が住む西ベンガル州は、州内1600万世帯に対し、わずか40万世帯しか水道の水が使用できない。特にプルリア地区を含む農村部では水道設備が皆無に近く、住民は井戸か政府が設置する公共水栓に頼っている。

水の供給を可能にするには、水源の確保も重要である。河川の表流水が限定的な状況において、雨季に雨水を無駄なく貯留することや汚水の再利用、また、中東などで見られる海洋の淡水化などを推進する必要がある。実際に河川の利用に限界のあるタミル・ナードゥ州のチェンナイでは、海水を利用する淡水化施設が稼働している。

社会的企業の挑戦(1)——官民協力モデル

住民までのラストマイルを埋める水の供給のために、公共の水道事業だけでなく、NPOや社会的企業も様々な工夫を凝らして活動を行っている。そのなかで注目を浴びる革新的な取り組みが、コミュニティ参加型の官民協力モデルと水のATM、通称「ウォーターATM」の設置である。

ウォーターライフは、安全な水の入手が困難な農村を対象に水供給事業を行っている社会的企業だ。同社は2008年にインド南部の高原都市ハイダラーバードに設立され、農村での水道事業の他、汚水処理機器や移動式浄水装置などの販売を行っている。農村地域では、一般の業者から水を購入すると、20リットル単位で約40ルピー（56円）かかるが、同社は同7ルピー（約10円）で水を販売している。

同社の取り組みは、まず、安全な水が供給されない農村地域の特定から開始する。水の供給は基本的に浄水場での直接販売となるため、同プラント設置場所から2㎞圏内で約3000人の人口が居住する地域を特定する。次に候補地の自治体と折衝し、浄水場の土地利用や地下水の利用について了解を得る。設置場所が確保できたら、水道事業の周知を兼ねて、学校や村の集まりなどで啓発活動を実施。伝達する内容には、水と健康の基本知識も含まれる。

この事前の啓発活動が事業の鍵を握る活動であり、それを怠ると水道の利用率に影響が出ることを同社は強調する。啓発活動の際に可能な範囲で利用者登録を行い、初期の需要を確認する。並行して、水道事業開始後に設備の管理を行う地元出身のオペレーターを雇用。オペレーターは、設備の維持管理だけでなく、地域住民からのクレーム処理や持続的な啓発活動に従事する役割も担う。そのため、営業面や技術面の事前研修が入念に行われる。

村に設置される浄水設備は、10層のフィルターにより、ヒ素や硝酸塩などの不純物を取り除くシステムを備え、標準タイプで毎時1000リットルの水が供給できる。村落の規模は様々であるため、需要に応じて毎時500～5000リットルまで供給できる浄水設備の製品ラインがある。

電気が通っていない村の場合は、太陽光発電が可能な設備を使用する。村民は、20リットルの甕を自ら持参し、浄水場で水を入手し、家に持ち帰る。事業では直接販売を基本とするが、アクセスが困難な村民のために女性の自助グループなどと協力して、配達も行っている（図3－2）。

同社の取り組みは、官民協力によるコミュニティ参加型の事業であることが特徴だ。自社製品である浄水設備は、一台5万～6万5000USドル（525万～約683万円）の費用だが、水道事業に合意した自治体が設備代と設置費用を賄う。

図3-2　ウォーターライフの水供給スキーム

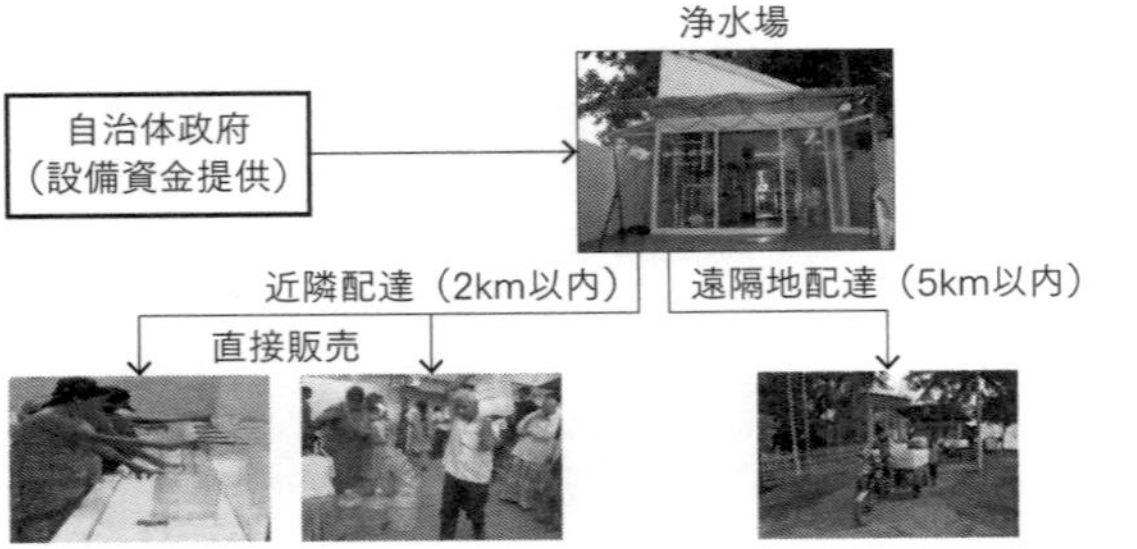

出所：World Bank Group（2017）より作成

同社の水道設備を利用するために、村民は最初に購買する20リットル分の料金として、１８０ルピー（２５２円）を払う必要がある。いわゆる登録料のような位置付けだ。その後、毎回20リットル単位で７ルピー（約10円）が料金となる。支払いには、事前に発行されたプリペイドカードが使われる。

毎月の収支をコミュニティ単位の平均実績で見ると、水販売による収入が約１２００USドル（約13万円）、管理費などを含む費用が約４７０USドル（約４万９０００円）である。今まで実施してきた事業では、収入が運営維持費用を上回り、収益を計上している。

ただし、本社の正職員の給与等は、他の汚水処理機器などの製品販売から賄われる。事業を展開するうえで、村民は啓発活動や水の配達の際に同社に無償で協力している。このため、水道事業への村民の理解や参加がないと有効に機能しない事業モデルと言える。

ウォーターライフの取り組みについて、事業効果を確認した調査によると、下痢や尿結石などの症状が水道水の利用後に5割以上減ったとの結果が出ている。また、水道を利用した村民の約６

割が、健康面で改善効果があったと回答している。同社の取り組みは好評を博し、現在、国内計15州の600に上る村落で事業が展開されている。

同社が事業を展開するうえでの成功要因として、①安全な水を供給できる技術力、②自治体や対象コミュニティとの信頼・協力関係構築、③収支を考慮した料金設定と便利な支払い方法、④水の大切さを伝える啓発活動の実践、及び⑤事業効果の確認とその宣伝、が挙げられる。もちろん、創業者をはじめとする職員の高い志とそれを実現する実践力が必要条件であることは疑いない。

社会的企業の挑戦(2)――「ウォーターＡＴＭ」

「ウォーターＡＴＭ」は、銀行のＡＴＭのように、顧客が好きな時に好きなだけ水を購入できる機械である。太陽光発電を動力として、自力で浄水し、住民が購入した量だけ課金する機能を備えている。日本の食料品スーパーなどに浄水器による水サービスコーナーがあるが、「ウォーターＡＴＭ」はそれより一回り大きいカプセルのような施設で、野外に設置して近隣住民に水を供給する。

社会的企業のサーバジャルは、水の供給が困難な地域に安全で低料金の飲料水を提供することを目的に2008年に設立された。「ウォーターＡＴＭ」に内蔵された同社の浄水装置は、独自の逆浸透膜技術により、一般の装置より単位時間当たりの浄水処理が効率的に行えるよう製造されている。

また、同社が独自の特許技術で開発した遠隔監視システムにより、農村部に設置された「ウォーターＡＴＭ」の管理を会社から行うことができる。このオンラインシステムにより、リアルタイムで遠隔地にある現場のデータ分析等が可能となっている。

「ウォーターATM」

提供：サーバジャル

「ウォーターＡＴＭ」利用者は容器を持参し、ＡＴＭのボタンを押せば、定量の水が提供され、買った量だけ課金される。料金は20リットル当たり6ルピー（8・4円）である。これにより、農村部でもきれいで安全な水が手に入る。このサービスを開始してから、「ウォーターＡＴＭ」は国内計12州で約４００機が設置され、約30万人が利用している。水は地元の地下水か給水車によって補填される。現在、「ウォーターＡＴＭ」は、デリーなどの都市部でもスラム街や鉄道の駅などに設置されている。

　同社は事業を拡大する観点からフランチャイズ方式を採用しており、村落で「ウォーターＡＴＭ」の運営・管理を行う村人に権限を与え、自ら収入を得る手段を提供している。いわゆる農村起業家の育成であり、住民の利用が増えれば、収入に反映される仕組みである。都市部のスラム街においても同様であり、低所得者層への雇用機会の提供にも貢献している。

　収益面では、現在のところ料金収入で機材の運営維持費を賄っているが、設立元のピラマル財団から人員配置や給与等の補填がある。現在、新たな「ウォーターＡＴＭ」は、自治体による購入や大手民間企業のＣＳＲ資金などで設置されている。事業実施のための資金獲得は、インドの社会的企業の主要課題であり、サーバジャルのように公的分野で活動する社会的企業への政府の支援制度が望まれる。

日本の水道分野への支援

インドの水道事業に対しては、日本も長年にわたり協力を行ってきた。住民へ安全な水を供給するため、都市部と農村部の双方で支援を実施している。今までの協力を通じて、インド国内の裨益人数は約3000万人に上る。このなかには、水の供給に加えて住民の健康被害対策を行った事業もある。

前述したように、インドでは地下水の汚染が問題となっており、特にフッ素症患者はインド国内で6000万人に上るとされる。フッ素を過剰に摂取すると、歯や骨の形成に異常をきたし、脳神経の圧迫により、視力障害や顔面神経麻痺などの症状が生じる。2017年に完成した「ホゲナカル上水道整備・フッ素症対策事業」は、インド南部タミル・ナードゥ州のクリシュナギリ地区とダルマプリ地区における、水供給とフッ素症対策を内容とした事業である。

同州では、事業開始前の2006年時点で約8万1000村落のうち、計968村落で安全な水が確保できず、そのうち711村落が事業の対象地域に属していた。当地域は年間降水量が州のなかでも少なく、水源を主に地下水に依存していたが、大半の村落で慢性的な水不足に陥っていた。また、フッ素汚染が広がっており、対象のダルマプリ地区では、世界保健機関（WHO）の定めるフッ素含有基準1・5㎎／ℓを大幅に超える9・0㎎／ℓが地下水から検出される状況であった。

ホゲナカル上水道（タミル・ナードゥ州）

事業は２００８年に開始され、水供給に関しては、数十キロメートル離れたコーヴェリ川を水源として、浄水場（1カ所）、送水管（約２９０km）、ポンプ場（6カ所）、配水管（約1万km）、住民用の公共水栓（６３８カ所）等の建設や設置が行われた。並行して、フッ素症対策事業として、フッ素症に係る現況調査、現地の医療従事者の研修、住民の啓発活動、血液検査用機器の導入などが実施された。

２０１７年の事業の完成により、新たに約２４０万人へ水供給が可能となっている。これは、対象とした2地区の住民すべてに新たに水道水が届くことを意味する。これにより、1世帯が1日当たりに利用できる水道水は、事業開始前の平均が都市部で37リットル、農村部で10リットルであったのに対し、それぞれ90リットル、40リットルに増加した。水質も国の基準を満たしており、水道水のフッ素含有量は０・１mg／ℓ以下となっている。

村落への聞き取り調査によれば、「他の村にわざわざ水を求めに出かける手間が省け、村落内で生活に必要な飲料水の確保ができるようになった」「水の確保に要していた時間が節約できるようになり、他の活動に使えるようになった」、また、「給水時間が一定になり、一日の活動の計画が立てられるようになった」、などの声が聞かれた。

また、水汲みの仕事は女性が従事する場合が多いが、「早朝や夜間の水汲み作業から解放された」「移動時間の節約により、農作業や日雇い労働に参加できるようになった」等の声が女性から聞かれた。さらに、水道の水がおいしいとの評判も耳にした。他方、村落によって給水量の配分が異なり、給水時間が一定していないという指摘もあった。

フッ素症対策については、医療従事者や学校関係者からは知識の向上などの効果を評価する声が聞かれた。実際、事業で作成されたパンフレットや視覚教材などは、教育現場などで継続利用されている。住民からは、フッ素症の理解に役立ったとする声がある一方、内容をすでに忘れているとの声もあり、啓発の効果は課題が残る状況となっている。

また、フッ素症の患者について、追跡調査で尿中のフッ素含有状況を確認したところ、1㎎／ℓ以上の検出率が約2割減少した。ただし、医療従事者によれば、普段の食生活や年齢などの要素があり、水道水の供給だけによる効果とは断定しがたいとの意見である。

ラストマイルの問題

水道事業の持続的な運営のためには、一定の水道料金を使用者から徴収する必要があるが、タミル・ナードゥ州では、最低限の生活を保障する人権の観点から、水道料金を低く抑えており、公共水栓の使用は無料、また、農村部では毎月の料金は2019年時点で一律30ルピー（42円）としている。このため、事業を管轄するタミル・ナードゥ州上下水道公社の財務状況は赤字体質で、州政府が毎年補助金で補塡している。２０１７年度の補塡額は、約5億ルピー（約7億円）に達している。

このような状況は他州でも同様であり、水道公社は資金繰りが厳しいため、新たな水道事業への投資が困難となっている。低い料金の設定は、選挙で票を集めたい州の政治家の意向が反映されているとも言われる。冒頭の西ベンガル州の場合では、与党の政策により、一定の所得以下の住民は水道料金が無料となっている。低所得者層に配慮することで、かえって新たな水道事業ができない構図になっている。安全な水を持続的に住民に届けるためには、事業体の財務体質にも十分に留意する必要がある。

また、ラストマイルを埋めるには各戸別接続を行う必要があるが、家屋への接続は有料であり、タミル・ナードゥ州の場合、地域により、１０００ルピー（１４００円）から2０００ルピー（２８００円）が使用者の負担となる。この接続料金が払えないため、水道の恩恵を受けられない家屋が存在し、対象地区の自治体ごとに接続率の違いがある。この問題を解決するために、州によっては、接続料金を先に事業体が負担し、住民からは分割後払いで徴収する方法を導入している。すべての人に安全な水を届けるためには、戸別接続にも配慮や工夫が不可欠である。

十分な水供給施設ができたとしても、事業体の財務体質やラストマイルへの接続可否が事業効果に影響する。日本の支援事業においても、地域の事情に応じた種々の工夫が求められている。

2　野外排泄の国——世界最大のトイレ普及計画

野外排泄は日常の習慣

2017年に公開されたアクシャイ・クマール主演のインド映画「トイレット（ある愛の物語）」は、恋愛の末、主役の家に嫁いできたブーミ・ペードネーカル演じる新婦が、トイレの設置をめぐって悶着を起こす物語である。

結婚式の翌朝、嫁ぎ先のベッドでまどろんでいると、夜明け前に村の女性たちが2人の寝ていた部屋の窓をたたき、新婦を野外排泄に誘う。この村の家々にはトイレがなく、女性たちは夜明け前に集団で畑まで用を足しに「出かける」のである。トイレのある家で育った高学歴の新婦は、この習慣にショックを受け、「それを知っていたら結婚しなかった！」と主役の新郎に叫ぶ。村の女性たちは、これが毎日の習慣であると新婦を諭し、新婦は家から遠く離れた「都合の良い場所」にしぶしぶ付いていく。

新婦はトイレ設置を新郎に懇願するが、そこに立ちはだかるのが同居する新郎の父。バラモン階級（カースト制最上位）の父親は、ヒンドゥー教の慣習に従い、家のなかに「不浄な物」をつくるのは反対で、新婦の要求を断固として認めない。また近所に住む村長らも同じ意見だった。

ヒンドゥー教では、聖典の1つである「マヌ法典」（紀元前2世紀〜紀元後2世紀頃に成立）で人の排泄を不浄とし、なるべく遠ざけ、排泄後は清めが必要と定めている。つまり、家にトイレを設置するには、信心深い年長者の考えや習慣を変えることが不可欠なのである。

映画では、親戚の家のトイレを借りたり、列車のトイレを使用したりして、何とか生活を保っていた新婦が不便さに業を煮やし、実家に帰ってしまう。新郎は役所の助けも借りて、自力で敷地内にトイレを設置するが、反対する父に壊されてしまう。新婦は村の女性を含めた古い慣習を変える必要性を痛感し、地元メディアを味方につけ、世間から注目を集める作戦に出る。これが功を奏し、最後は新郎の父も納得するに至り、ついに家にトイレが設置されて物語が閉じるのである。

この物語は必ずしも事実を誇張したものではない。国際協力機構が2015年にインドで実施したトイレ使用の実態調査でも、同様の結果が出ている。調査対象の村落で住民に聞き取り調査をしたところ、大半が「野外排泄」賛同派であることが判明したのである。

人々が口にしたその理由は、当時の筆者たちにはすこぶる新鮮に聞こえた。村人曰く、「排泄物が土に還って環境に優しい」「野外を歩くのは健康に良い」「皆で連れ立って外に出向くので村の社交に役立つ」等々。

古い因習に縛られる村でその同調圧力を跳ね返すのは容易ではない。「トイレット（ある愛の物語）」で印象的なのは、村の女性たちが新婦に野外排泄を遠まわしに強要する場面である。インドでトイレを普及させるには、人々の考え方と行動の変容が肝心であることを、前出の調査でも深く痛感することになった。インドでの全国規模のトイレ普及計画は、そのような状況で開始された。

クリーン・インディアのロゴ（ガンジーの眼鏡）

「クリーン・インディア」キャンペーン

インドのトイレ普及の歩みは、従来、非常にゆっくりしたものであった。特に農村部では、1981年時点の普及率はわずか1％であり、インドが本格的に経済自由化を進めた91年においても11％でしかなかった。インドに来た旅行者が、地方観光の際に困るのがトイレ使用であり、ツアー会社が用意したトイレ休憩の時間を逃すと、自分の責任で用を足さなければならなかった。

その後、インドのトイレ設置は徐々に増えたものの、2014年時点で、人口の約半分弱（約5億3000万人）がトイレを利用しない「世界最大の野外排泄国」であった。

当時、世界でトイレにアクセスできない人口が約10億人とされていたので、実にその半分をインドの国民が占めていたのである。2014年に発足したモディ政権は、全国規模でトイレの普及を図る「クリーン・インディア」政策を表明し、その施策を強力に遂行した。その結果、2019年時点で物理的には人口の約9割が、トイレの使用が「可能」な状態となったのである。

マハトマ・ガンジーの生誕150周年となる2019年10月までを第1フェーズとして行われたこのキャンペーンによって、約

新しく設置された村の公衆トイレ
（アッサム州）

1億1000万基のトイレが全国に設置された。これにより、国内に存在する約65万村落のうち、約60万の村が「野外排泄解消」を宣言した。

ガンジーは、イギリスからの独立当時、「公衆衛生は独立より重要」と大衆に呼びかけ、低カーストに属する人々が従事する清掃の仕事に自ら取り組むよう門弟らに働きかけていた。モディ首相はそのガンジーの教えを強調し、「クリーン・インディア」推進の象徴として、ガンジーの眼鏡をキャンペーンのロゴとして使っている。

キャンペーンでは、家屋に加えて公共施設のトイレ設置も推進し、女子専用のトイレが備わった学校は、この期間に約40万校から約100万校に増加した。学校全体で言えば、女子トイレを有する学校の比率が約37%から約91%まで上昇したことを示している。従来、学校にトイレがないために登校をあきらめる女子生徒の問題が広く認識されており、小中学校の女子の就学率向上の観点からもトイレ設置が積極的に行われたのである。

そもそも、家にトイレがないと何が問題であろうか？　特に女性や子どもの場合は、治安や病気の問題に直結する。移動の往復時や野外排泄時に男性からの嫌がらせや暴行に遭ったり、蛇やサソリなどに咬まれるリスクがある。実際、キャンペーン開始直前にもウッタル・プラデーシュ州やビハール州で野外排泄中に女性が襲われる事件が起こっている。

また、用を足すのを長時間我慢することによる膀胱疾病や、月経の衛生管理の面で健康リスクが生じる。子どもが野外の排泄物に接することで感染症を患う事例も多発している。インドでは、年間10万人以上の5歳以下の子どもが、野外排泄による経口感染で亡くなっていると言われる。

男性もリスクがあるのは同様である。インドでは毒蛇に咬まれて年間約6万人が亡くなっている。ある日本の学者がインドの地方の村で住み込みで調査を行っていた際、一番の懸念がトイレであり、特に夜間は害虫やサソリに咬まれる心配があるのでなるべく我慢していたとの話もある。暗闇で足を滑らせ、移動中に川などに落ちる例もある。

このように、身近にトイレがないことは、感染症や精神上のストレス、また、人としての尊厳の問題に関わるのである。

トイレ普及の成果

「クリーン・インディア」キャンペーンの成果については、いくつか報告書が出ているが、国連児童基金（ユニセフ）やビル＆メリンダ・ゲイツ財団などが5州320村を対象に調査したレポートでは、安全面や健康面での改善点を挙げている。

まず、「どうしてトイレを設置したか？」という質問に対し、回答の多くが「女性の安全向上」を挙げ、その次に「適切な衛生状態の確保」と「病気の予防」が続く。これは、住民にトイレの必要性に係る意識が高まっていることを示している。特に女性の声として、9割以上が「安全や健康への心配から解放された」と回答している。

同じく、大半の女性が「移動時間の節約ができた」ことや「1㎞以上の移動による身体的な負担が減った」と述べている。「夜間にトイレに行くのが容易」になり、「我慢する必要がなくなった」とする声も多かった。WHOの調査でも、今回のトイレの普及により、インドの農村部で少なくとも18万人の下痢症死亡が回避されたとしている。

他方、トイレの数は増えたが、実際の使用割合は未だ少ないとするNPOの報告もある。このため、人々の啓発事業や行動変容をさらに促進する必要性が強調されている。また、市中の公共トイレのなかには、維持管理費用捻出のために有料とする個所もあり、それが利用頻度を下げているとの見方もある。

トイレを清掃する仕事についても、「不浄な行いで手を汚したくない」と主張する高位カーストが低位カーストに従事させる慣習も残っている。いわゆる「清掃カースト」と呼ばれる人々である。手作業によるトイレや汚物処理タンクの清掃は、危険が伴うため法律で禁じられている。それにもかかわらず、実態が改善されないため、インド最高裁判所が「手作業による汚物処理は国際人権法に抵触する」という判決を改めて下したのは、2014年のことである。

「クリーン・インディア」政策によって、地方に住む住民もトイレが使用できるようになり、衛生面において著しく改善が見られるのは事実である。特に女性にとって、身体的かつ精神的に良いインパクトがあったことは間違いない。他方で、実際の普及のためには、人々の行動変容など、実効的な方策をさらに進める必要があると言えるだろう。

野外排泄地で利用されるEトイレ

「クリーン・インディア」政策は政府の事業として公共予算が投じられたが、それ以外にも民間企業のCSR資金やNPOの協力を通じてトイレの設置が行われた。第1章で紹介したスラブが、その代表的な組織である。一方で、ビジネスの形態でトイレ普及を推進する社会的企業も台頭している。

エラム・サイエンティフィック・ソリューションズ（以下、エラム）は、独自の技術を用いて遠隔維持の可能な完全自動化トイレ（Eトイレ）を製造している社会的企業である。Eトイレには貯水タンクが内蔵され、水洗、便器清掃、排泄物処理などがすべて自動化されている。同社の最新モデルは、太陽光発電を利用したトイレで、地方の僻地でも利用可能だ。

Eトイレは有料制で、硬貨を挿入して使用する。使用者が中に入ると、温度センサーによりLEDライトと換気扇が作動する。使用完了の3分後に1・5リットルの水で洗い流すようにプログラムされ、嫌気性微生物による分解を利用して廃棄物処理を行う。トイレには通信機器が備えられ、日々の使用状況や水量の遠隔監視を可能にしている。設置されたトイレが5時間以上使用されない場合は、地域の担当者を派遣し、トイレが正常に機能しているかどうかを確認する作業を行っている。

同社のトイレ設置事業は、自治体、学校等の公共機関、及び民間企業からの発注により実施され、一部は外部団体や個人の寄付によっても行われている。Eトイレの基本モデルの価格は20万ルピー（28万円）で、丈夫なステンレス鋼仕様の製品は50万ルピー（70万円）だ。維持管理費用の回収は、使用料とトイレを利用した広告収入で賄う。

最近では、タミル・ナードゥ州チェンナイ市が、トイレ不足の地域を対象に183台のEトイレを購入した。また、タタグループのCSRを利用して、アーンドラ・プラデーシュ州とタミル・ナードゥ州の公立学校に約600台の最新モデルが設置された。民間企業との間にも、数千台の規模で契約受注の実績がある。

トイレの技術開発に加え、同社は地元の低所得者層を維持管理作業要員として雇用し、所得向上機会の提供も行っている。さらに地元NPOと協力し、収入を上げる方策として雑貨ショップをトイレ脇に設置し、作業要員がトイレ利用者を対象とした商売を行えるような試みも導入している。

エラムのEトイレ

提供：エラム

2008年の会社設立以降、同社のEトイレは、地方の農村や都市部のスラム街など、すでに国内計23州で2500台以上設置されており、政府の「クリーン・インディア」に貢献している。同社は低価格のEトイレや障害者向けトイレの開発も行っており、今後も業務を拡大する方針だ。

スラム地区の簡易トイレ

インドの都市部では、スラム地区の人口の合計は約1億人に上り、そのうち、約3割がトイレ不足の状況である。感染病予防や衛生面の対応のため、自治体はスラム地区へのトイレ設置を進めている。シュラミック・サニテーション・システム（3S）は、スラム地区を中心に簡易トイレの設置を行う社会的企業だ。インドでポータブルトイレを供給する草分け的な企業であり、主な業務内容は、製品販売、トイレリース、現場での清掃を含む維持管理、及び廃棄物処理である。

幅広い製品群を有する3Sは、ポータブルトイレの他、洗面場、男性用簡易便器、シャワー、浄化槽などを取り扱い、衛生施設と組み合わせて設置・管理するサービスも提供している。製品はすべてリサイクル可能なポリエチレンからつくられ、ポータブルトイレは、最小限の機能を持つものから、車椅子対応トイレ、さらに、女性専用のボックストイレも扱っている。

スラム地区以外でも、様々な野外イベントや建設現場で簡易トイレの需要が高まっている。同社は、宗教上の集まりや政治集会、建設現場や災害現場などで業務を展開している。現在、最大10万人規模の集会に対応するトイレ供給サービスが可能だ。

スラム地区には、価格が3万5000〜7万5000ルピー（4万9000〜10万5000円）の簡易トイレを設置している。共同トイレとして住民の使用を促進するために、トイレの維持管理作業を担当する「サニプレナー」を同地区から雇用する。雇用時には、トイレ管理業務や使用料徴収などの事前研修が施される。

「サニプレナー」は、スラム地区の住民に毎月30〜50ルピー（42〜70円）でトイレの利用パスを発行

3Sの簡易トイレ

提供：3S

し、集めた使用料の一定割合を３Ｓに送金する。トイレの費用回収が無事終了すれば、「サニプレナー」自身にトイレの所有権が譲渡される仕組みも導入されている。トイレ所有後は、自ら経営者となって、トイレ利用サービス事業をスラム地区で継続するのである。

３Ｓは国内の財団等と提携し、自治体が設置した公衆トイレの維持管理業務も行っている。清掃機器を３Ｓが提供し、別の財団が雇用した低所得者層の作業人が、利用者からの料金徴収業務やトイレ清掃を行う。財団はトイレごとに決められた固定料金を３Ｓに支払い、利用者が多ければ、作業人の収入が増えるシステムだ。さらに、同社はビル＆メリンダ・ゲイツ財団やマイケル＆スーザン・デル財団などと協力して、公立学校や都市部のスラム街を対象にした衛生改善事業にも参画している。

１９９９年の設立以降、同社は農村部やスラム地区を中心に国内計7州で４０００台以上のトイレを設置し、毎日数十万人が利用している。「サニプレナー」も数百人規模で働いている。自治体の公衆トイレ設置の需要は増えており、同社の事業は今後も拡大していく見通しである。

ラストマイルビジネスの成功要因

前述した水道事業を含め、水・衛生分野の「インパクト企業」は、サービスの利用が制限されている地域に対して、安全な飲料水及びトイレを含む衛生設備を低価格で提供している。

この分野のビジネス実施上の主な課題としては、①水道の有料化や衛生設備に対する顧客の理解促進、②24時間サービスの確保、③遠隔メンテナンスシステムの開発、④低所得者層が払える料金と満足する品質、⑤野外排泄の習慣に対する啓発活動、⑥リサイクル製品に対する偏見の軽減、などが挙げられる。

水道分野のウォーターライフやサーバジャルの取り組みでは、機能性の高い製品の開発に加えて、住民に対する啓発プログラムの実施や地元で採用した施設管理者に対する研修などが特徴となっている。衛生分野では、最新技術を使ったトイレ開発や地域の実情に詳しい住民の雇用等を通じて、使用者の利便性を高める努力が功を奏している。安価な料金設定や施設へのアクセスのしやすさなども、大事な要素だ。

この分野で実績を上げる「インパクト企業」の成功要因としては、①低コストで機能性の高い製品や遠隔監視システムの開発、②適時のメンテナンスサービスを含む顧客志向のサービス提供、③従量制による安価な料金設定モデルの導入、④政府機関、民間分野、大学等との連携・協力による顧客層の啓発とマーケティングの実施、⑤リサイクル製品のブランド化による顧客への浸透、及び⑥地元住民の施設管理者としての雇用、が挙げられる。

トイレの分野では、ダリトなどの清掃請負人の過酷な労働環境の改善も考慮される必要がある。最近では、ダリトの作業軽減のためにロボットを使った下水管清掃などに取り組むゲンロボティクスなどのスタートアップ企業も現れている。このような先駆的な取り組みが、社会の根深い問題に対してもインパクトを与えつつある。

日本企業の取り組み

インドの土地や環境に適したトイレの普及を行っているのがＬＩＸＩＬだ。同社が開発した樹脂素材を使った簡易式トイレ「ＳＡＴＯ」は、設置が容易で、少量の水で洗浄ができ、安価な点が魅力となっている。原価はわずか約６００円。排泄物を流すと開閉する弁の機能で病原菌や悪臭を低減する仕組みで、衛生上も効果がある。

「ＳＡＴＯ」はすでに世界で約３８０万台が出荷され、約２０００万人に利用されている。インドでも農村部を中心に普及が始まっている。このトイレを讃える歌まで住民がつくっている状況だ。

トイレに加え、同社はコロナ禍での手洗いの励行を促すため、簡易手洗い装置「ＳＡＴＯ Ｔａｐ」を開発した。ペットボトルの水と重力を利用した簡単な仕組みで、野外などでも容易に手洗いができる。コロナ感染が拡大しているインドで販売を始め、そこからアフリカなどに展開する構想だ。

手洗い励行について、同社はユニセフと連携して、住民への習慣付けにも協力している。機器の販売だけでなく、手洗いの大切さを知ってもらい、衛生的な生活環境を整えることに寄与している。このような活動は、インドのＳＤＧｓ達成の推進に着実に貢献するだろう。

鳥取県の中小企業である大成工業は、国際協力機構の支援を受けて、聖地バラナシで公衆トイレの実証調査を行っている。トイレからの汚水を敷地内で処理する自然浄化式汚水処理システム（ＴＳＳ）が当地で機能するかを確認するためだ。

図3-3　大成工業の自然浄化式汚水処理システム

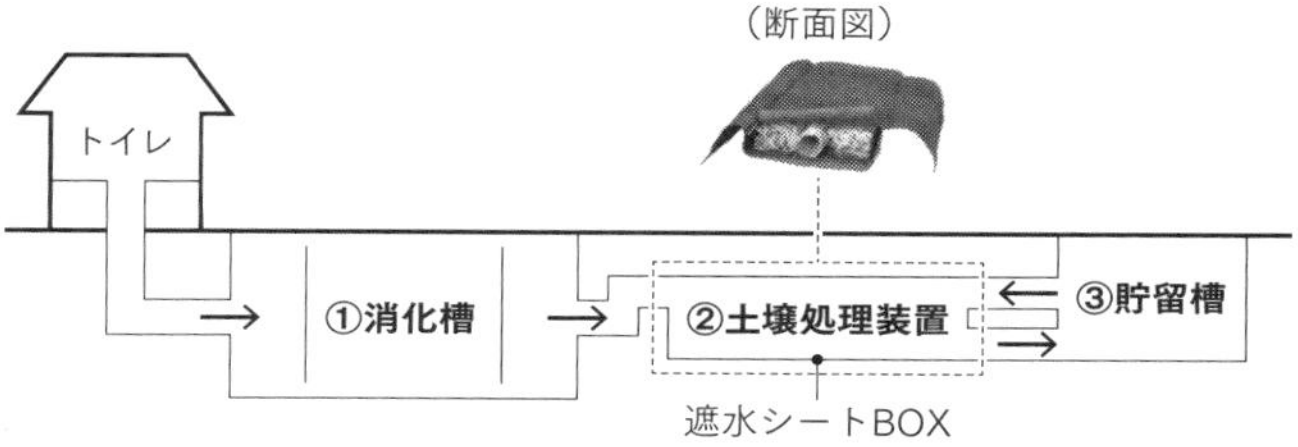

提供：大成工業

この技術は、不織布と細菌を利用したトイレの汚水処理システムで、電気を使用せず、日本では公園や山岳地で利用されている（図３－３）。自然発酵熱を使って汚水の殺菌を行い、汚泥と処理水に分けて、処理水を土壌の濾過機能と微生物の働きを利用して浄化する仕組みだ。「肥溜めと畑の機能を１つにまとめたようなもの」と同社は説明する。

インドのトイレ設置に対する人々の抵抗のうち、清掃等をいやがる上位カーストの声は大きい。また、公衆トイレは維持管理が徹底しておらず、使用できない個所も多い。同社のトイレは、土壌処理施設を目視で点検し、たまに土を耕すことと、貯留槽の水位に異常がないかを確認する程度で維持管理ができる。日本国内に設置したＴＳＳは、20年近く汲み取り作業を行っていないという。稼働に電気が必要なく、維持管理費用が低いことが特徴だ。最近は、ウッタル・プラデーシュ州にある大学の学生寮に同種のトイレを設置した。

未だ調査の段階だが、同社の公衆トイレは、現地のＮＰＯが有料化して運営を行い、料金徴収や清掃作業などに女性を雇用することを計画している。女性利用者にとっては、トイレに同性の管理者がいることで、安心して利用できるとの想定だ。大学では、学生寮の汚水処理を学生たちの衛生教育に役立てようとしている。日本の中小企業が有する優れた技術が、インドで教育研究の題材になりつつある。

3　インドの将来を担う学校教育

非識字者は国民の4人に1人

最近のIT産業の発展やグーグルなど有名企業の代表就任のニュースなどで、インド人は優秀で理数系に強いとの見方がだいぶ広がった感がある。よく引き合いに出される「インドの子どもは20×20まで暗記しているから計算が得意」との話は、インド人は小さい頃から数字で頭を鍛えている印象を我々に抱かせる。

確かに優秀な人材が多くいるのは事実であろうが、インドは現在においても国民の4人に1人が字の読めない非識字者である。国連教育科学文化機関（ユネスコ）の統計によれば、2010年の時点で世界の成人非識字者は約7億6000万人であり、そのうち約2億6000万人、すなわち世界で字が読めない人の3人に1人はインド人ということになる。

首都ニューデリーでは、ビルの守衛や公園の管理人が朝新聞を読んでいる光景をよく目にする。ヒンドゥー語が多いが、なかには英字新聞を読んでいる人もいる。そのため、都市部で生活していると、字が読めない層が多いことについて実感がわきにくい。

図3-4　小学校就学率と非識字率の推移

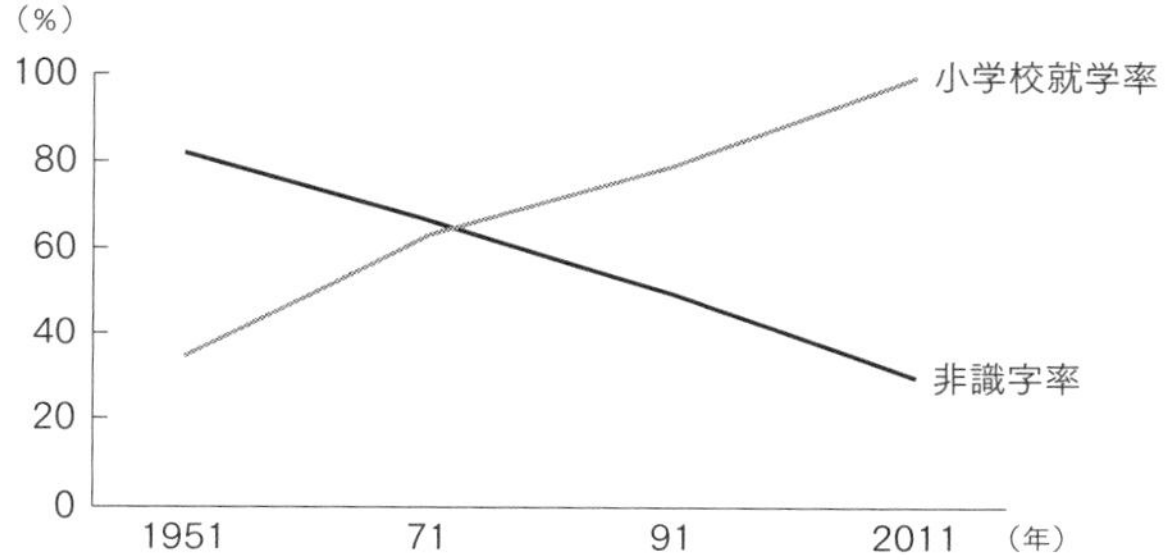

出所：インド人材開発省等公表資料より作成

他方、農村で聞き取り調査などを行うと、年老いた世代に字が読めない人が多いことに気づく。農村を舞台にしたインド映画などでは、字が読めない両親が息子や娘に手紙や書類を読んでもらう場面が時々出てくる。映画に出てくるそのような人たちの境遇は、一般に貧しい家に住み、低いカーストに属している場合が多い。

識字率の向上は、単純に言えば、小学校の就学率の上昇と関係している（図3－4）。独立後間もない1951年の小学校就学率は32％であり、国民の非識字率は80％を超えていた。就学率が約80％となった1990年代後半に非識字率は40％まで改善し、就学率が100％近くなった2011年に非識字率は27％となった。

昨今の若い世代は学校に通っているはずなので、これらの数字は、子どもの時にまともに教育を受けられなかった年配の世代に字が読めない人が多いことを示している。国連の2015年の統計では、インド国内で24歳までの若者の識字率は約90％に上った。

就学率向上はインド政府が努力してきた成果であるが、国際的に認められた開発政策の影響も大きい。

１９９０年にユネスコ主催でタイで開催された「教育世界会議」では、すべての人に基礎教育を提供する「万人のための教育」を世界共通の目標として掲げ、インドを含む途上国の大勢がそのスローガンに賛同した。その後、インドは１９９２年に「子どもの権利条約」に署名する。また、２０００年にセネガルで開催された「世界教育フォーラム」では、初等教育の完全普及や教育における男女格差の解消が重点課題とされ、それは「ミレニアム開発目標（ＭＤＧｓ）」に明示された。

そのような国際潮流のなか、インドはようやく義務教育の無償化を法制化するのである。

２００２年、インド政府は第86次憲法改正において、新たに次の条文を追加した。「国は６歳から14歳までの児童に対し、国が自ら定めた法律に則って無償で義務的に教育を施す」。これに従い、２００４年には教育の財源捻出を目的に、教育目的税が導入された。これは、所得税額に対し２％、法人税額に対し３％、関税額に対し２％、サービス税に対し３％など、複数の税金に加算される形で賦課された。そして２００９年に、６歳から14歳までの児童の義務教育を保障する法律が成立する。インドが独立して実に62年後のことであった。

インドの教育事情

インドの教育行政は中央政府と州の共同管轄であり、大多数の州で前期初等教育５年、後期初等教育３年、前期中等教育２年、後期中等教育２年、大学３年の制度をとっている。義務教育は、後期初等教育までの計８年間である（図３－５）。

図3-5　インドの教育課程

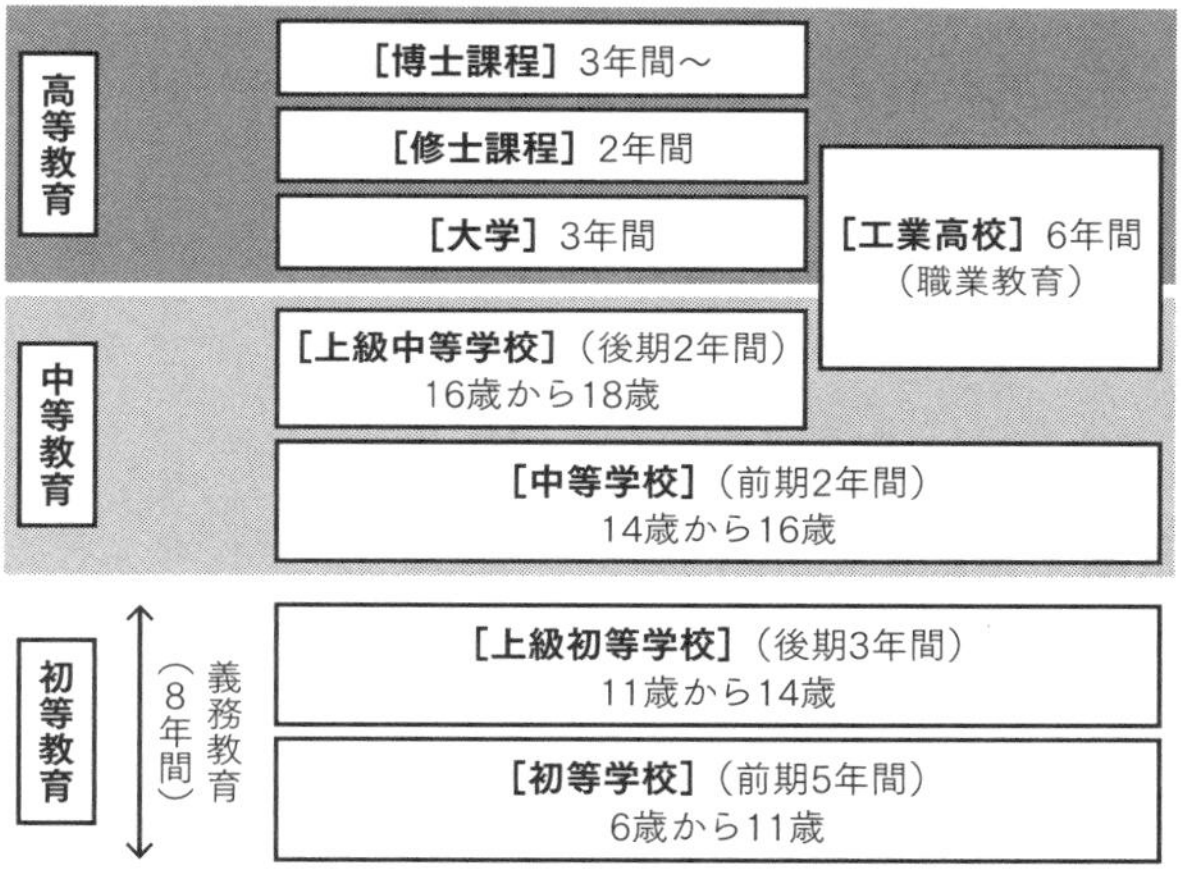

出所：インド人材開発省公表資料等より作成

前期中等教育（9年生～10年生、日本の高校に相当）を修了した時点で、全国共通試験があり、合格者が後期中等教育に進む。その後に大学進学のための全国統一試験を受けるが、インド工科大学などに入学するためには、それに加えて大学の個別試験に合格する必要がある。２０１７年時点でインドの大学進学率（大学入試人数÷大学入学適齢人口）は27％である。

憲法では政府が義務教育の責任を負うため、最近では地方を中心に公立学校の設置を増やし、教師の配置を行っている。初等学校の数は約75万校、上級初等学校は約45万校であり、単純に人口比にすると、前者は人口１万人に対して５校、後者は同３校となる。

地方の山岳地等の地域は別にして、学校に通う児童数や生徒数から換算すると、ほとんどの初等学校は家から１km以内、上級初等学校は３km以内に設置されている計算になる。また、初等学校の教員数は、１９７０年初頭の約１００万人から２０００年代には約２００万人に増加している。

これらの政策が功を奏し、最近では初等教育就学率が１００％近くとなり、前期中等教育就学率も約70％に達している。他方で、未だ未就学児童は全国で約３００万人いるとされ、また、小学校からの中退率は依然として高い（全体の３割程度）。

さらに深刻なのは、公立学校における教育の質の問題である。実際に初等教育を修了しても満足に読み書きができない例や低学年程度の知識しか習得していない例が、数多く指摘されている。このため、一般に公教育の評判は悪く、教員数の増加、勤務態度の改善、施設整備などが課題となっている。

２００５年当時のデータでは、公立小学校での教師数は一校平均３人で、１人の教師で約60名の児童を指導する計算である。また、20州を対象とした調査では、全教師の約４分の１が無断欠勤し、出勤していても約半数しか授業を行っていなかった。欠勤の理由については、教員組合の影響で地元の選挙や公的な催しなどに駆り出されるためで、無断欠勤を管理する方法がないことも指摘されている。

実際、地方に出張した際、事前に連絡せずに訪問したマハーラーシュトラ州やタミル・ナードゥ州の公立小学校では、午前中にもかかわらず、教師が出勤していなかった。生徒は集まっているものの、教室で雑談や飲食をしていた。学校に隣接する家庭を訪問して意見を聞いたら、「それが普通の状態なのでしょうがない」との反応であった。その後、地元の公務員やタクシーの運転手などに子どもの教育について聞いた時には、「英語で授業を行う私立学校に通わせる」との回答であった。

また、公立の学校では、教員不足を補うため、教員資格のない契約教師が増えており、東部のジャールカンド州など、州によっては教員の約半分を契約教師が占める。それでも、教員と児童の比率は平均で1対40であり、音楽、美術、体育などの教科は行われていない学校も多い。

この状況を反映して、農村部における児童の学力に関する調査では、2年生レベルの教科書が読める5年生は約半分程度、5年生で引き算ができる児童は半分強で、割り算に至っては4人に1人が計算できなかった、という結果が出ている。これだけでも、「インドの子どもは20×20まで暗記しているから計算が得意」という評判を鵜呑みにしてはいけないことがわかる。

別の調査では、教員の出勤率が高く、勤務態度の良い学校が、教育機材等によらず児童の成績が高いとの結果も出ている。このような状況を踏まえ、インド政府は初等教育に携わる教員の質の低下に対応するため、２０１１年に中央教員適性試験（ＣＴＥＴ）を導入。教員がこの試験に合格することを義務付けている。

このように、インド全般で見れば、就学率の向上は見られるものの、公立学校の質の改善は大きな課題となっている。実際にインド人の知人のなかで、最近になって改善が著しいデリー首都圏の場合を除いて、公立学校について良い評判を言う人はほとんどいない。

J氏の経験談

教員が来ない小学校では、児童の学力の伸びには限界がある。このような公立学校の状況により、農村部であっても中間所得者層は街中にある私立学校を選ぶ傾向にある。全国的に見ても、実際に児

J氏の通った公立小学校（アッサム州）

童の約7割は私立学校に通っている。身近な例として同僚のJ氏の経験を紹介したい。

同じ職場で働く20代後半のインド人職員のJ氏は、インド北東部アッサム州の出身で、丘陵部にある少数民族からなる村が故郷である。彼は小学校の最初の1年間と高校、大学は公立に通った。

1年間で小学校を替えたのは、教員が無断で欠勤する学校の状況に両親が失望し、もっと良い教育を受けさせたいと思ったからだという。そのため、家から約7㎞離れたタムルプル地区の私立小学校に転校した。転校先へは、高学年になるまで近所の知り合いの人たちが自転車で代わる代わる送り迎えをしてくれたそうだ。転校先の学校で使われる言語は、基本的に英語だった。

J氏は、中学卒業時（10年生）に全国共通試験を受け、出身の村の生徒で初めて合格し、高校は中学と同じ地区にある公立学校に通った。学校の勉強は大変だったと言う。なぜかと言えば、教師が学校に来ないので、自力で学習するしかなかったからだ。教師は多い時は週に4日間も来ないことがあり、学期中にカリキュラムが消化できないのが普通であった。それでも期末のテストはその全課程を前提に行われるので、教材に従って自分で学習するしかなかった。「どうして教師が欠勤するのか」

と彼に聞くと、「外で会議があったり、急用で外部の作業に従事したり、とにかく当日の朝に突然授業が休みになるのを知るのだ」と言う。

「時々」行われる高校の授業では、英語と地元の言語の双方が使われた。インドの公立学校では、州によってカリキュラムが異なっており、使われる言語は連邦の公用語であるヒンドゥー語かその州の公用語である。これに対し、私立学校では、英語での授業を基本とする。J氏は、高校ではなるべく英語で書いたり、話をしたりしていたと言う。J氏は自力で学習して、何とか高校を卒業し、州の中心都市であるグワハティ市の大学に進学した。

ここでの疑問は、教師がそのように頻繁に欠勤することに対して、父兄など、「誰も文句や意見を言わないのか」ということだ。J氏によれば、「誰も言わない」そうだ。「まず、田舎での教師の地位は高く、他人が文句を言える立場と思っていない。また、親は教育の内容にそれほど関心がない。さらに、仮に問題を提起しようとしても、誰に意見を言ってよいかわからない。そのため、欠勤の状況が当たり前になってしまっている。教師側は、生徒にほとんど注意を払っておらず、誰が出席しているかを気にする様子はなかった」

公立小学校授業風景（メガラヤ州）

政府も「万人に教育を」の政策により、村落議会（パンチャーヤット）に学校評議会の設置を認め、２００6年に保護者の参加を推奨したプログラムを推進したが、ほとんど機能しなかった。ウッタル・プラデーシュ州の調査では、保護者の約9割が学校評議会の存在すら知らなかったとの結果が出ている。

J氏に地元での公立学校の評判を改めて聞くと、すこぶる芳しくなく、経済的に余裕があるのなら、ほとんどの親は小学校から私立に入れたがっていると強調した。彼自身も「自分の子どもは絶対に私立学校に入れる」と断言するほどだ。

ノンフォーマル教育

義務教育は広く普及したが、様々な事情により学校に通えない児童は存在している。インドでは、途上国に特徴的な教育制度として、就学できない児童を対象としたノンフォーマル教育がある。ノンフォーマル教育とは、公的な教育制度を補完する代替手段として１９７９年に導入されたパートタイム教育で、通常15人から25人の児童を対象に毎日数時間の教育を施す。2年間の教育を無事受けることができれば、初等教育修了の資格が獲得できる。

ノンフォーマル教育は当初、就学率の低い州を対象に展開していたが、学校に行けない児童や生徒の環境などに鑑み、都市部のスラム街、地方の丘陵地域、部族の多い地域、砂漠地域、などにも設置が広がった。対象者には、学校を中退した子ども、親のいない孤児、ストリートチルドレン、放牧民児童、などが含まれる。インド全国で約８００万人の児童や生徒が、この制度で教育を受けている。

表3-1　指定カースト（SC）と全人口の識字率（％）（2011年）

	都市部		農村部		全体	
	SC	全人口	SC	全人口	SC	全人口
男性	83.3	88.8	72.6	77.2	75.2	80.9
女性	75.2	79.1	52.6	57.9	56.5	64.6

出所：INDIA, P.（2011）より作成

学校に該当するノンフォーマル教育センターは、全国で30万カ所に上る。

これらのセンターでは、年齢層や教育水準が異なる児童が集まるため、一貫した授業の実施が容易ではなく、学習の進んだ児童が低年齢層を指導する場合もある。

また、ストリートチルドレンは、健康面の知識や路上での暴力防止などの手法も学ぶ必要があるため、双六《すごろく》等のゲームや歌などを取り入れて、栄養、道徳、礼儀、体操などの指導もなされている。なかには正式な学校に行きはじめる子どももいるが、学習についていけず、中退を繰り返す場合もある。NPOの運営するセンターでは、資金不足による教育機材の不足などの問題も日常化している。

このような課題に対しては、市民のボランティアによる協力や民間企業のCSRによる寄付などが活用されている。

インドでは、国民の社会階層、性別、居住地域、所得などの違いにより、教育格差が生じている事実は否めない。従来、低カーストより高カースト、女性より男性、農村部より都市部、低所得者層より高所得者層の方が就学率は高く、教育水準が高い傾向にある。これは、識字率の高さにも影響している（表3－1）。

カースト制による差別は憲法で禁止されているが、不可触民など最も低

い階層にある人々は、従来の社会慣習や因習により教育や雇用において不利な状況であったため、大学などで一定の比率を入学させる留保制度を導入している。このため、状況は改善しているが、それでも低カーストの方が依然として就学率が低い。

宗教による教育においてもアクセスの格差が存在する。インドでは、2011年時点で人口の12％に当たる1億7000万人以上がイスラム教徒（ムスリム）であるが、ムスリムの識字率はヒンドゥー教徒などよりも低く、特に女子は3人に1人しか読み書きができない状況である。まさに、教育機会から「取り残された人々」である。教育や雇用において一定の枠を確保する留保制度は基本的にムスリムには適用されないため、ヒンドゥー教徒などに比べ教育格差は広がる傾向にある。

ウッタル・プラデーシュ州で行われた調査では、低所得のムスリムは同じ村に住むヒンドゥー教徒に比べ、識字率や大学進学率が劣っていることが確認されている。義務教育レベルでは、この格差は解消されつつあるが、万人に平等に教育を施す考えを実現するには、インド特有の社会階層制度や宗教分布、ジェンダー格差や地域間の経済格差などにも着目した取り組みが不可欠である。

低料金私立学校の運営

前述のように公立学校の教育の質が低い状況下、低所得者層は学費が安く、英語の授業をする低料金私立学校（ＡＰＳ）を好む傾向が強くなっている。私立学校には、旧イギリス植民地時代からの伝統校（パブリックスクール）をはじめ、中・高所得者層向けの政府の補助金が入る学校、政府の補助金なしの学校、及び低所得層向けのＡＰＳがある（図３－６）。ＡＰＳを含めた補助金なしの学校は、

図3-6　低料金私立学校（APS）の位置付け

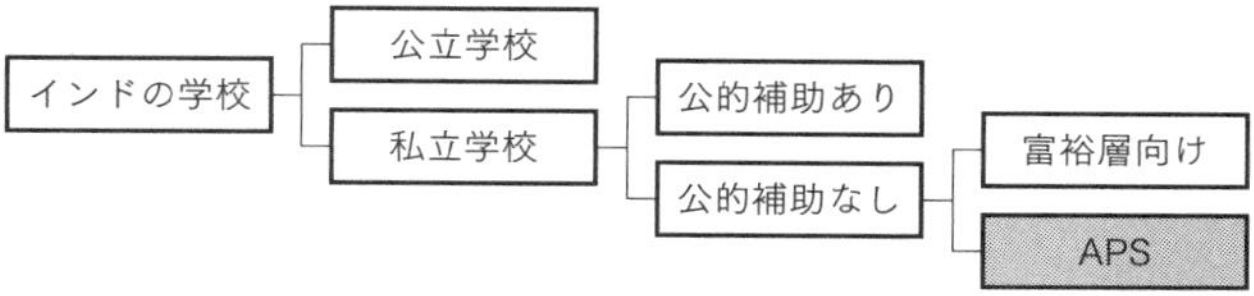

出所：FSG（2019）等より作成

全国に約30万カ所あるとされ、多くは幼稚園と小学校５年生までを対象としている。都市部近郊では、低所得者層の約９割が子どもをＡＰＳに通わせている。

既存調査によると、多くのＡＰＳはいわゆる「ノンフリル」を採用しており、市街から離れた家屋や小さなビルの一角を学校とし、校庭や図書館などはない。教室は狭く、中古の機材や機器を使っていることもある。運営は個人や家族が基本で、ＮＰＯやボランティアが協力する場合も多い。児童・生徒の数は数百名規模で、教師は資格を持たない契約職員が通常だ。

それでも、英語教育、教師の出勤頻度、児童・生徒の学習達成度などから、公立学校より優れているとの評価を獲得している。毎月の学費は、都市部郊外では８００～１５００ルピー（１１２０～２１００円）程度で、農村部ではその半分程度である。評判の良い学校は、児童数が１０００名を超え、毎年数百万ルピー（３００万～５００万円）の利益を出す例もある。

ＡＰＳのなかで評判の高いムニ・インターナショナルスクールは、２００２年にデリー首都圏西部のウッタム・ナガール地区に設立された。インド中等教育委員会の認可を受け、小学校（1年生）から中等学校（10年生）までの一貫校として約４００名の児童・生徒が在籍する。生徒は主に低所得者層の家庭出身で、女児・男児の比率は４：６、教師は計30名で、全員

ムニ・インターナショナルスクールの授業風景

が女性かつ大学卒である。学業以外にしつけや生活知識に力を入れる同校の教育内容は好評を博し、グジャラート州にも分校が2校開設されている。

同校で使われる言語は英語が基本だが、4年生までは外国語として日本語を必修にしている。このため、生徒は低学年でも日本語の基本フレーズを流暢に話せる。実際に同校を訪問すると、日本語での挨拶や歌の披露をしてくれる。

同校は外国語学習に力点を置いており、5年生からは、日本語の他、ドイツ語、フランス語、スペイン語、アラビア語、中国語のなかから選択することができる。同校には、これまで4名の青年海外協力隊員が日本語教師として派遣された。隊員は、日本語の授業に加え、折り紙や習字などの日本の文化紹介も行っている。

同校は計20の教室、職員用のパソコンルーム、校庭、裏庭、受付、保健室、キッチン、集会用のホールが備えられている。施設はコンパクトで、教室の広さは日本の学校の半分ほどだ。これでも小学校までのＡＰＳと比べると、校庭や保健室などの設備が充実している部類に入る。

学校に納める料金は、学年ごとに設定される毎月１１００ルピー（１５４０円）から１８００ルピー（2520円）の学費及び入学金に当たる1万ルピー（1万4000円）だ。年間の総収入は約900万ルピー（約1260万円）で、利益はわずかな金額にとどまる。学費などは、都市部郊外のAPSとしては平均的な水準と言えるだろう。

同校は、元軍人の創業者アショク・タクール氏の方針で、安価な学費、質の高い教育、生徒間の平等、をモットーとして、グローバルに活躍する人材の育成を目指している。

低所得者層向け保育サービス

義務教育につながる就学前教育でもこのような団体の活動は広がっている。保育所は基本的に民間による運営であり、料金水準などの面で所得の少ない家庭は利用が容易ではない。2010年にテランガーナ州で事業を開始したスディキシャ・ナレッジ・ソリューションズは、都市部及び郊外の低所得者層の子どもに低料金の保育サービスを提供している社会的企業である。

同社は、園児の送り迎えが容易にできる立地に保育センターを設け、できるだけ多くの子どもが通える環境づくりに注力している。また、低所得者層の所得状況に鑑みて、保有料を低く抑え、収入に応じた分割払いなど柔軟な支払い方法を採用している。保育料はセンターの場所によって、園児1人当たり年間4000〜5000ルピー（5600〜7000円）であり、一般の私立保育所の半分以下の水準となっている。

さらに、就労機会の創出の観点から、センターで働く保育士として地元の女性を積極的に雇用している。同分野で働くのが初めての女性には、事前研修を入念に施し、施設運営も含めた知識や指導方

スディキシャ・ナレッジ・ソリューションズの保育風景

提供：スディキシャ・ナレッジ・ソリューションズ

法を伝授する。毎月の給料は、センターごとの収益にもとづいた利益分配方式によって、金額が決まる仕組みとなっている。また、動機付けの観点から、一定の経験を積んだ後、保育士がフランチャイズ方式で各自のセンターを開設することも可能である。

同社の保育事業は拡大しており、２０１９年末時点でテランガーナ州に計24のセンターを所有・運営し、４０００人以上の幼児受け入れを行っている。同社のビジネスは、低所得者層向けの保育サービスと女性の雇用促進の２つの社会課題に同時に取り組み、実績を上げている好例と言えるだろう。

ラストマイルビジネスの成功要因

本章で紹介したＡＰＳや保育センターを運営する企業は、地方都市や農村部で児童や幼児を対象に教育・保育サービスを行っている。この分野の企業活動上の課題として、①児童就労の文化、②低コストでの学校運営、③料金徴収方法の工夫、④トイレなどの基本設備の確保、⑤有能な教師の雇用可否、などが挙げられる。

この課題に対応するため、企業側は対象地域にとって利便性の高い場所に学校や施設を設立し、教室内の機器などを必要最低限にして運営費用を抑える工夫を行っている。また、学費や料金の分割払いを導入したり、知人等を頼って能力のある教師を確保する努力を行っている。

保育サービスの場合は、低所得者層である保護者の受容性の観点にも配慮して、地元出身で親しみやすい保育士や指導員の採用を心がけている。その場合、指導内容や保育センターの運営方法について、事前に研修を施すことに配慮している。

ここで紹介した事例を含め、当該分野ですでに実績のある「インパクト企業」の成功要因をまとめると、①幼児や児童が通いやすい場所でのセンターや学校の設置、②必要最低限の施設とサービスに注力する「ノンフリル」の採用、③保護者や地域社会との関係構築を通じたニーズの把握とサービス内容の改良、④英語教育の実践や高い進学率の実現、などが挙げられる。

ＡＰＳや低料金の保育サービスへの需要は、今後ますます増えると見込まれ、前述のような斬新な取り組みを行う「インパクト企業」への期待は今後も高まるに違いない。

コラム　留学大国インド

ビジネス界や科学技術分野などで活躍するインド人のなかには、欧米で学んだ人も多い。

ビジネス界では、リライアンス・インダストリーズ会長のムケシュ・アンバニ、マイクロソフト最高経営責任者のサティア・ナデラ、グーグルCEOのサンダー・ピチャイ、ドイツ銀行共同頭取のアンシュ・ジェインなど（敬称略。役職は本書執筆時）、インドの大学を出て、欧米に留学し、キャリアを積んだ後に現在の地位についた経歴を持つ。

古くはガンジーやネルーもイギリス留学組であり、これらの人々は社会のエリート層と言えるが、従来、留学自体に対する心理的なハードルは他国に比べて低い環境にあると言えよう。

事実として、インドは世界で第2位の留学大国であり、2018年には約38万人が海外の大学に留学している（第1位は中国の約99万人）。2000年には同数は約6万6000人であったので、年間約20％の割合で増加している。

主な留学先は、アメリカ、オーストラリア、カナダ、イギリス等であるが、日本人になじみの薄いアラブ首長国連邦やキルギスにも学びに行く人数も多い（図3－7）。

留学がしやすい環境としては、英語が公用語として国内で流通していることや、すでに海外に多くのインド人社会が存在し、生活面や文化面の障害が比較的少ないことが挙げられる。また、昨今の中間所得者層の増加により、多くの家庭で海外

図3-7　インドからの主な留学先（2018年）

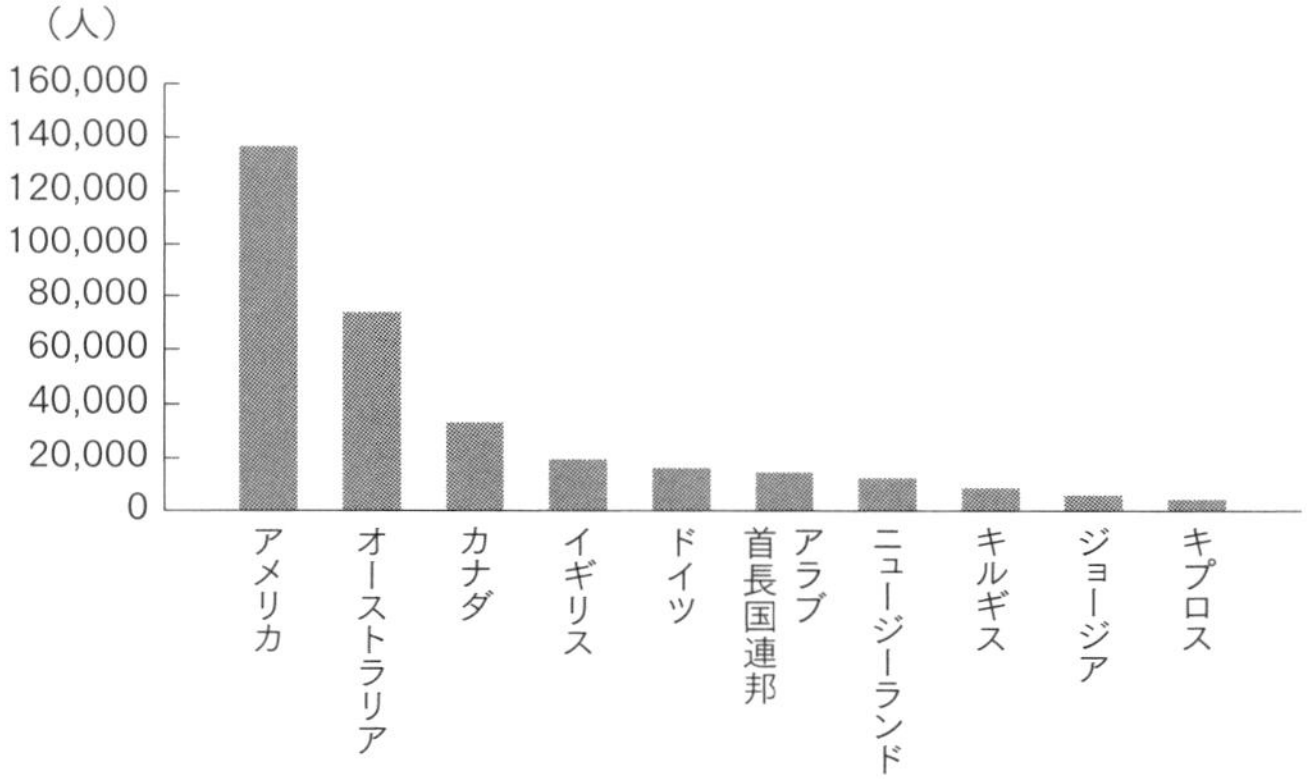

出所：ユネスコ公表資料より作成

留学が選択肢となったことも背景にあるだろう。

海外を志望するのは、「インドの大学は休講が多く、内容が授業料に見合わないから」という話も聞いた。外国での活躍を目指すインド人自身の強い「出世・上昇志向」も関係しているに違いない。

日本の場合と様相が異なるのは、所得が高いインド人家庭では、高校卒業後は世界の大学が受験の対象となり、子どもの進学希望に合わせて選べることだ。仕事で知り合ったインド人の政府関係者は、ほぼ例外なく子どもを欧米に進学させている。日本でも高校を卒業して外国の大学に留学する例が最近マスコミなどで取り上げられるが、未だ数としては限定的と言える。それに比べ、インド人の間で海外留学の話は日常の風景である。

欧米の有名大学の間では、留学元の国籍として中国が最大となっていることが多いが、インドの割合も従来大きい。世界大学ランキングで常に上位に入っているイギリスのオックスフォード大学では、インド人留学生は欧米学生を除く外国人約5036名のうち、国籍では第3位の307名(第1位は中国の1068名、第2位はシンガポールの348名)となっている(2018年)。

また、アメリカのハーバード大学では、留学生の国籍で最も多いのは中国(2270名)であるが、インドは第2位(624名)を占める(2020年)。

有名大学に限らず、アメリカとイギリスにおける欧米を除く海外からの全留学生の数で見れば、インドはそれぞれ2番目に多い数(一番は中国)である。学問の成果としてインド人学生の学術論文の掲載数などを見ると、先進国のなかに交じって毎年世界で10位以内の位置を占めている。

必ずしも留学生の数が国にとって有用な人材の厚さを示すわけではないが、インドが高度人材育成に関して豊富な実績を有し、様々な分野で活躍している人材が目立つことは間違いない。

関連するデータとして、例えば、イギリスの医師のうち、外国籍ではインド人が一番多く、医師全体の約9%を占めている(2020年)。アメリカの航空宇宙局(NASA)やマイクロソフトでは、職場の数割がインド系の人で占められている。

これらは、インドの国籍を有している人だけでなく、インドから移住した多くのインド系の人々が異国の地において活躍している姿である。

4　農村での雇用創出——職業訓練事業と「インパクトソーシング」の台頭

人口ボーナスは機能するか？

　インドが豊富な若年労働者に恵まれていることはよく知られている。2027年に世界最大の人口を擁すると見込まれるインドでは、働く世代に当たる15歳から64歳までの生産年齢人口は2050年まで増え続ける見通しだ。その結果、全人口に占める若年労働者の割合が約7割の水準で推移し、今後、世界で最も若年労働者が多い国となる。

「人口ボーナス」とは、若年労働者の増加により、労働資本が増えることで、産業の生産力が向上し、労働者の所得増加による貯蓄・消費の拡大を通して、経済が発展するシナリオである。その意味で、インドの「潜在力」に海外の企業や投資家が注目を寄せている。中国の若年労働者の割合は、2050年までに現在の約7割が約6割まで下がり、日本の場合は約5割の水準となる。

　このように、インドの「潜在力」自体は疑いがないが、「人口ボーナス」がうまく進むためには、労働者の質が高く、産業の競争力を高める諸制度が整い、十分な資本投下が確保できることが前提である。

　豊富な若年労働者が市場で力を発揮するには、雇用機会の創出が必要条件である。インドでは毎年1000万人以上の新規雇用が求められるが、必ずしも十分な受け皿が整っておらず、「雇用なき成長」の様相を呈している。すなわち、多くの労働者が就職機会にあぶれている状況だ。

表3-2　GDPに占める産業割合と就労人口割合（かっこ内は就労人口割合）

産業名	1960年	2010年
農業	53%（72%）	16%（55%）
工業	21%（12%）	31%（20%）
サービス業	26%（16%）	53%（26%）

出所：インド政府統計資料より作成

産業別の就業割合を見ると、経済成長に伴い農業部門の就労人口は減少傾向にあるが、それを吸収しているのが工業部門ではなく、もっぱらサービス部門となっている。サービス部門はIT産業など知識集約型の業種が含まれ、十分な雇用の吸収能力があるわけではない。

１９６０年から２０１０年までのGDPに占める産業の割合を見ると、農業の割合は53％から16％までに減少、工業は21％から31％まで漸増、サービス業は26％から53％へ大幅増、となっている。同期間の産業別の就労人口割合は農業が72％から55％へ減少、工業が12％から20％へ漸増、サービス業は16％から26％へ増加している。

この数字にもとづけば、サービス業はGDPの約5割を占める成長率の高い産業であるにもかかわらず、就労人口は全体の3割弱にとどまっている。このため、サービス業が十分に雇用創造に貢献しているとは言い難い（表３－２、図３－８）。

要するに、サービス業の成長は著しく、雇用吸収はそれなりに拡大しているが、就労規模はその付加価値量に追いつかず、「生産性は高いが働いている人の数は少ない」という構図である。その意味で、農業には未だ多くの余剰労働が存在すると言えるだろう。

特に若年層の就労状況は深刻で、15歳から29歳までの年齢層の場合、

図3-8　就労人口と産業の関係（2010年）

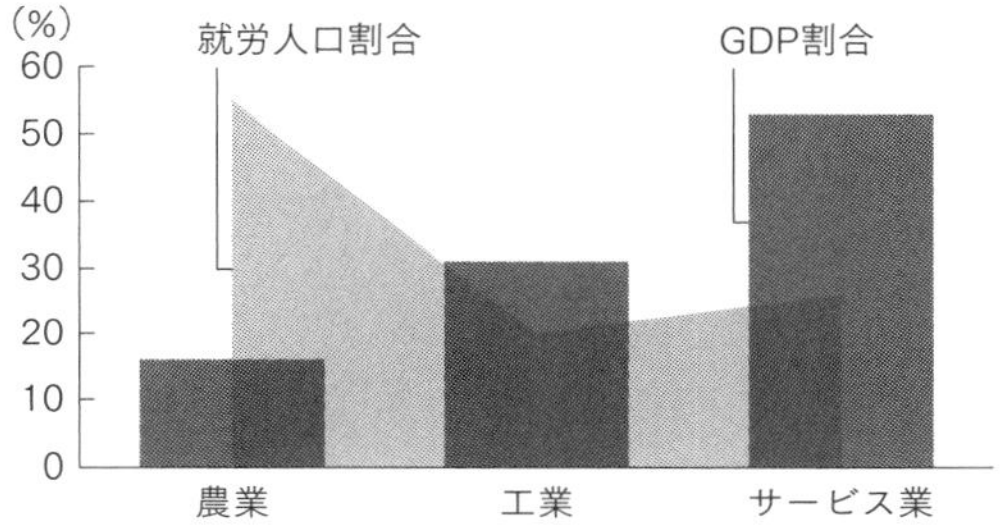

出所：インド政府統計資料より作成

２００４年度と17年度の労働人口を比べると、１億５４００万人から１億１６００万人に減少している。同年齢層の失業率は、２００４年度の８・９％から17年度には17・８％に上昇しているのである。失業者数で見れば、２０１７年度は約２５００万人に達し、失業者全体の約８割を若年層が占めている計算となる。

昨今、大学を卒業しても容易に就職できない状況となっており、数十の会社に応募しても面接にも至らないとの話が、よく報道されている。州政府の事務用員枠数名の求人に数万人の応募があったが、そのなかには博士号の保持者も含まれていたとの話もある。人々の生活を支えるうえで、雇用の受け皿をつくることが、まさにインドで喫緊の課題となっているのである。

途上国の発展形態

東アジア諸国の経験では、経済発展が進むとともに、産業構造は農業を中心とする第１次産業から工業を中心とする第２次産業へ、さらに、サービス産業を中心とする第３次産業に移行した。その過程で、雇用吸収力の高い製造業など工業分野の拡大により、就労人口が農業から工業へ移行する状況が見られた。

これは、開発分野の経済発展モデルに即しており、主要産業が農業から工業へ、さらに工業からサービス業へ移る過程で、就労人口もその傾向をたどるというものである。東南アジアのタイやマレーシアが好例である。

日本でも高度経済成長期の1950年代からバブル期を迎える80年代まで、この傾向が見られた。1955年の産業別就労人口割合は第1次産業37・6%、第2次産業24・3%、第3次産業38・1%、65年の同数字はそれぞれ、23・5%、31・0%、44・6%、80年にはそれぞれ、10・1%、34・8%、55・1%、となっており、第1次産業の割合が縮小し、第2次・第3次産業の就労割合が伸びていることがわかる。

インドでは必ずしもこのシナリオに即した発展形態になっていない。特に経済成長に伴い通常は就労人口が増加する製造業では、付加価値額の成長率は伸びているが、就業者数はほとんど増加していない。

数字を見てみると、1960年から2010年の間、GDPに占める製造業の割合は11・6%から17・7%に増えているのに対し、就業者数は9・6%から11・6%に漸増しているのみである。これには、制度的な要因や若者の嗜好が関係している。

よく指摘されるのが、労働や土地などの生産資本市場の硬直性、小規模企業に対する政府の保護制度、また、IT産業など花形のサービス業に若者の関心が高いこと、などである。

すなわち、①労働者優位の労働関連法により労働者の解雇が容易でないこと、②土地利用に係る用途制限や収用手続きの不透明さにより土地問題に時間と費用がかかること、③労働集約的な軽工業や消費財生産に従事する小規模企業に生産・販売の留保制度があったこと、また、④ＩＴ企業の成功物語が流布され、ＩＴ専門学校の裾野が広がったこと、などである。これらが相まって、製造業の拡大が政府の想定より進まない状況が続いている。

モディ政権が打ち出した製造業振興策「メイク・イン・インディア」は、インドの工業発展とともに雇用の創出を目的としている。労働集約的な製造業は、サービス業に比べて、一般的に雇用吸収力が高いことを念頭に置いたものだ。

昨今の投資規制の緩和もあり、インドには自動車産業をはじめ、電子機器産業などで外資の企業進出が著しいのは事実である。それでも製造業における就労人口は、２００４年度の約５４００万人に対し、17年度は５６００万人で、わずか２００万人しか増加していない。

インドには途上国特有のインフォーマル雇用の実態（第４章で詳述）もあり、未だ正規雇用の主流化に至っていない。懸案の制度改善については、第1次モディ政権発足後、約6年にわたる準備を経て、２０１９～20年に労働諸法の改正が行われ、解雇に係る規制などが緩和された。今後、このような制度改善や工業分野の雇用促進が「人口ボーナス」の効用を左右すると言っても過言ではない。

インド版ハローワークの実績

職を探す若者のために日本のハローワークのような組織はあるのだろうか？　実はインドにも政府が設立した職業斡旋所（Employment Exchange）が存在し、求職者への対応を行っている。ところが、実際の就職につながるケースは極めて限定的であり、職業斡旋の機能が十分に果たされていると

表3-3　公立職業斡旋所の実績

年	斡旋所の数	希望者登録数	斡旋数	成約数	成約割合 成約数÷登録数
2000	958カ所	604万人	28万件	18万件	3.0%
2014	978カ所	596万人	76万件	34万件	5.7%

出所：インド政府統計資料より作成

は言い難い。

２０００年時点で全国には９５８の職業斡旋所が存在し、求職者の登録数は約６０４万人であった。同年にこれらの斡旋所が実際に紹介した職の数は約28万件で、そのうち就職が成功したのは約18万件である（表３－３）。この数字を見ると、そもそも登録者数の４％程度しか求人の件数がなく、成約したのはさらにその約６割にとどまる。すなわち、登録者の割合で考えれば、１００人に３人しか就職できなかったということである。

２０１４年には、職業斡旋所の数は９７８に増えたが、求職者の登録数は約５９６万人で、２０００年時点より減っている。インド国内の失業率は同期間に約２％から約６％に上昇しているのにもかかわらず、登録者数は減少した。

２０１４年の雇用側の求人数は約76万件で、そのうち就職が成約したのは約34万件である。２０００年に比べると成約数が増えたが、それでも登録者数１００人に対して６人程度である。実績だけ見れば、政府の職業斡旋所に就職希望者が期待をかけるのは無理がある。

州別に見てみると、ニューデリーやチェンナイなど大都市を擁するデリー首都圏やタミル・ナードゥ州では、２０１４年の就職成約数を全登録者数で割った成約割合は、それぞれわずか０・１％、０・６％でしかない。北東部のナガランド州やマニプル州に至っては、何とその割合は0％である。

一方で、就職を実現した数字だけで言えば、グジャラート州が特別に飛び抜けており、60％を超える水準である。これは、２００１年から14年まで同州を治めた当時のモディ州首相の雇用政策が目覚ましい成果を上げている証左と言える。

職業斡旋所が有効に機能していない理由としては、①雇用側が独自に求人を行っても求職者が多いため斡旋所に依頼する必要がないこと、②職員にノウハウが蓄積されていないこと、③予算不足のためオフィスで使用している機材等が旧式であること、などが挙げられる。インドでは、失業者がハローワークに行っても、「ハロー」と挨拶だけして終わる可能性が高いのである。このため、求職者の多くは民間の職業仲介企業を活用している。

建設業への職業斡旋――パイパル・ツリー・ベンチャーズ

政府の職業斡旋所が十分に機能していない状況もあり、民間企業による職業訓練や就職斡旋の取り組みが進んでいる。そのなかで、特に地方の低所得者層に焦点を当てた事業を展開する社会的企業が活躍している。

２００７年に設立されたパイパル・ツリー・ベンチャーズは、国内で成長著しい建設業向けの職業訓練と就職斡旋を行う企業である。国内計10州、20カ所に訓練兼就職斡旋所を展開し、電気系統の据付や機械操作などの講習を行い、訓練修了者に建設業界の職を紹介している。訓練兼就職斡旋所は地方都市に設置し、応募する生徒のほとんどは、学校を中退した経験のある農村部や地元の若者だ。

パイパル・ツリー・ベンチャーズの職業訓練風景

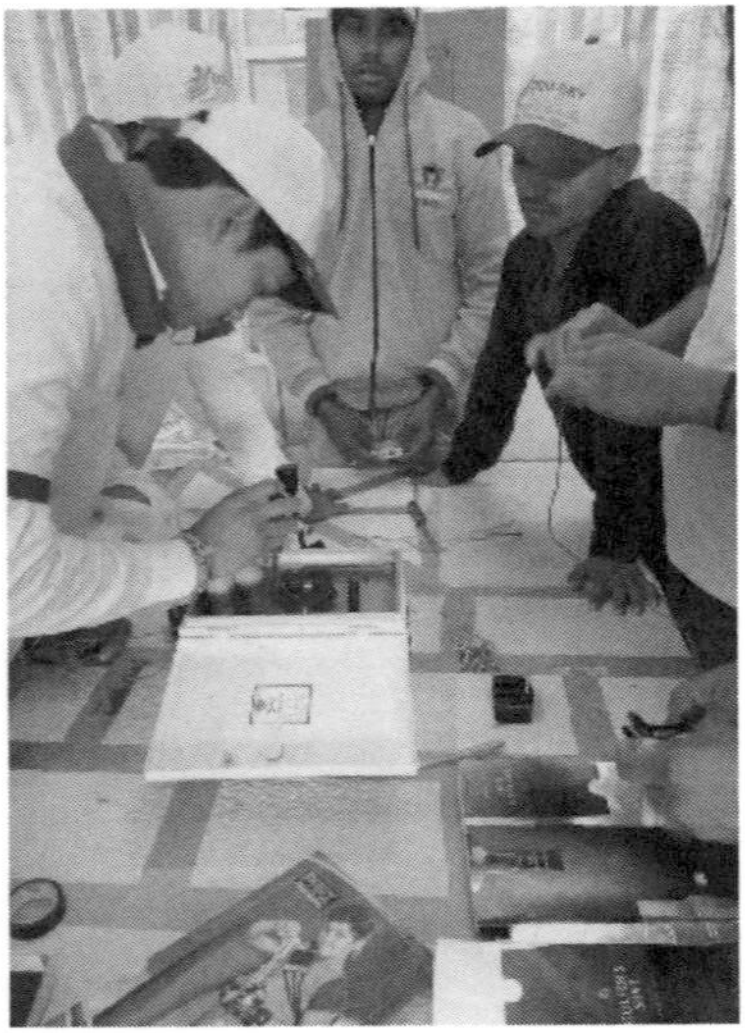

提供：パイパル・ツリー・ベンチャーズ

同社の持ち味は、建設業者との密な連携を通じて、業界の欲している人材像と必要な訓練内容を把握し、その需要にもとづいた訓練を行っていることだ。

現場で必要な技能の習得を図ることで、雇用側の期待に即した人材の斡旋が可能となっている。都市部の生活に不慣れな受講者向けには、生活習慣の改善や社会人としての基本知識の取得を内容とするカリキュラムもある。さらに、オフィス業務が未経験の女性参加者に特化した特別講習なども開いている。

訓練参加者の多くが低所得者層に属しているため、訓練費用2万5000ルピー（3万5000円）は就職実現後に徴収する制度を導入している。具体的には、就職後の収入状況に配慮して、給与に応じた18カ月間の分割払いを採用している。就職先と連携した、訓練費用の給与天引きも可能だ。就職斡旋後も講習を受けた生徒の近況や作業内容のフォローアップを行い、就職先からの意見や助言を本人に伝達し、必要な知識や技術の習得支援も実施している。

モディ政権の「スキル・インディア」政策により、職業訓練事業に一部補助金が出ることが後押しとなり、同社はすでに1万5000人以上の若者に研修と就職斡旋を実施した。研修後の就学率は9

割を超える実績だ。他方で、ムンバイにある本社で面談した担当者は、「訓練兼就職斡旋所の立地条件」「政府補助金の支払い遅延」「就職斡旋後の修了生との連絡体制」を事業の課題として挙げた。

公的機関からの支払い遅延は、インドの「日常風景」であり、場合により半年から1年は待たなければならない。その間の資金繰りが、多くの企業にとっての死活問題だ。担当者は「政府の効率性が増せば、事業はもっと拡大できる」ことを強調する。雇用のラストマイルを埋めるには、政府のガバナンス改善が不可欠となっている。

職業訓練分野の成功要因

職業訓練分野の「インパクト企業」は、地方都市や農村部の若者を対象に職業訓練を行っている。この分野の企業活動上の課題として、①利用者に便利な訓練所の立地、②低料金と支払い手法の工夫、③就職に直結する実践的なカリキュラムの提供、④有能な講師の確保、⑤職業訓練に対する認知度の向上、⑥運営上の資金繰り、などが挙げられる。

これらに対応するため、「インパクト企業」には、ターゲットとする訓練生が通いやすい場所に訓練所を設立し、柔軟な料金支払い方法を導入し、業界のニーズに合ったカリキュラムを作成することが求められる。また、就職斡旋を円滑に行うためには、就職先の企業や業界団体等との関係構築が重要となる。前出のパイパル・ツリー・ベンチャーズがまさにそれらを実践し、事業を拡大している。

ビハール州など計10州で職業訓練及び就職斡旋を行うエデュブリッジ・ラーニングも、独自の取り組みで低所得者層の訓練・雇用を実現している「インパクト企業」だ。同社の強みは、雇用機会の幅を広げるため、様々な業界と接触を持ち、それぞれの需要に合致した訓練カリキュラムを提供していることだ。これにより、訓練後に生徒が雇用側の即戦力となる状況を可能にしている。「スキリングバリューチェーン」と同社が呼ぶ訓練メニューでは、企業のニーズに従って、初心者レベルの研修から専門学校生向けのクラスまで多様なカリキュラムが受講できる。初心者レベルでは、労働倫理や現場での基本行動などの研修も行い、職業人としての基本知識や行動スキルの習得に注力している。

同社の工夫として、研修費用が受講者の負担とならないよう、前払いではなく、就職後に費用の一部を支払う選択肢を用意している。仮に訓練生が就職できない場合には、研修の登録料を払い戻すシステムも導入済みだ。さらに、就職後3カ月間は生徒のフォローアップ支援を行うことで、研修が終わった後も現場に即した能力向上を支援している。

会社設立後10年間の実績を有する同社は、国内60カ所に訓練センターを設営し、すでに5万人以上の若者に研修を実施している。就職の競争が激しい環境のなか、研修を終えた生徒の約7割が就職に至っている。

これらの取り組みをまとめると、職業訓練分野における「インパクト企業」の成功要因として、①業界のニーズに応じた実践的な訓練カリキュラムの提供、②就職後の分割払いなど訓練費用の柔軟な支払い方法の導入、③就職先との密接な関係の構築、④就職後の訓練生のフォローアップ、などが挙げられる。若者の失業率の高さを背景に、職業訓練校への需要は増える傾向にあり、高い訓練成果と就職率を誇る「インパクト企業」への期待は今後も高まるであろう。

農村での雇用創出――ルーラルショアズ

若者の就労機会は都市部に目が向きがちだが、ＩＴ分野で外国企業のアウトソーシング業務を請け負い、地方の低所得者層に雇用機会の提供を行っている社会的企業がある。人口４万人以下の農村を対象にオペレーションセンターを設置し、地元の低所得者層の雇用を推進しているのが、ルーラルショアズだ。欧米の外国企業から会計事務やデータ処理業務を受託するＢＰＯ（ビジネス・プロセス・アウトソーシング）企業だ。

同社は僻地での立地の利を生かし、オフィス賃貸料や公共料金の節約を通じて都市部の同業者より約４割安価な料金水準で業務を遂行している。日本でも人件費の安い地方にオフィスを構え、アウトソーシングビジネスに従事する会社が増えたが、ルーラルショアズは国際規模でその費用格差を利用した事業を展開している。

地元での雇用機会が限られるなか、大半が貧困家庭出身となる同社の被雇用者は、就労前の2倍以上の収入獲得を実現している。また、都市部での就職を嫌う女性従業員の割合が全体の半分を占めることもあり、同社の年間離職率は一桁台の低い水準にとどまっている。これらが相まって、結果的に人的資源の蓄積やコスト面での競争力に貢献している。発注側、ルーラルショアズ、被雇用者、さらに地域が、このビジネスで潤うシステムになっている。

被雇用者は中卒が条件となっているが、ほとんどがコンピュータスキルに乏しいため、同社は正式雇用前の研修に力を入れている。子会社としてニューデリー郊外にルーラルショアズ・スキルアカデミーを設立し、データの入力操作や業務手続きの習得のため約４カ月間の研修を実施している。この

ルーラルショアズの職場風景

提供：ルーラルショアズ

研修を経て、新規採用者は初めて地元のセンターに配属される。同アカデミーは外部の生徒も受け入れており、これまでの研修実績は約3万5000人に上る。

同社では、バンガロールにある会社本部が受託業務のマーケティングや営業活動を行い、実際の作業や地元での雇用手続きは、本部が定める業務実施基準や雇用方針に従い、地方に設置されたセンターが行う。このビジネス形態が功を奏し、受託業務の拡大に伴って、すでに国内計8州に13カ所のオペレーションセンターを運営中だ。被雇用者数は、約1万5000人の規模にまで達している。

ルーラルショアズが社会に与えるインパクトとして、被雇用者の所得増に加え、家族単位での貯蓄の増加、女性社員の家庭内での地位向上、さらに地域内における教育機会の向上等が挙げられる。就職した若者を見習って、家族や親戚が学校教育の重要性を改めて認識するのである。

センターが設立された地域では、食料品や雑貨店など地元店舗の売上増にもつながっている。また、新規採用者は所定の研修を経れば、当然ながら正規に雇用され、労働法上の諸権利が保障される。すなわち、同社の取り組みは、インフォーマル雇用のフォーマル化にも寄与している。

図3-9 「インパクトソーシング」の関係図

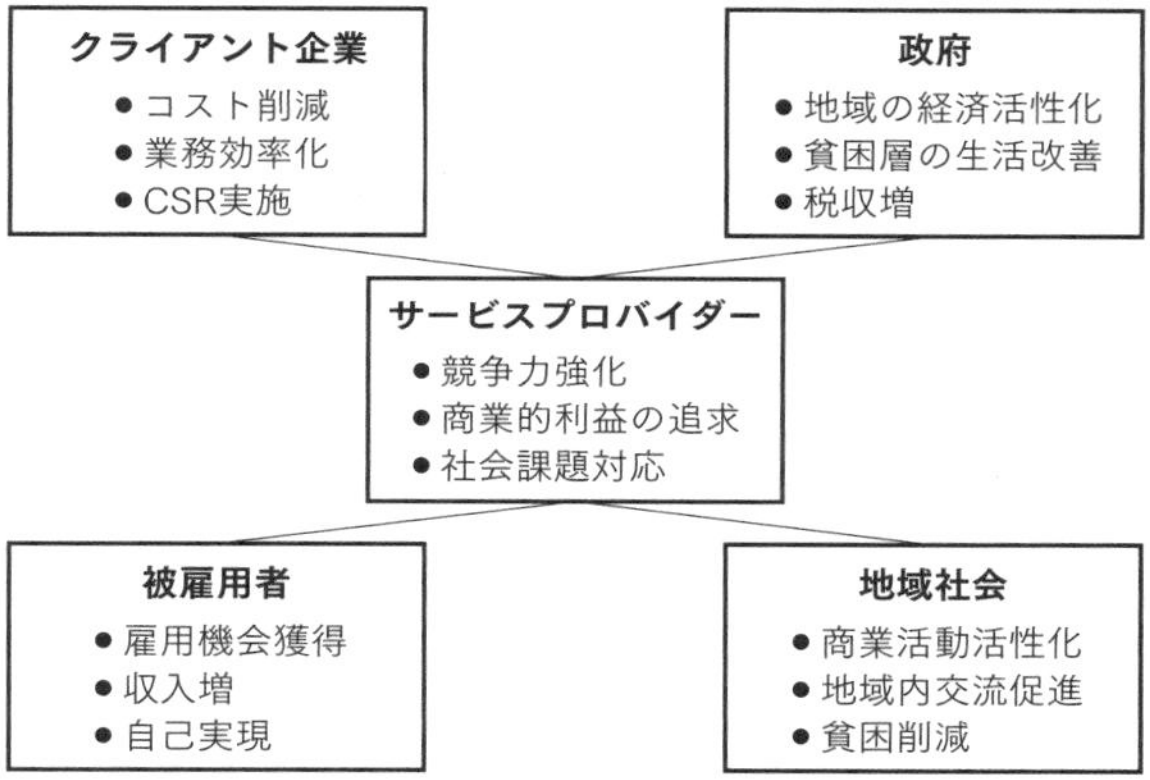

出所：Matsumoto（2020）より作成

このように、企業のアウトソーシング業務を受託して、農村に居住する貧困層に雇用機会を提供するビジネス形態は「インパクトソーシング」と呼ばれ、国際的に注目されつつある。この仕組みにおけるルーラルショアズのようなサービスプロバイダーと関係者の構図を、図3－9に示す。

同社代表のR・B・グプタ氏は、「ビジネスモデルができあがっているので、投資資金さえあれば、事業の拡大が図れる。すでに多くの地域からセンター設立の要望が来ている状況だ。農村での雇用機会創出は、結果的に会社と地域社会に利益をもたらしている」と語る。

インドは、世界最大のBPO国であり、フィリピンやエジプトなどとともに「インパクトソーシング」の主要国として今後もこの業務形態の拡大が見込まれる。

「インパクトソーシング」の分野では、ルーラルショアズの他に、ビーツーアール・テクノロジー、イディヴィレッジ、アイメリット、サマソースなどがインド国内の主要企業となっている。第1章で紹介したドリシュティも、農村でBPO事業を展開している。全国ソフトウェア・サービス企業協会などの調査では、「インパクトソーシング」の雇用者は国内で数十万人以上に及ぶ。

インドの雇用状況の改善には、政府の政策とともに、このような社会的企業の創意工夫や取り組みが重要な役割を果たしている。国際的な取引を通じて村落を潤す「グローカル（グローバルかつローカル）」なビジネスモデルが、インドで稼働している。

5 待ち遠しい明るい夜——未電化村へのアプローチ

すべての村に電力を——「サウバギャ（繁栄）」計画

未だ電気にアクセスできない世帯が農村部を中心に多数存在するインドだが、それでも、この約20年間で農村部の電化率は約40％から約90％にまで改善している（図3－10）。約20年前の2000年時点で、世界全体の未電化人口は約17億人とされたが、そのうち、約6億人はインドの国民であった。

現在、世界では未だ約11億人が電気のない生活を送っており、そのうち、約2億人がインドに居住している。2014年に発足した第1次モディ政権は、1日24時間、週7日間、間断なく国民に電力を供給することを公約に掲げた。現在、電力供給体制の整備は着々と進んでいるが、インドにおい

図3-10　インド農村部の電化率

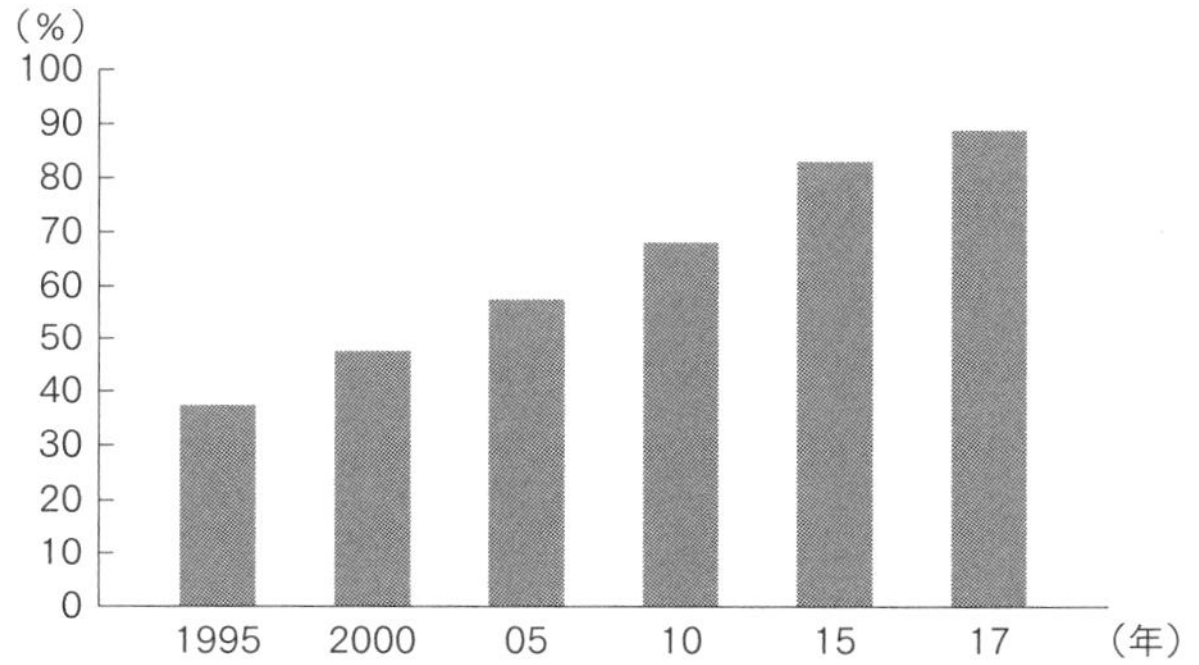

出所：世界銀行公表資料より作成

て、国民のすべてが電気にアクセスできる日はいつ来るのだろうか？

第1次モディ政権の発足時点で、村落単位では約3100カ村が未電化であった。地域によっても、電気にアクセスできる人の割合にはだいぶ格差が生じていた。例えば、デリー首都圏や西部グジャラート州などでは90％以上の人が電気を使えたのに対し、東部のビハール州ではわずか16％にとどまっていた。それぞれの州内でも、都市部と農村部では巨大な格差が歴然としていた。

この状況を受けて、第1次モディ政権は、全国の村落すべてを電化する「サウバギャ（繁栄）」計画を2017年1月に打ち出した。

この計画は、未だ送配電系統につながっていない地域に住む約4000万世帯を対象に、近隣地に送配電施設がある場合は配電網への接続や電気メーターの取り付け、ない場合は太陽光利用によるミニグリッド（限定地域での電力網）の敷設を行い、電気を供給するものである。

計画自体は、中央政府からの予算配分を通じて、州の配電公社が主な責任主体となり、公共事業として実施されている。世帯の所得階層に従い、費用の75～90％を中央政府が補助金として提供する。残りの費用は、使用側である世帯主の負担となる。

この計画を通じて、送配電施設のないオフグリッド村落では、再生可能エネルギーの利用促進が図られている。未だに未電化地域の多くの家庭でケロシン（灯油）ランプが使用されているが、煙による呼吸器疾患の被害があるため、太陽光を利用した農村電化は住民の健康問題の解消にもつながる。すでに実施されているミニグリッド事業では、灯油代の節約も実証されている。

２０１８年４月、「サウバギャ」計画が打ち出されてからわずか1年3カ月で、インド政府はすべての無電化村の電化が達成されたと発表した。これにより、国内に存在する約65万に上る村落すべてに電力供給が実現したことになる。ただし、この実績は、それまで進めていた地方電化事業の成果も含み、また、「電化」の基準はあくまで村落単位であり、村落内の民家と公共施設の1割に電気が届けば、電力供給がなされたとする。

２０２１年1月時点で、同計画開始後に電化された世帯数は約２６００万に上っており、僻地の住民に対しても着実に電力供給が進んでいるが、未だ電気を待ち望んでいる家庭は多数存在している。特にオフグリッド地域に居住する「取り残された人々」へのラストマイルを埋めるには、公共事業だけでは相当の時間を要する見通しだ。

日本企業の取り組み

日本企業は主にＣＳＲを通じた無電化村向けの支援を行っている。なかでもソーラーランタンの提供によって、家屋に灯りをもたらす活動が目立っている。ソーラーランタンは、太陽電池で日中に蓄電し、夜間に家内の照明や携帯電話の充電などに利用できる器具である。同製品により、再生可能エネルギーを利用したクリーンな電力の使用が可能になり、前述のように、ケロシンランプによる健康被害を避けることができる。

パナソニックは、2013年に「ソーラーランタン10万台プロジェクト」を立ち上げ、18年までに電力の乏しい途上国計30カ国に対して自社のソーラーランタンの提供を行った。インドでは、ビハール州や西ベンガル州などの村を対象に、現地で活動するNPO等を通じ2万5000台以上のソーラーランタンを寄付した。

この活動のために公募で選ばれた社員により、農村地域のニーズにもとづく「ソーラーLEDライト」の開発も行われた。農民の要望に応じ、携帯電話の充電機能やスポットライト機能を有した製品だ。昼間の充電で一晩中点灯できる持続性を持ち、外出時の携帯用電灯としても使用可能となっている。市場価格は1500ルピー（2100円）である。

ソーラーランタン提供の効果については、パナソニックの社員が実際に現地に赴き、使用家庭で子どもの勉強時間が増えたことや光熱費の節減に結びついたことを直接確認している。また、夜の内職により農民の所得が向上した事例や、医療活動を行うNPOの夜間診療に製品が使用されている事例などが報告されている。これらは、プロジェクトの活動を紹介する同社のホームページで閲覧可能である。

西部マハーラーシュトラ州では、政府系企業と組んで、農村の女性グループ向けにケロシンの健康

東芝プラントシステムが支援する村落電化事業

提供：東芝プラントシステム

被害について啓発運動を行うなど、機材の提供以外の活動も行っている。

パナソニックの場合は、寄付したソーラーランタンの優れた点を村民に理解してもらい、自社製品の販売促進につなげる取り組みと言える。いわゆる低所得者層を顧客とするＢＯＰ（ボトム・オブ・ピラミッド）ビジネスの実践であるが、製品の市場競争は厳しく、商業化には至っていない状況である。

東芝プラントシステムは、インドのエネルギー資源研究所が行っている電化事業に、日本のＮＰＯ法人への資金援助を通して貢献している。この活動により、２００８年から20年末までで、西部ラージャスターン州など計７州の約50カ村に２０００台以上のソーラーランタンと関連設備を提供した。

村では、村民から選ばれた管理人がソーラーランタンに昼間蓄電し、それを１日数ルピー（５円程度）で村民に貸し出す仕組みによって、設備を運営している。最近は、ソーラー電源によるミニグリッド施設の提供を開始し、10世帯を１つのグループとして電化する支援も行っている。

同社はすでに12年間に及ぶ資金援助を続けており、今後も年間５村を対象に支援を行う計画である。日本企業のCSR活動がインドの農村部で電気へのラストマイルに貢献する優れた事例と言えるだろう。このような活動の蓄積がインドのSDGs達成に貢献することは間違いない。

農村地域の電化事業――「ABCモデル」

無電化村での電力供給には、ビジネスの手法で事業を行う社会的企業も多く参画している。そのなかの1つとして、ハリヤーナー州の新興都市グルガオンに会社を構えるオーエムシー・パワーが挙げられる。同社には三井物産が2017年に投資を行い、日本人社員が役員として出向している。

オーエムシー・パワーは、無電化村の近隣地に携帯電話基地局が整備されていることに着目し、通信会社への電力供給を主目的とした事業を展開。それに加えて、基地局の近辺に設置した太陽光発電設備を利用し、余剰電力を村落に供給するビジネスを行っている。

いわば、太陽光、蓄電池、エネルギーマネジメントを組み合わせた「ミニグリッド」事業であり、通信会社には通常の商業的な条件で電気を供給し、近隣の農村には低料金で電化を行うビジネスモデルだ。後者は、学校、銀行、商店、ガソリンスタンドなど小規模法人向けと、一般住民向けの電力供給事業に分かれる。

この事業形態では、主要な電力供給先としての通信塔がアンカー（Anchor、船の錨のこと）、農村の小規模法人がビジネス（Business）、住民個人がコンシューマー（Consumer、消費者）と位置付けられ、同社は頭文字をとって「ABCモデル」と呼んでいる（図3－11）。

小規模法人には従量課金制（後払いやデポジット利用）を採用し、住民個人には前払い定額制にし

図3-11　オーエムシー・パワーのABCモデル

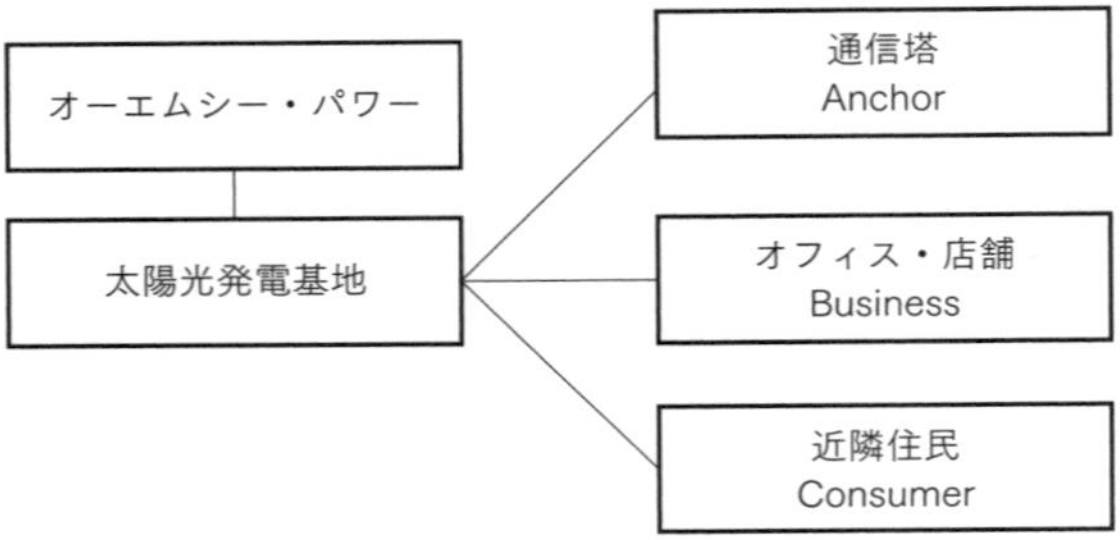

出所：オーエムシー・パワーからの聞き取りにもとづき作成

ている。個人の利用者は、わずかな電気でも使用量に応じた支払いが可能で、同社はプリペイドカードの販売を通じて村民に使い勝手の良い方法を提供している。料金は、7WのLEDライトとモバイル充電ソケットの利用代も含め、月額110ルピー（154円）となっている。

同社は、ミニグリッド事業の派生として、電力をそのまま販売するのではなく、それをサービス化してビジネスにする「マルチユーティリティ事業」も展開中だ。

例えば、農村では冷蔵設備が不足しており、農作物の貯蔵や運搬に支障があるが、同社が設備を所有し、小規模法人や農民個人にスペースを時間貸しする事業を開始している。冷蔵設備は高価であり、自前で購入する財力がないため、同社が自前の電力を使って冷蔵機能をサービス化し、需要者に販売するのである。

同様に、安全な水の確保が困難な村落において、同社が浄水設備を設置し、安全で安価な水を販売する事業を進めている。

これらの事業形態は、商品の販売でなく、商品利用を「サービス」として提供する「アズ・ア・サービス」の業態と言えよう。顧客の抱える課題をサービスで解決するアプローチだ。

同社の取り組みは、2011年の会社設立以降、年々拡大している。ウッタル・プラデーシュ州やビハール州においては、197の太陽光発電基地を有し、約2万世帯（約9万人）に電気の供給を行っている。利用者の農民のなかには、電気が必要なミルクの冷蔵設備やハチミツ製造に必要な機器を購入し、所得向上が実現している事例もある。また、小規模法人のなかには、女性向けの職業訓練校なども含まれ、夜間の授業が可能となり、生徒の社会進出を後押ししている。

同社の活動は、電気の「地産地消」を通じて農村電化を実現する社会的企業の好事例と言えるだろう。

初めて電気が使えるようになった家

提供：オーエムシー・パワー

住民にも手が届く「段階的購入」モデル

2011年創立のシンパ・ネットワークは、ウッタル・プラデーシュ州など国内計3州で未電化農村への電力供給を行う社会的企業である。同社は、送電線などの系統に接続していない村落を対象に、太陽光発電設備の販売と電力小売事業を行っている。低所得者層が利用しやすいように、少額の頭金による住宅太陽光発電設備の購入を可能にし、電気の使用量にもとづく柔軟な支払い方法を導入。低料金かつ従量制にもとづく電気の販売を実現している。

住民は、この「段階的購入」モデルにより、毎回の使用料支払い時に製品価格の一部を上乗せすることで、太陽光発電を利用しながら、一定期間の支払い後に製品を所有することが可能となる。すなわち、所有までの期間、住民は、村の店舗あるいは同社の地元従業員経由で定期充電券の購入や利用カードのチャージを行い、製品を利用しながら、18、24、36カ月間の契約オプションを選択し、満了すれば設備を獲得することができる。

同社は、対象村落の地元の人材雇用も積極的に実施している。その人材が同社の現場マネージャーとなるよう研修し、必要な能力開発を行っている。マネージャーは、製品の設置や管理、充電作業やカードのチャージ、また、トラブル対応に従事し、地元の顧客窓口の役割を果たす。さらに、太陽光発電の利便性や環境面で優れている点などを村民に啓発する活動も行っている。

インパクト投資による資金調達を行いながら、同社は、10年間に及ぶ実績を積み上げ、約1万5000人以上の顧客を獲得している。事業の進展により、350人以上の現場マネージャーの育成も実施されている。低所得者層の特性に応じた同社の取り組みは、住民に優しい気配りのビジネスを特徴としている。

電力分野への日本の支援

インドの電力分野に対しては、日本も支援を継続的に実施している。政府開発援助を通じて、すでに合計約1万1000MWの発電所が稼働しており、送配電事業も合わせると、約9000万人に電気を供給している。具体的な日本の支援事例を以下に紹介する。

「プルリア揚水発電所建設事業」は、西ベンガル州プルリア地区に揚水発電所と送電関連施設を整備するものである。１９９０年代に工事が始まり、事業完成後、２００７年に商業運転が開始された。西ベンガル州は、経済発展に伴う電力消費量の伸びが著しく、当時、電力不足量が需要の10％を超える状況にあり、１９９０年代は毎日１～２時間の計画停電を余儀なくされていた。

この電力不足を解消するために、①最大出力計９００ＭＷの発電所、②２カ所の変電所、及び③計３１０㎞の送電線が、同事業で建設された。州内の発電所はほとんど石炭火力発電であったが、同事業は環境に優しい初めての大型水力発電となった。建設や設備供給には国際競争入札を経て、日本の三井物産、三菱重工業、大成建設などが参加した。

この９００ＭＷの発電は、州の電力需要全体の12％を賄う規模であり、州内の電力需給格差は事業完成後に大幅に減少した。実際、完成5年後の２０１２年時点の電力不足量は、需要の10％を超える水準から１％まで下がったのである。

発電所の運用指標である稼働率は、２０１０年には99％に達し、全国平均の87％を上回る数字となっている。プルリア地区は、２００１年時点で電化率は64％であったが、同事業の完成後、電化率は向上し、12年には１００％を達成した。

実際に電化が進んだ村落での聞き取り調査では、「子どもが夜間に勉強できるようになった」「日没後に女性の内職が可能となり、所得向上につながった」などの声が聞かれた。９００ＭＷの容量は、西ベンガル州の１人当たりの平均電力消費量を考えれば、約２００万人に電気を供給できる規模である。

日本の支援で設置された変電所（ハリヤーナー州）

なお、同事業は当初の計画に比べ、約4年間遅れて完成したが、これは建設に必要な森林地の利用について政府の許可取得に時間を要したためである。インドでは、公共事業に利用した森林はその分新たに植林を行う必要がある。その植林計画の妥当性や建設中の森林への影響を中央政府の森林環境省（当時）が確認する手続きが、慎重に行われた。

結果として、合計３７３ヘクタールの植林が行われ、野生動物の水飲み場の設置や定期監視体制の強化などが実施された。環境面への負の影響を最大限抑えることは、日本の支援において重要事項となっており、そのために事業実施に時間を要することがある。この発電事業の成功にもとづき、インド政府は同じ事業地に新たな揚水発電所をつくることを計画。日本への資金協力を要請し、すでに支援が決定している。

日本の協力は電力供給に欠かせない送配電線や変電所の整備についても行われている。「ハリヤーナー州送変電網整備事業」は、インド北部の工業発展著しいハリヤーナー州で実施された事業である。

同州では、２０１０年から19年の間にピーク時の電力需要量が６１３３ＭＷから1万２１１２ＭＷまで増加し、２０１０年時には需要に対して７・４％の供給不足が生じていた。また、高い送配電ロス率が問題視され、ハリヤーナー州はその率を30％台から15％まで下げる目標を立てていた。送配電ロス率が下がれば、発電所からの電力が途中で失われることなく、末端の消費者まで届くことになる。同事業では、２００８年から17年までに計５８３㎞の送配電線及び19カ所の変電所が建設された。

その結果、域内の電力供給は安定し、電圧の変動による停電が減少した。設備の利用率はほぼ１００％であり、これは停電が少なく電力系統の運用状況が良いことを示している。また、新設した送電網の送電ロス率は２％台を維持している。実際に新興都市のグルガオン地区では、24時間の電力供給が可能となり、それまで毎日数時間あった停電がほぼ解消された。このため、自家発電などの予備電力を使う機会が減り、電力消費量の多い大手企業は関連経費の節約が可能となった。

変電所が建設された地域の村落におけるヒアリング調査では、以前は12時間程度だった１日の電力供給時間が、18時間まで利用可能となり、電力供給が良好となったことが確認されている。実際の効果として、「子どもの学習時間が伸びた」「家電製品の利用により家事労働時間が短縮された」「夜間外出の安全性が増した」、などの声が住民から寄せられた。

電力供給の課題

インド国内の電力需給格差は解消されつつあり、農村部でも電気が使える家屋が増えているが、未だ様々な課題がある。例えば、発電所から消費者まで電気が届く間に失われる送配電ロス率は、最近でも国内の平均が20％台になっており、世界でも有数の効率の悪さである。すなわち、インドでは、発電した電力の約２割が消費者に届く前に失われている状況にある。送配電網の質の問題とともに盗電やメーター改竄《かいざん》などの人的要素が、この高いロス率の原因である。また、地方の小都市でも地域によっては、2日に1度の停電が常態化しており、電力供給の安定性が課題になっている。

さらに、農村地域の電化が進まない理由として、州の配電公社が赤字体質のため、末端への電力供給に十分な投資ができないことが挙げられる。インドの電気事業体制は、中央政府が全国を対象とした政策の策定と州をまたがる発送電事業を管轄し、州内では、州政府が所管する発電、送電、配電の各公社が実施主体として責任を負う。公社のうち財務的に最も脆弱なのが、配電公社である。

慢性的な赤字の理由は、州の方針で農民などの最終消費者向けの電力料金が低く抑えられており、費用回収がおぼつかない構造や、赤字を補填する州の補助金の支払いが頻繁に遅延するためである。これにより、発送電公社から買った電気に対して配電公社の未払いが生じ、電力の供給が打ち切られるケースが頻発している。そのため、仮に配電網が整った地域でも、末端の消費者へ電力が届かない状況が生じている。

この状況を改善する取り組みがモディ政権の「サウバギャ」計画であるが、中央政府からの予算配布のスピードや配電線建設に必要な村落側の費用負担などが未だ課題となっている。未電化村の人々に明るい夜が来るまでには、もう少し時間がかかると予想される。

ラストマイルビジネスの成功要因

農村電化を推進する「インパクト企業」は、太陽光などのクリーンエネルギーを利用することで、電力供給とともに灯油の利用による健康被害の低減にも寄与している。ビジネス上の工夫を一言にまとめれば、未電化村の貧困世帯が電力を容易に利用・購入できる仕組みの構築である。

この分野における主な課題を改めて列挙すると、①顧客のクリーンエネルギーに関する知識欠如、②製品購入に必要な金融サービスへのアクセス不足、③低価格の設定や柔軟な支払い方法の検討、④安価な照明器具との価格競争、⑤村落での現地マネージャーや起業家の育成、などである。

前述のオーエムシー・パワーやシンパ・ネットワークを含め、これら「インパクト企業」の実践事例では、①容易に利用できるソーラーランタンなど小型機器の開発、②クリーンエネルギーに関する啓発プログラムの実施、③従量制にもとづく柔軟な支払い方法の採用、④きめ細かなアフターサービスの提供、⑤ケロシンランプの健康被害に関する啓発、などが事業の成否を決めている。

これらを踏まえ、「インパクト企業」に共通する重要な成功要因を改めてまとめると、①顧客の所得を考慮した柔軟な支払い方法の採用、②製品の購買促進を目的とした金融サービスの活用、③アフターサービスを含む丁寧な顧客対応、④地域のNPOや自助グループ等との協働による住民向け啓発活動の展開や流通システムの強化、⑤技術面のイノベーションを通じた低費用の製品生産、及び⑥低所得者層の購買能力に応じた幅広い製品・サービスメニューの提供、が挙げられる。

6　インドで障害者雇用は可能か？

労働市場から「取り残された人々」

　これまで取り上げた社会的企業は、主にモノやサービスを提供して人々にインパクトをもたらすタイプであった。安全な水の供給や太陽光を利用した電化などを目的とするビジネスである。社会的企業のなかには、それに加えて「雇用モデル」と呼ばれるタイプがある。前出のルーラルショアズもそれに含まれ得る。これらの企業は、労働市場から「取り残された人々」に雇用機会や職業訓練を提供している。障害者、ホームレス、移民、不可触民、犯罪歴のある人などを雇用し、商業活動を行う。

　インドでは、若者の失業自体がそもそも問題になっているため、必ずしも不可触民や貧困層だけが就職に難のある人々とは限らない。このため、労働市場から「取り残された人々」のなかで誰をターゲット層とするのかについては議論の余地があるが、ここでは障害者の場合を取り上げてみたい。

　国際機関は、世界の人口の約10％に何らかの障害があると見積もっている。家族に障害者がいれば、医療費など出費の増加を伴い、貧困のリスクを増やす要因となる。障害者の雇用促進は、障害者の人権尊重や収入機会の増加に貢献する。既存の研究では、障害者を労働市場に受け入れることで、国の経済所得が数パーセント増加するとの見解もある。

　途上国において障害者の雇用を阻む要因としては、様々な面での「欠如」が指摘されている。教育と訓練へのアクセス欠如、就職情報の欠如、職場への通勤手段の欠如、雇用者の障害者に対する理解の欠如、支援機器の購入手段の欠如、法制や措置の欠如、などである。

障害者の雇用促進は、これらの「欠如」に対応することが必要となる。そのため、教育機会の拡大、職業訓練、雇用の動機付けと罰則制度の構築、雇用者向け啓発活動、ジョブマッチング機能の強化、実施モニタリング制度の確立など、多岐にわたる対応が必要である。

ＳＤＧｓでも、障害者に関連する目標が掲げられている。ＳＤＧｓのなかで、障害者は「脆弱な人々」のグループとして位置付けられ、目標４（質の高い教育）、目標８（人間らしい雇用）、目標11（持続可能な都市と人間居住）、の各分野で対象となっている。障害者を含む雇用の促進を掲げる目標８は、量的な意味での雇用に加え、働きがいの確保も含まれ、障害のない者と同じ賃金体系を採用するなど、質的な意味での雇用を強調している。

インドの障害者事情

インドの障害者の状況を概観してみる。国際機関の推計では、インドの障害者数は人口の４～８％とされる。他方、インド政府が公表した２０１１年の統計ではこれより低い数字となっており、障害者数は全国で約２７００万人、人口の２・２％としている。同統計によれば、障害のタイプ別で、運動障害20％、視覚障害19％、聴覚障害19％、精神障害９％（精神遅滞及び精神疾患）、複合障害８％、聾唖《ろうあ》７％、その他18％、となっている。

国連の「障害者権利条約」にもとづき、２０１６年に成立した「新障害者法」では、障害者を身体障害、知的障害、精神障害の障害種別ごとに従来の法律より詳しく規定したため、統計上の障害者数は今後増加するものと見られる。

インドの障害者雇用率は低い。「新障害者法」では公的機関における障害者の雇用義務を定めているが、目標の4％には届かず、実際の雇用率は3％台になっている。ただし、この数字は法律で定める全職員を母数とした割合ではなく、雇用の全募集数が分母になっており、正しい値ではない、との指摘がある。

民間企業には雇用の努力義務が定められているだけで、日本のように雇用割当の制度にはなっていない。日本では、一定数以上の従業員を抱える民間企業には一律2・3％の雇用率が義務付けられている。

インドの民間企業による障害者の雇用率については、情報が限定的だが、1999年に国内の障害者団体がインドの大手100社を調査した結果は0・28％にとどまる。現状をヒアリングした障害者団体の話では、今でも同様の水準との声が多い。

インドを含め、途上国では健常者間の就職競争が激しいため、障害者の雇用に積極的になる企業は限定的である。障害の種類への理解不足や職場の受け入れ体制の問題などに加え、障害者の能力について偏見が強いことがその原因となっている。インドの場合、障害のある子どもの4割が学校に行っていないことや中学校以上の進学率が極めて限定的であること、また、障害者の非識字率は約5割に達していることなど、教育水準だけでも障害者は就職に不利な立場にある。

このような状況において、インドの民間企業のなかでも数百名規模の障害者を雇用する企業が複数存在している。チタンインダストリー、IT大手のウィプロ、レモンツリーホテルなどである。また業界団体であるインド工業連盟は、障害者雇用の指針策定や啓発セミナーの開催などを実施している。これらの事例は存在するものの、未だ民間企業の間で障害者雇用は稀な状況と言わざるを得ない。

このように、障害者の雇用を促進するには困難な環境にあるが、そのなかで着実に実績を上げている社会的企業や団体も存在する。以下では、700名以上の障害者雇用を行うビンディア・Eインフォメディアと、約3000名に上る知的障害者の訓練及び収入獲得を支援する団体アンバの活動を紹介する。双方とも企業からの会計事務や帳票処理などの受託業務を行い、障害者に所得獲得の機会を提供している。

BPO企業による障害者雇用

カルナータカ州バンガロールに拠点があるビンディア・Eインフォメディアは、国内外の企業からの受託業務を通じ、就業機会の乏しい障害者（同社は障害者という言葉は使わず、「異なった能力を持つ人」と呼んでいる）の雇用を行う社会的企業である。受託内容は会計事務やデータ整理など、企業からのアウトソーシング業務である。

企業活動を開始した2006年当時は、雇用している障害者は数名であったが、この十数年間でその数は700名を超え、19年時点で全従業員の約6割を占めている。障害のタイプ別では、肢体障害者が約5割、聴覚障害者が約2割を占め、その他、視覚障害者や知的障害者が雇用されている。

企業の方針として、被雇用者の障害ごとの能力・適性を重視し、コンピュータスキル、英語、ビジネススキルなどは、手話や点字等の手段も活用し、障害の程度に応じた研修を実施している。業務遂

ビンディア・Eインフォメディアの職場

行に必要な一定の能力が確認された段階で修了証が発行され、職場に配属される際には、業務や健康状態を監督する指導員が一緒に配置される体制をとっている。

社内の業務体制は、受託内容別に健常者も含めたチーム制を採用している。障害のある全従業員のうち、約8割は週24〜48時間の勤務を行い、月9500〜2万1000ルピー（1万3300〜2万9400円）の収入がある。週48時間労働の場合、カルナータカ州の定める最低賃金を大きく上回る水準である。

一般に離職率の高い同業種において、同社に1年以上所属している従業員は全体の8割以上に上り、人的資源の蓄積が進んでいる。受託業務のコスト競争力の観点では、業務内容の種類により、市場相場の2割から5割程度低い料金でサービス提供を実現している。

同社が障害者を雇用する際には、ＮＰＯを通じた紹介手続きをとる方法と、同社が都市部を中心に行う就職説明会で募集する方法を採用している。雇用の前提条件は、職場までの通勤やトイレ使用など最低限の身の回りのケアが一人でできることである。

職場では、車いすでも各フロアへの移動を可能とするエレベーターやアクセス可能なトイレの設置などの環境整備を行っている。また、作業を効率的にする点字コンピュータやスクリーンリーダーなどを提供し、障害者が容易に適応できる職場環境整備を行っている。これらは、「障害者権利条約」が求める合理的配慮の実践である。

障害者にとっては、生まれて初めての就労となる場合が多いが、就職後に見られる変化について、経営層は、独立心や自己肯定感の醸成に加え、家族や周りからの敬意の獲得を代表的なものとして挙げている。また、結婚・出産や障害者本人による家屋の購入など、生活の充実度の向上にも言及している。同社の評判は障害者の間に広がり、就職希望者は後を絶たない。

同社のビジネス手法の特徴として、受託業務内容の多様化が挙げられる。例として、インド国内のマイクロファイナンス機関からの帳票処理の受託や、オンサイト型の助言・作業サービスが挙げられる。オンサイト型とは、経理業務や在庫管理、また文書管理等の効率化について、直接クライアント企業を訪問して行うサービスを指す。このサービスは、すでに国内180カ所以上で実績がある。

職場では、生産性の高い環境を創出するため、障害者と健常者を差別なく扱う能力主義の重視、チーム制による業務遂行、手続き簡素化による業務手順の効率化、外部起業家の経営層へのメンター制度の導入、等がなされている。社員全員を対象にした子どもの教育費補助制度など、福利面の充実にも力を入れる。さらに、月に1度、社長と社員の間でコーヒータイムの時間を設け、私的な事項を含む雑談に興じ、職員同士の仲間意識の醸成を図っている。

同社のパヴィトラ・プリビディヤ社長が強調していたのは、「ビジネスは質で勝負すること、障害者と健常者を平等に扱うこと、及び会社の企業風土として、家族主義を重視すること」であった。

印象深かったのは、「経営者として、この活動を継続する秘訣は、自己の情熱と忍耐の2つのみ」と断言していたことだ。700名の障害者を抱える民間企業は先進国でも例は少ない。同社の取り組みは、情熱と忍耐があれば、この世で困難と思われることの多くが達成可能であることを如実に示している。

労働市場から「最も取り残された人々」の就労

インドにおいて、障害者は厳しい境遇にあるが、そのなかでも特に知的障害者は教育や就労から遠ざけられてきた。生まれ変わりを信じる層が多いインド人社会のなかで、知的障害者への偏見は非常に強く、家から外出させない家庭もある。その意味で、社会から「最も取り残された人々」と言えるかもしれない。この状況を打開する試みが、アンバにより行われている。

アンバは、IQ65以下の知的障害者を対象に情報通信技術を活用した独自の訓練を行うNPOである。企業からの切り出し業務に対応する知的障害者の能力開発が主要な活動であるが、受託業務による所得機会の確保も実現している。訓練を受けるまで就業経験のない知的障害者が、訓練と就業機会の獲得により、3500〜2万ルピー（4900〜2万8000円）の月収を得る状況に至っている。アンバの活動モデルの特徴は、同本部が拠点となって、自ら開発した研修プログラムを国内の協力団体に施し、これらの団体との協働を通じて活動を広く展開する手法である。

アンバの知的障害者向け訓練は、コンピュータを使った数字とアルファベットの認識から始まる。この段階1から、実際のデータ入力作業の実務研修を行う段階5までの、5段階訓練で構成されてい

アンバの職場風景

る。段階1～3の訓練期間は8～12カ月、段階4～5の期間は被雇用者の能力・習得状況により決まる。

アンバに来るまでコンピュータに触れたことがなかった知的障害者が、データ入力作業が可能となるレベルまで能力を向上させるこの訓練内容は、国連などの機関から注目を集めている。

国内の知的障害者の就業機会を増やす目的で、アンバは他の団体に対して独自のカリキュラムによる指導者研修を実施しており、すでに700名以上が同プログラムを修了している。

アンバの研修は、対象団体の代表者との面接から始まり、その後、知的障害者の指導を担当する特別教育員1名と、軽度・中度の知的障害のある研修生2名が、5～7日間の研修プログラムに参加する。修了証書が授与された対象団体は、アンバの「認証連携センター」となり、アンバ本部から配分される受託業務に携わる（図3－12）。

この仕組みを通じて、アンバ本部は協力団体の研修を行うとともに受託業務の受注・配分を担うハブ（中心拠点）の役割を果たし、全国に散らばる「認証連携センター」が知的障害者に研修と収入機会を提供するスポーク（外に延びる軸）の役割を担ってい

図3-12　アンバの活動モデル

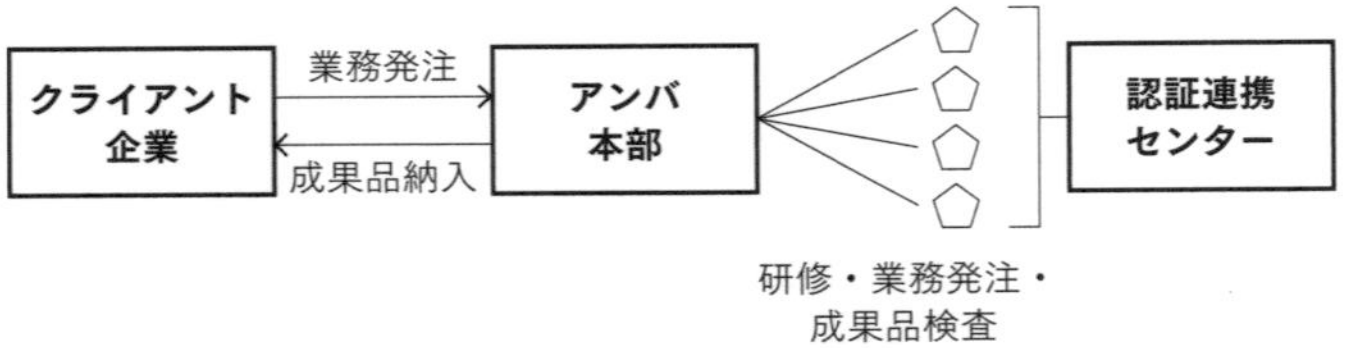

出所：アンバからの聞き取りにもとづき作成

る。「認証連携センター」の数は、インド国内の計24州、約３００カ所に及んでおり、知的障害者の就労人数は合計で約３０００名に達している。

受託業務の開拓について、クライアント企業への営業・受託はアンバ本部が担当し、発注企業が抱える業務の2%の切り出しを強調した交渉を行っている。他方で、受託業務は経済の好不況に影響されることが同団体のリスクとなっている。実際、コロナ禍の影響で業務量は大幅に減少した。同団体は受託業務から収入を得るが、研修費用等の主たる財源は民間企業等からの寄付である。また、人件費を抑えるため、ボランティアや専門家のサポートなどを活用している。日本の日立製作所からも若手エンジニアが派遣され、同団体で一時ボランティア活動を行った。

アンバ本部には約１５０名の知的障害者が所属しているが、その定着率は高く、ほとんどが1年以上在籍している。勤務時間は8時間が原則であるが、体調等により融通がきく。本部内の受託作業は、企業勤務経験者をヘッドとして、知的障害者と健常者のチーム制で行われている。アンバ本部に所属後の知的障害者の変化について、アンバ運営陣は、自尊心の向上、生産性の改善、家族や周りからの偏見の軽減、及びＩＴ業界の一員としての自負、を挙げている。

本部でチームリーダーに昇格した知的障害者の1人は、業務内容の説明

表3-4　障害者雇用を行う組織の概要（2019年時点）

	アンバ	ビンディア・Eインフォメディア
組織の性格（設立年）	NPO（2004年）	民間企業（2006年）
事業・活動内容	知的障害者の職業訓練及び雇用創出	BPOサービスプロバイダー
雇用者数（うち障害者数）	234名（151名、ただし本部のみ）	1,100名（709名）
BPOの内容	データ整理、文書管理、職員記録簿作成、会計文書のデジタル化、等	データ計算、文書管理、資料のデジタル化、会計処理、等
取り組みの特徴	●情報通信機器活用を通じた独自カリキュラム（5段階研修）による知的障害者の研修 ●ハブ&スポークモデルによる、全国325カ所の認証連携センターへの業務分配・検査・納入業務 ●勤務時間選択制・健常者と同一給与条件	●障害者（身体、聾唖、視覚障害、知的障害）の特性に応じた情報通信技術のスキルアップ、語学研修、業務割当及び職場環境改善の実施 ●指導員制度・チーム制導入 ●勤務時間選択制・健常者と同一給与条件
取引先数（累計）	15社	39社

出所：松本・近藤（2020）及び直接の聞き取りにもとづき作成

とともに、仕事に大きな誇りを持って働いていることを語ってくれた。また、正職員として働く健常者の男性は、前職のIT企業勤務では味わえない充実感があることを強調していた。

NPOとして、常に資金調達や優秀な職員の確保に悩みを抱える状況であるが、アンバの活動モデルは着実に実績を積み上げており、知的障害者の社会参加を広く全国規模で促している。

経営者の信念

前出のパヴィトラ・プリビディヤ社長とアンバ代表のスガンダ・スクルタラジ氏。2人は障害者という言葉は使わず、組織の一員として尊重し、それぞれの個性や能力に合った仕事のしやすい職場をいかに提供するかに腐心している。

2人に共通するのは、「障害者に雇用機会を提供するのは自分の使命であり、成し遂げなければならない職務である」という強い信念があることである。障害者雇用をやるかやらないかではなく、やることが前提で、どのようにやるかに全精力を集中している。

スクルタラジ氏が「彼ら・彼女ら（知的障害者）は私の子どもと同じ。とにかく能力があるのよ」と微笑みながら話してくれた言葉が、強く印象に残っている。

インドには、このように困難な境遇の人や社会のために人生を捧げている人々が多く存在する。社会的企業や団体を運営する以上、熱意だけでうまく回るとは限らないが、試行錯誤を続けて様々な難題を打開している。

プリビディヤ社長はコロナ禍をものともせず、他州でのオフィス設立に奔走している。もちろん、障害者雇用を目的とするためのものだ。スクルタラジ氏は企業開拓に余念がない。新しい切り出し作業の依頼や資金獲得のためだ。今まで出会ったこれらの人々に共通するのは、強い志とほとばしる活力、そして非常に控えめな物言いである。

インドの古典で人口に膾炙《かいしゃ》している『バガバッド・ギーター』は、周りの思惑を気にせず自分の使命を忠実に実行せよ、と教えている。それがうまくいくかどうか、可能か不可能か、結果が何をもたらすかに躊躇せず、自分が善と思ったことをそのまま行うことを神から求められている。彼女たちを含め今まで登場した経営者群は、この教えに沿うように、「取り残された人々」のために日々汗を流し、知恵を絞り、前に進んでいる。その実践と実績は着実に社会を変えていることを実感させる。

社会的企業の支援制度

ここまで見てきたように、社会的企業が公的な分野で活動していることを考えれば、韓国や欧米のようにそれを支援する制度を構築することが望ましい。インドでは社会的企業に特化した制度は未だ存在しないが、スタートアップ企業や中小企業の活動を後押しする支援が行われている。

インド商工業省は、2016年にスタートアップ企業育成支援施策を打ち出し、企業設立に関する各種手続きの簡素化、資金援助と税金面のインセンティブ供与、産学連携イノベーションの促進、などを柱にした取り組みを行っている。それ以前は、中小企業への政策金融やビジネス上の手続き簡素化を含め、多くの支援策が別個に存在し、施策を包括的にまとめるような枠組みは存在しなかった。

インドで社会的企業の立ち上げを志す起業家は、これらの制度を活用することが可能である。また、2019年には、社会的企業の資金調達を念頭に置いた社会的株式市場をムンバイの証券取引所に設置する計画が打ち出され、現在検討が進んでいる。先に紹介したインパクト投資の拡大とともに、社会的企業への理解が広がり、一般の人からの投資が可能となるような制度が構築されれば、社会的企業の活動は大きく促進されるだろう。

先進国、途上国を問わず、社会から疎外された人々の社会への包摂化は喫緊かつ困難な課題であり、様々な活動体がその解決に取り組んでいる。本章で取り上げたように、社会的企業は、その独特かつ創造的なアプローチを通じて、課題解決に取り組む有力な組織となっている。政府や一般の民間企業とともに、これらの企業群は、インドのラストマイルを確実に埋めていく重要な存在として活躍している。

7 「インパクト企業」に共通するアプローチ

成功要因のまとめ

本章では、社会課題に取り組む「インパクト企業」の事業を紹介してきた。開発から「取り残された人々」を対象に社会的な便益をもたらしつつ、持続的な企業活動を実現するには、斬新かつ柔軟なアプローチが不可欠となる。

具体的には、第2章で掲げたターゲット層が抱える6つの課題、①支払い能力／商業性の課題、②アクセス能力／到達度の課題、③利便性／即時性の課題、④知識不足／動機付けの課題、⑤受容性／納得度の課題、⑥スケールアップ／販売規模の課題、を克服するための独自の工夫と実践である。

それぞれの「インパクト企業」は、創業者の動機、ターゲットの顧客層、事業実施地域・規模、協働する関連団体などの違いによって、ビジネス手法に特徴がある。このうち、モノやサービスを供給する分野の課題と成功要因について改めてまとめたのが、表3－5である。これらは、総じてラストマイル戦略と呼べるかもしれない。また、それぞれに特色があるなかで、分野横断的に共通するアプローチを導き出すことも可能である。

分野横断的な共通アプローチ

①最新技術の活用

これは、情報通信技術の革新とスマートフォンの普及によって、独自に開発した種々のアプリケーションがその実用性を飛躍的に高くしていることが大きく関係している。前述のように、農業分野のエクガオン・テクノロジーは、遠隔での情報提供システムによって、それぞれの農家の実情に合った助言サービスを可能にしている。このシステムを使うことで、農家からのフィードバックにも適切に対応し、継続的にサービスの改良も行っている。

同様に、保健医療分野のイクレ・テクノソフトは、クラウドを利用したアプリケーションにより、農村部の患者が都市部の医師から画面上で「直接」診察を受けられるシステムを構築した。未電化村への電気供給では、プリペイドメーターの使用により、使用機器の充電や盗電の検知が可能となっている。また、Ｅトイレや「ウォーターＡＴＭ」は、通信機能を通じて、オフィスからの維持管理が可能だ。こういった情報通信技術を含む最新技術の活用によって、「インパクト企業」は、農村部に居住する顧客のニーズや要望に合致した事業を展開している。

②低価格帯と柔軟な支払い方法

多くの「インパクト企業」は、低所得者層の手が届く価格帯を設定し、柔軟な支払い方法を採用している。農村電化を行うシンパ・ネットワークは、低所得者層が少額の頭金で太陽光発電設備を所有できる「段階的購入」モデルを採用している。サーバジャルの「ウォーターＡＴＭ」は、従量制にもとづく料金システムを導入し、わずかな水量でも購入することが可能だ。このサービスを使えば、農

表3-5　「インパクト企業」（モノ・サービス供給型）の課題と成功要因

分野	主な課題	成功要因
農村電化	● 住民の知識不足 ● 製品購入に必要な金融サービスへのアクセス不足 ● 低価格・柔軟な支払い方法 ● 他製品との競争 ● 地元マネージャー育成	● 斬新な料金支払い方法の導入、金融サービスの提供 ● アフタサービス等の迅速な対応 ● 地元関連団体との協力による啓発活動や顧客調査の実施 ● 技術開発による製品の低価格化 ● 顧客ニーズに応じた製品・サービスの品揃え
教育・職業訓練	● 児童就労文化 ● 低費用運営 ● 低料金・柔軟な支払い方法 ● 基本設備の不足 ● 有能な教師の確保 ● 職業訓練への低い関心度	● 個別ニーズに応じたサービス内容の検討 ● 学費の分割払いなど、支払い方法の工夫 ●「ノンフリル」による運営費用の低減化 ● 生徒の学習度に応じたカリキュラムの提供 ● 地元関連団体との協働
保健医療	● 費用回収システムの構築 ● 有能な医師・スタッフの雇用 ● 医療従事者の割高な研修費用 ● 遠隔医療への信用 ● 伝統医療への依存	●「ノンフリル」の採用と業務の標準化 ● クロスサブシディ方式の導入 ● 啓発キャンペーン実施 ● 遠隔医療システムの活用
水・衛生分野	● 水道有料化への理解度 ● 24時間サービス確保 ● 遠隔メンテナンスの可否 ● 低価格と水質の確保 ● 野外排泄習慣 ● リサイクル製品への偏見	● 技術開発を通じた低価格製品・遠隔管理サービス等の提供 ● 地域ごとの顧客志向のサービス提供 ● 関連団体との協働 ● リサイクル品のブランド化 ● 従量制などによる料金設定モデルの導入

出所：Matsumoto（2018）より作成

村部の住民でも安全な水を市場より安価な料金で入手できる。

職業訓練では、研修生は料金の前払いが不要であり、就職後に分割で支払うことができる。また、ミルク・マントラは、公正で透明性の高い販売価格と支払い方法を導入しており、農家は仲介者と交渉したり、高額の手数料を要求されたりする心配はない。このような工夫により、農村部の住民が正規の生産者や顧客として市場に参加できるようになる。

③アクセスの利便性

実績豊かな「インパクト企業」は、独自の流通手段で製品やサービスの提供を行っている。ミルク・マントラは、村の集乳所の近くに生乳冷却器を設置し、新鮮な生乳を工場に搬入する体制を整備している。幼児教育のスディキシャ・ナレッジ・ソリューションズは、事業対象の地域から容易に通える場所に保育センターを設置し、できるだけ多くの貧困家庭の幼児が利用できるようにしている。

農村電化を行う事業では、未電化村にミニグリッドを構築し、村落内で世帯への接続を可能とし、かつ、毎日の電力消費量を顧客がオンラインで確認できるようにしている。同事業に従事するシンパ・ネットワークは、地域住民に研修を行って現地マネージャーを育成し、より広範囲の顧客にサービスを提供する取り組みを実行中だ。救急車サービスを行っているジキザ・ヘルスケアは、政府の保健プログラムと提携し、遠隔地に24時間体制の救急車サービスを提供している。

こうしたアプローチによって、農村部などの遠隔地に居住する顧客は、「インパクト企業」の提供する製品やサービスにアクセスできている。

④関係機関との協働

利害関係者や協力団体との人的ネットワークを活用した活動も重要な成功要因となっている。「インパクト企業」は、それを通じて、農村における顧客ニーズの確認、啓発イベント、宣伝活動などを効果的に実施している。

農村電化事業では、関係者間の情報プラットフォームをインターネット上に設け、地域固有の要望や情報の収集を効率的に行っている。同じく、地元の農村起業家は、地域住民の高い信頼を得て、顧客の啓発や製品・サービスに関する要望に適切に対応している。

職業訓練分野では、業界関係者との協力を通じて、現場で必要な技術や能力に応じた実践的な訓練カリキュラムを提供している。また、協力企業とのネットワークを利用して、職業訓練を修了した生徒への就職斡旋を効果的に実施している。このように、利害が一致する団体との関係構築や協働が事業効果に大きく影響している。

⑤事業モデルの改良

事業を拡大している「インパクト企業」は、新たな対象地で柔軟に事業モデルを改良している。多くの企業は中小規模であり、企業活動が「アーリーステージ（初期段階）」から「ミドルステージ（成長段階）」にあるものも多い。そのビジネスモデルは必ずしも強固に確立されたものではなく、新たな対象地域の特性に合わせて柔軟に変更を加えている。

例えば、水供給分野のウォーターライフは、対象村落の実情によって、事業へ参加する団体の種類や遠隔地への運搬手段を調整している。オーエムシー・パワーは、電力をサービス化する試みとして、「マルチユーティリティ事業」を導入している。このように、ビジネスの方法を柔軟に調整していく能力が「インパクト企業」の強みとも言える。

以上が各分野に共通するアプローチであるが、業務拡大の規模やスピードは事業モデルの成熟度、人材の厚み、事業実施地域、及び資金調達状況などによって当然異なる。

例えば、オーエムシー・パワーは通信塔への電力供給が主な資金源であるが、このことが事業地の地理的な選択を制約している。サーバジャルは利用者からの支払いによって経常費用を賄っているが、水供給機器の設置費用は基本的に寄付や助成金に依存しており、このことが規模拡大のスピードに影響している。これら企業への公的な支援制度があれば、事業の拡大は従来に比べてより迅速に行うことが可能となるだろう。

本書で紹介しているどの取り組みも、現場での試行錯誤を重ねながら、農村部の住民が直面する課題に対応している。立ちはだかる何層もの壁を乗り越えて、「インパクト企業」はターゲットとする「取り残された人々」に製品やサービスを提供し続けている。各企業の独自のアプローチは、必ずしも最終的な完成形ではなく、顧客のニーズに合わせて、今後も柔軟かつ迅速に改良が重ねられていくだろう。

第４章

改めて知るインドの光景

1　モディ政権の方針と3R

わかりやすい政策メニュー

２０１４年に誕生したモディ政権は、19年の総選挙を経て、現在2期目の政権運営に入っている。同政権は、「強いインド」の実現を目指し、高い経済成長の実現と政府の統治改革を大きな柱として、意欲的な政策を進めてきた。

自国の製造業の振興を図る「メイク・イン・インディア」、トイレを含む衛生インフラの整備を内容とする「クリーン・インディア」、国のデジタル化を進める「デジタル・インディア」など、国民にわかりやすい政策名称の下、数値目標を示し、結果重視の手法で各施策を実行してきている。

第2次モディ政権では、引き続き高度成長路線を強調し、２０２５年に5兆USドル（５２５兆円）経済を達成し、30年までに世界第3位の経済大国に成長することを表明している（現在第5位）。そのために、製造業振興、インフラ投資、外資誘致、社会のデジタル化など、第1次政権時に開始した施策を継続中である。

また、労働人口の半分を占める農民に所得倍増を約束し、農業振興や金融サービスの拡充を重視する姿勢を示している。これは、第1次政権時に農業政策の実績が伴わず、農民グループからの支持があまり得られなかったことが背景にある。

2019年には、インドの成長と社会開発を促す「2030年に向けた10のビジョン」を表明した。同ビジョンでは、①インフラ整備、②デジタル・インディア、③大気汚染フリー、④雇用創出、⑤クリーン・リバー、⑥沿岸開発、⑦宇宙開発、⑧食料自給と輸出、⑨ヘルシー・インディア、⑩チーム・インディアを主要スローガンとして掲げている。インドの開発の現状を見れば、これらのビジョンが国の抱える重要課題を広く網羅していることは明らかだ。

2020年度の予算では、「上昇志向のインド」「国民生活の質の向上」「教育・保健サービスへのアクセス改善」及び「さらなる雇用機会の獲得」をテーマに、それぞれの重点施策が発表された。具体的には、今後5年間で100兆ルピー（140兆円）のインフラ投資、農村部200万世帯への太陽光ポンプ導入、生鮮食品貯蔵及び輸送のための冷蔵・冷凍サプライチェーンの拡充、地方における2万カ所の医療クリニック整備、150の高等教育機関の設立、人工知能（AI）を活用した統計システムの整備、等々が含まれる。

インドの特徴として、社会のデジタル化や宇宙開発など、先進国並みの発展度の高い分野と、水供給や医療クリニックの拡充など、途上国に共通する基礎的なインフラ整備の分野とが混在していることが挙げられる。すなわち、先進的な分野と遅れている分野の双方を同時に強調し、先に進んでいる部分をさらに伸ばし、遅れている部分を押し上げることで、経済や社会の発展を目指すのが、モディ政権の政策である。

結果重視の行政手法――3つのR

モディ政権の特徴を一言で表すならば、プラグマティズム（実行主義）である。各役所は、施策ごとに達成すべき数値目標を公表し、その進捗が国民の目にも見えるよう、ホームページ上で具体的な数字と成果を定期的に発表している。

例えば、トイレの設置数については、水開発省のホームページを開けば、どの州のどの県に現時点で何基のトイレが設置されたかがわかるようになっている。2014年時点で、国民の約半分に当たる6億人がトイレにアクセスできず、野外排泄が日常の姿であったものが、19年末までに約1億1000万基のトイレが設置されるに至った。

これにより、数だけで言えば、国内の普及率は約90％に達した。国民のすべてに届く（Reach）事業の達成を目標に掲げ、結果（Result）を出す手法である。

モディ政権下では、「最大限のガバナンス、最小限の政府」が提唱され、役所の非効率を縮小し、透明性のある行政体制を敷くことで、官僚の倫理や規律を高め、政府の運営能力を向上させることが重視されている。

実際、首相府が号令をかける形で、各省が管轄する施策の進捗状況や実施上の問題、また、意思決定の遅延等を政権が適時に把握できる体制が構築されている。事業の進捗が遅い場合は、官僚の異動も含め、首相府が梃入れを図る体制を強化したのである。そのためには組織改革（Restructure）もいとわず、水関連の諸機関を統合して新たに水開発省を設立したのもその一例である。

すなわち、モディ政権の行政手法は、国民に届くReach、結果重視のResult、そして、それを達成するためのRestructureの3Rを特徴とする。

Restructureと言えば、第1次モディ政権発足後、中央政府の政策づくりに長らく中枢的な役割を果たしてきた国家計画委員会を廃止したのは、衝撃的なニュースであった。同政権は、それに代わる組織として、中央政府傘下にシンクタンク機能を有する行政委員会を新たに設立した。

1947年の国家独立時より、国の5カ年計画を策定し、その実施の監督まで司った中枢組織の変革は、モディ政権の本気度を如実に表す象徴的な出来事に映った。国家計画委員会は、混合経済体制の象徴的な存在であり、組織の変革により、経済自由化の進展を標榜するモディ政権の強い意図が国民に伝達される形となったのである。

モディ首相のスタイルは、グジャラート州首相時代の手法と実績にもとづくもので、それを「グジャラート・モデル」として中央政府に適用したものである。州首相時代（2001〜14年）は、州の年間経済成長率が平均9・7％を記録し、工業州としての地位を確実にした。強いリーダーシップの下、電力や道路などのインフラ整備を推進し、国内外の企業を誘致し、産業を活性化させた。

特にそれまで停電や盗電などが多かった電力部門において、州電力局の実施能力を高め、黒字経営の実現や州内100％の電化を達成したことは、中央政府や他州を瞠目させる結果となった。州首相時代の運営も、3つのR（Reach、Result、Restructure）が基調となっていた。

州首相時代の行政手法の見事さについては、身近な経験から覚えがある。

国際協力機構が支援しているグジャラート州の開発事業については、定期的に現地を訪問し、州当局と進捗監理のための協議を行っていた。その協議には、モディ州首相自らが進行役として参加する場合がある。

会議では、複数の州部局がこちらの質問等に答えて、事業進捗の状況や現在の課題などを報告するのだが、モディ州首相自身が事業内容を細かく承知しており、部局の担当者でなく、州首相自ら説明する場面がたびたびあった。

州の行政トップが仕切る会議のため、各部局もこちらの問いに漏れなく答える姿勢を示し、次の会合までの具体的な作業等もその場で合意する。いつまでに、誰が、何を、どこまでやるか、を明確にするのである。協議自体が緊張感に包まれ、説明する側は真剣であり、説明内容も正確かつ詳細となる。他州と比較すると、すこぶる充実した監理作業となるのである。

このように、州首相自らが事業の内容を把握し、積極的に推進する姿勢は、州の運営を効率化すると改めて実感したものだ。このスタイルを中央政府でも貫いているのが、今のモディ政権と言える。

モディ政権下で何が実行されたか？

第1次モディ政権（2014〜19年）では、様々な施策が実施されたが、世論調査等で国民から特に評価が高いのが、ビジネス環境の改善、金融アクセスの向上、及びパキスタンに対する強い対応である。

最後にあげたパキスタンへの強い対応は、2019年の総選挙直前に生じた国境事案における対応のことである。パキスタンのテロ集団によるインド軍への攻撃に対し、インドは1971年の第3次インド・パキスタン戦争以来の空爆を行った。これにより、インド国内でモディ政権を支持する声が一気に高まる結果となった。

ビジネス環境の改善で特筆されるのが、全国一律の物品サービス税（GST）の導入である。従来、インドの複雑な課税制度は、進出した外国企業にとって大きな不満の対象であった。物品税、中央販売税などの国税の他、州ごとに定められている付加価値税や入境税が混在し、手続きの煩雑さや二重課税によるコスト負担が民間企業を悩ませていた。

GSTの導入は、2000年代半ばより政府で検討されていたものの、税収が減る州の反対が強く、進展に乏しかった。それを受け、モディ政権下において、導入後5年間は中央政府が州の税収減少分を負担することを条件に、国会での関連法成立が実現した。この「快挙」により、税務手続きの負担が軽減され、税控除対象も一部拡大されたことで、民間企業が活動しやすくなった。

また、国際的にも注目された2016年の高額紙幣廃止は、現金決済の依存度が高いインド国内での不正蓄財や脱税の防止が主眼であり、ブラックマネー法の施行と同時に実行された。その結果の一端として、企業や家計のネットバンキングやクレジットカード利用の増加が進み、支払い手続きの透明化や決済の効率化につながっている。

高額紙幣の新紙幣への交換に忍耐を強いられた国民は、この政策を基本的に評価した。「チャイ（ミルクティ）売りの低カースト出身の少年が、エスタブリッシュメントを押しのけて国の頂点に上り詰めた」。このモディ首相の経歴に期待を寄せ、汚職撲滅や弱者優先を実現する政策を評価したのである。

外国企業に対しては、外資規制を段階的に緩和し、市場に参入しやすい環境をつくり、外資の流入量の増加を実現した。総合小売業、放送業、航空業など、外資の参入が認められなかった産業に対しては、新たに外資比率を設定し、通信業や保険業の外資比率を引き上げた。また、手続きの迅速化の観点から、外資比率が49％以下の投資に係る政府認可ルートを自動認可ルートへ移行させる施策を導入。2018年には、外資比率によらず、すべて自動認可ルートにする決定を行った。

実際の投資手続きの面でも、各種行政手続きの簡素化やオンラインでの申請システムの導入などを行い、事業環境の改善を推進した。これにより、外資の流入量が着実に増加し、外国企業も進出しやすい環境が整備されてきた。工業の盛んな州による外資誘致も活発となり、日本を含め、外国における投資説明会が頻繁に行われるようになっている。デリー・ムンバイ間産業大動脈構想の構成州であるグジャラート州やマハーラーシュトラ州を筆頭に、現在、複数の州による外資誘致合戦が展開されている。

さらに、ビジネス環境を改善するための制度構築も進んだ。2016年の破産・倒産法の施行がその一例である。

従来、倒産企業の再生や清算に要する手続きが煩瑣なため、取引先からの債権回収などが進まず、大きな課題となっていた。新しい法律では、倒産企業の事業再生手続きの期限を原則180日以内とするなど、手続きの迅速化を図る制度が整えられた。同法は商業銀行による不良債権処理の手続き促進にも影響を与えており、2018年時点で約2・5兆ルピー（約3・5兆円）の巨額な債務不履行を抱える計12社の破産手続きや買収手続きが迅速化している。

以上は、主に第1次モディ政権が実行した施策の一部であり、インドのビジネス環境に関しては、世界銀行などの調査による国際ランキングが大幅に上昇した（2015年142位→2019年77位）。他の分野でも、電力供給の拡充、低所得者層向けの医療保険の導入、大気汚染防止のためのプロパンガス接続の無料化、全国を対象としたトイレの設置など、評価に値するものが多々ある。

その一方で、労働関連法の改正を含む雇用の確保政策や土地収用制度、また、農民の所得向上などについては、改善の余地があるとして、第2次政権下で取り組みが進められている。このうち、長年の懸案であった労働関連法の改正については、2020年9月にようやく実現に至った。

企業の潜在力を抑制した独立後の経済路線

モディ首相の登場で、規制緩和や投資促進が積極的に行われ、経済の効率性が増し、農村部のラストマイルに焦点を当てた政策が推進されている。前述のように、モディ首相のクリーンで清新なイメージも手伝い、高額紙幣の廃止などの痛みを伴う政策にも、悪徳な民間企業の駆逐に必要だとして、国民は高い評価を与えている。国民会議派が与党の中心であった前シン政権の時には、公共財産である通信や炭鉱の割当において汚職事件が相次ぎ、政府の腐敗が大きく問題視された。

他方で、第1次モディ政権誕生から2年たった2016年の時点においても、トランスペアレンシー・インターナショナルが毎年発表している「腐敗認識指数」では、インドの順位は世界79位で、前政権から大きな変化は生じていない。同団体の別の調査結果では、過去1年間で公的機関のサービスへの見返りに賄賂を払ったと回答したインドの国民は、調査対象人数の約7割に上っている。2019年の発表でも未だインドの順位は80位であり、「ダーティ」なイメージを払拭できないでいる。経済の高成長を維持し、国際的な存在感を高めるには、経済活動の健全性や透明性の確保が必須であり、賄賂文化の払拭はインドの大きな課題と言えよう。途上国では、程度の差はあれ、汚職の存在は周知のことであるが、インドの場合は国家独立後の経済路線の影響が強いと言わざるを得ない。

現在の「ビジネス慣行」を規定する土壌には、企業の活力を抑制した経済政策の残渣《ざんさ》が滞留している。経済の自由化が本格化する1990年代に至るまで、インドの開発潜在力は「少しずつ」解き放たれていたが、その過程において、企業活動の展開には必然的に腐敗の要素が浸透する構造となった。

ネルー首相の企業不信

国家独立後の経済政策は、「ネルー社会主義」とも呼ばれる中央政府の規制色の強い混合経済体制を基本に展開された。初代首相ジャワハルラール・ネルーは、近代的な工業生産や技術への志向がある一方で、植民地時代の財閥に代表される経営方式への嫌悪感が強かった。このため、大企業への規制、公企業や公共部門の重視、小規模工業保護、及び輸入代替工業化が政策の特色となった。

これらの政策は、1991年に本格的な経済自由化が開始されるまで、インド経済を定義付けることになる。いわゆる「ライセンス・ラージ」（ラージは統治を意味するヒンドゥー語）」の時代である。

民間部門は、一定規模以上の生産単位の場合、事前に産業許可証の交付を政府当局から受けることが義務付けられた。これにより、新企業の設立から新規商品の開発や生産立地の変更に至るまで、すべて政府の統制下に置かれた。

また、鉄鋼、石炭、肥料などの「重要物資」は、価格、流通、供給量などが政府の許可制とされた。これらは、「産業開発・規制法」（1951年）や「重要物資法」（1953年）にもとづき正式な制度として実行された。特に財閥を含む大企業に対しては、1969年の「独占・制限的取引慣行法」の制定により、企業の拡張や合併などに関して、政府の特別の許可や審査を必要とした。

これに対して、主に低所得者層が経営主体となる小規模工業は保護された。大・中規模企業には資本財や中間財の生産、小規模企業には消費財の生産を割り振る分業体制がつくられ、小規模企業には消費財の生産を排他的に留保する制度がつくられた。また、小規模工業には、税金の軽減措置や政府による製品買上制度が適用され、その活動が優遇された。

公共部門を優先する政策も進められた。「産業政策決議」（1948年、56年改正）では、戦略的な重要性を有する17産業が指定され、公共部門がその任に当たることとした。これは国家主導の重工業化戦略を推進するもので、決議のなかでは、公企業の権限拡大と民間企業など私的部門への経済力集中の阻止が明言されている。ネルーの娘であるインディラ・ガンディーが首相を務めた1966年から77年の間には、商業銀行や石炭産業の国有化が実施され、公共部門の拡大が図られた。

さらに、外国からの輸入品は国産品と競合してはならず、重要品目しか輸入しないとする方針により、輸入代替工業化が強く志向された。これにより、輸入を許される中間財や資本財には割当制度が設けられ、消費財は原則輸入が禁止された。高い関税率や複雑な輸入許可手続きなどを通じて、政府による「輸入統制」が行われたのである。また、国産化推進や国産技術育成の観点から、外国企業の参入には制限がかけられた。

このような政府主導の混合経済体制が敷かれた背景には、植民地体制からの脱却を意図する「自立した経済」が国の目標として掲げられたことが大きい。国内の統合を図りつつ、低所得者層に配慮した地域間の均衡的な発展が重要視されたのである。このスローガンは長らくインドの経済政策を規定しており、現在のモディ政権も「自立したインド」を掲げ、国産化政策を採用している。

「ライセンス・ラージ」の成果として、産業基盤の形成時期に当たる1960年代半ばまでは安定した経済成長を記録したが（平均成長率4％強）、それ以後、80年代はじめまでは経済は減速基調（平均成長率3％弱）となった。特に工業部門は同時期に生産性が伸びず、長期停滞に陥った。外貨危機を発端として、1991年に本格的な経済自由化が進展すると、経済は成長回復基調となり、90年代を通じて6％強の成長率を実現した。

インドでは、この経済自由化を契機に、それまでの政府による様々な呪縛から民間企業が解き放たれ、ようやく経済の主体として手足を十分に伸ばして活動できる環境が整ったと言える。これにより、外国などから「永く眠っていた巨象がようやく動きはじめた」と注目を浴びるのである。

著述家のグルチャラン・ダース氏によれば、「ネルーは政府の計画方式が優れており、民間企業の競争は浪費と考えていた」とする。混合経済体制により、競争を排除したことで生産性の低さや質の悪い製品の供給などの問題が生じたが、「ネルーは活発な競争は企業が成功を学ぶ最も良い環境であることを理解できなかった」と同氏は指摘する。結局、インドがまっとうな資本主義の国になるには、後に政権を握るネルーの孫の代まで待たねばならなかった。

規制社会と負の影響

「ライセンス・ラージ」時代のインドの過剰な許認可制度は、民間企業に想像を絶する忍耐を強いたとの話をよく耳にする。例えば、技術開発の件で申請書を準備しても、役所の窓口で何の理由もなく受け取りを拒否されたり、仮に受領されても審査だけで数カ月以上を要した。書類に不備があれば最初からやり直しが必要となり、仮に審査で承認されても、複数の部署に書類が回され、同じ内容の審査が延々と継続される。ようやく最終決裁が下りると、今度は技術開発に必要な設備輸入に係る申請を開始しなければならない。最初の申請からすべての書類の決裁まで数年かかることもよくあり、その間に申請した技術が古くなる「悲劇」もたびたび生じた。

大手の財閥は自社の提出した書類がどの部署にあるかを把握するため、担当庁舎に詰める専門部署をデリーに設置し、随時役所の担当者と連絡がとれる工夫を行った。製品開発の場合、先着順に生産量が決まっていくので、同じ製品を複数の申請書で提出し、生産能力の枠を先取りすることが行われた。

そのような努力にもかかわらず、タタ財閥の場合、1966年から89年までに提出した新規事業開始などの申請書が100件以上も承認されずに終わったと言われる。ビルラ財閥が東南アジアで事業を展開したのは、この「ライセンス・ラージ」に振り回されないようにするためであった。

政府当局担当経験者の話では、多くの場合、審査する側の役人に当該技術の知識はなく、申請内容を十分に理解することもなく、ただ、仕事を減らすために書類を拒絶することがもっぱらだった。役人の態度は横柄であり、会議の時間を突然設定するが、移動に無理な時間であったり、仮に庁舎に到着しても、数時間待たせることは日常茶飯事であった。

このため、申請側としては、書類を早く処理してもらうために便宜を図ることが通常となり、賄賂文化が蔓延した。今でも当局の許認可が必要な事項は存在しており、この賄賂の慣習は色濃く残る。

企業と政府の関係にとどまらず、前述のように、国民も日常生活で公的サービスに賄賂を払うことが常態化している。州政府や自治体に対し、水道契約、出生届け、結婚証明書交付、病院の優先入院、等々について、許可の取得や順番を早めるために金銭の「奉納」が行われている。この仕事を生業とする「斡旋者」が存在し、便宜を図るシステムが根付いている。

以前は、空港の税関でも同じような光景が見られた。１９９０年代の話として、日本企業の社員が税関職員にいつでも渡せる「物品」を鞄に忍ばせておいたエピソードは有名である。意地悪な税関職員にスーツケースのなかを長時間いじり回されるのを予防するためである。役所のデジタル化に最も反対したのは税関職員との話もある。自らの「裁量」が消えてしまうからである。

経済統制による弊害は、許認可手続きの非効率さや技術や資本の無駄な配分などに加え、能力や知識に富む起業家精神旺盛な人材のやる気を奪うことにある。「ライセンス・ラージ」に翻弄されることを嫌った起業家は、海外に職を求め、欧米に脱出した。これらの知識層がアメリカやイギリスなどからインドに戻る傾向が顕著になったのは、経済自由化が軌道に乗り、経済成長の成果が明らかになった2000年代のことである。

日本がキャンパス建設などの支援をしているインド工科大学ハイダラーバード校でも、アメリカの有名大学のポストを捨てて教授職に就いた男性がいる。その男性は、「インドは着実に変わりつつある。国が発展する可能性は大きく、インドのために働きたい」と帰国の理由を語った。社会的企業の経営者のなかにも、同様の理由で外国からインドに戻ってきた面々がいる。

「ライセンス・ラージ」が残したビジネス慣行への影響は大きいが、規制文化の後退は明らかであり、今後、経済活動はより活発化し、人的資源の蓄積が着実に進むに違いない。

2　インフォーマル雇用と社会保障

出稼ぎ労働者の苦難

コロナ禍でインド国内の経済活動は大きな影響を受けたが、なかでも注目されたのは出稼ぎ労働者の境遇であった。

2020年3月末から同5月末まで実施された全土ロックダウンにより、多くの出稼ぎ労働者が失職した。都市部の建築現場などで軒並み工事が中断し、雇用者から給金の支払いが滞り、収入が途絶えた。仕事を失った出稼ぎ労働者に対し、自治体や民間団体から食料配給などの支援が行われたが、多くの出稼ぎ労働者は生計が立たないため、いったん故郷に帰ることを決心する。出稼ぎ労働者は貧困州であるウッタル・プラデーシュ州やビハール州の出身が多いが、鉄道などの公共交通機関も運行をストップしたため、自力で帰るしか手段がなかった。このため、数百万人規模の出稼ぎ労働者が都市部から故郷に徒歩などで帰る姿が、数多く報道されることになった。距離で言えば、首都ニューデリーからビハール州の州都パトナまでは約８５０㎞。東京から福岡までの道のりに相当する。この移動には、小さな子どもを連れ、大きな荷物を背負った家族の姿も多く見られた。徒歩で移動している最中に病気や栄養失調で亡くなった人々もいる。

故郷に徒歩で帰る出稼ぎ労働者

出所：The Leaflet、2021年1月

インドの出稼ぎ労働者は多数存在しているが、その人数については正式な統計がなく、国際機関は数千万人規模と見積もっている。その多くは農村部出身で教育程度や所得が低く、地元に良い就職先がないため、少しでも良い収入を求めて都市部に出稼ぎに出る。

出稼ぎ労働者の多くは地元の知り合いや都市部の親戚などの縁をたどり、職の情報を入手する。職の種類は建築現場作業員、リキシャ（三輪タクシー）の運転手、廃品回収、守衛、など多様である。なかには出稼ぎ労働が常態化し、10年以上も故郷を離れて都市部に住みつく例もある。もはや、出稼ぎが本稼ぎとなり、都市部の不安定な就労がこれらの人々の本業となっているのである。

出稼ぎ労働者に限らず、コロナ禍で失業した労働者等への対策として、インド政府は公的扶助制度を拡充し、給付金支給、食料配給の増量、農民への現金支給前倒し、貧困ライン以下の高齢者や寡婦に対する現金支給、などを実行した。

また、出稼ぎ労働者を念頭に置いた建設業従事者への特別手当支給や、従業員退職準備金制度での企業と個人の拠出金軽減などを行った。拠出金については、該当する新規雇用者と企業の双方の負担額（合計で基本給の24％）を政府が2年間の時限付きで補助する内容である。これらの社会保障の充実や制度改定に対しては、日本も「新型コロナ危機対応緊急支援円借款」により支援を行っている。

このようにコロナ禍は、インドの雇用構造の脆弱さを改めて浮き彫りにした。従来に増して、インフォーマル部門に属する労働者の権利確保に注目が集まるようになったのである。経済成長に雇用機会の創出は必要であるが、雇用の「量」に加えて、労働者の雇用環境を含む「質」の問題への取り組みが、インドの抱える大きな課題となっている。

途上国の雇用形態の特徴

途上国ではインフォーマル経済に多くの労働者が就労している。インフォーマル経済とは、法人格のない企業の経済活動と法人登記されている企業の非正規雇用者の活動を含む概念である。すなわち、制度的な監督や国家の登録制度の範囲外で行われる「規制されない経済活動」を指している。必ずしも違法なブラック活動を意味するわけではない。日本でも、大学生が派遣会社などに登録せず、個人で家庭教師業により収入を得る場合などは、インフォーマルな経済活動に当たる。

インフォーマル経済の規模は、途上国ではＧＤＰの大半に達するケースもある。そこに従事する労働者は、法律で定めた労働基準や社会保障制度の保護から外れ、課税の対象にならない。途上国の都市でよく見かける露天商、廃品回収人、自転車タクシーの運転手、日雇い労働者などの職業がそれに該当する。

これらの労働者の種類として、大きく賃金労働者と個人事業主があり、賃金労働者は、季節労働者、日雇い労働者、パート労働者・アルバイトなどが代表的である。個人事業主は、従業員を抱える事業主と従業員のいない自営業者に分けられる。インフォーマル部門の雇用の多くは、個人事業主の形態とされる。

経済協力開発機構（ＯＥＣＤ）の調査によれば、世界の途上国の平均で見ると、非農業部門の労働者の半分以上がインフォーマル経済に従事している。

このインフォーマル経済に関する研究では、過剰都市化論や二重経済構造論が有名である。前者は、工業化で生じるはずの近代部門が都市部で成長しないため、農村から移動した労働者の多くが職にあぶれ、低生産性や低賃金を特徴とするインフォーマル経済が膨張したとするものである。後者の理論では、労働者を送り出す農村で非市場的な経済慣行があり、村民の間でサービス交換などの資源配分や所得分配が行われ、雇用のシェアリングが行われているとする。すなわち、伝統的部門の農村部は潜在的失業を抱え、自由競争の作用しない非効率的な部門として位置付けられる。

このため、二重経済構造論によれば、農村部の潜在的失業者を都市部の近代部門で吸収し、労働生産性と雇用率の向上を図ることが、経済開発の方向性ということになる。

先進国では、国の経済成長を通じた近代産業部門の拡大に伴い、インフォーマル部門の雇用は減少する傾向にある。国の所得水準とインフォーマル雇用の関係を具体的に示したのが、表4－1である。既存の公表資料にもとづき、非農業分野のインフォーマル部門の雇用について、アジア地域の複数国の状況を1人当たりのGDPとともに示した。

対象国数は限定的であるものの、1人当たりのGDPの上昇に伴い、インフォーマル部門の雇用割合が概ね減少傾向にあることがわかる。すなわち、経済発展によって、フォーマル部門の雇用規模が徐々に増加している。

表4－1を見ると、インドでは労働者の78・1%がインフォーマル部門で就業している。同雇用形態に類似の概念として、インド政府は組織部門と非組織部門の雇用に係る統計を公表している。定義としては、工場法や会社法に登録していない非組織部門に従事する労働者が、インフォーマル部門の雇用に当たる。

2011年度において、非組織部門に従事する労働者の割合は国全体で約82%を占めている。その構成は、農業分野の従事者が全体の49%、製造業の従事者が同8%、非製造業とサービス業の従事者が同25%であった。

通常、工場法や会社法に登録しない非組織部門の団体は、各種労働法や環境規制等を回避することができる。極端に言えば、これらの団体は、従業員の労働基本権を重視せずに経済活動を行うことが

表4-1　非農業分野におけるインフォーマル雇用の割合と1人当たりGDP

国名	雇用割合（対象年）	1人当たりGDP（2016年、USドル）
日本	16.3%（2010年）	38,972.3
韓国	28.8%（2014年）	27,608.2
タイ	42.3%（2010年）	5,910.6
中国	53.5%（2013年）	8,123.2
ベトナム	57.9%（2008年）	2,170.6
スリランカ	62.2%（2013年）	3,835.4
パキスタン	70.8%（2015年）	1,443.6
インド	78.1%（2012年）	1,709.6
インドネシア	80.2%（2016年）	3,570.3
バングラデシュ	82.0%（2013年）	1,358.8
ミャンマー	82.3%（2015年）	1,196.1
カンボジア	89.8%（2012年）	1,269.9

出所：松本・近藤（2020）より作成

可能なのである。

インドで失業したら？

インドでは、正式に会社登録をしている組織部門の企業は、企業年金制度や保険給付制度に従う必要がある。具体的には、「従業員退職準備金制度」や医療保険・労働災害補償を対象とする「従業員国家保険制度」などで定める規則を遵守しなければならない。

前者は20人以上の従業員を有する事業所が対象であり、毎月の給与から一定の金額を事業主と従業員がそれぞれ積み立てる。退職の際は、勤務年数と月給の乗数により、相応の金額が企業から支払われる。「従業員国家保険制度」は、従業員10人以上の工場や同20人以上の店舗に適用され、傷病手当などに対する現金給付や労災費用、また、失業保険が対象となる。

非組織部門では、これらの制度は任意加入にとどまっているため、労働者に対する保障は脆弱である。すなわち、ほとんどの非組織部門は、これらの社会保険制度に組み込まれておらず、労働者が失業すれば次の就職まで収入は途絶えることになる。非組織部門の労働者が国内全体で8割を占める現状では、年金や保険の制度が有効に機能しているとは言い難い。

農村部からの出稼ぎ労働者は、都市部の建設現場などで働く場合が多いが、通常、雇い主との間で雇用契約書は交わさない。このため、労働者の権利が確保されず、突然の解雇や給与の不払いなどに対して、すこぶる脆弱な立場にある。

実際、グジャラート州の建設労働者やデリー首都圏の三輪リキシャ引きなどを対象とした既存の研究では、雇用保障や所得保障などの面で出稼ぎ労働者への配慮が乏しいことが示されている。

また、これらの研究では、①ほとんどの労働者が農村出身であること、②労働者の教育水準が低く、読み書きができない者が半分を占めること、③出稼ぎが恒常化し、10年以上従事している人数も相応にいること、④多くが前職からインフォーマル雇用を継続していること、などが出稼ぎ労働者の共通点として挙げられている。

都市部で働く家政婦や守衛などの職業も似たような境遇だ。地方の村落出身者が多いが、企業からの正式派遣を除けば、給金や労働時間は家主との口約束がほとんどだ。コロナ禍によるロックダウンで外出禁止となり、外国人の多くが帰国した際には、職にあぶれる家政婦、守衛、運転手などが続出した。退職金や不在期間の給金が支払われるか否かは、家主の意向次第だ。

出稼ぎ労働者は、出身地での地縁や出稼ぎ先の有力者との関係を通じて、宿泊所の確保など、互助システムにより失業リスクを軽減している。いわゆる「セーフティネット」であるが、制度に頼れない労働者は自力でネットワークを構築しなければならない。

インドに限らず、多くの途上国では、未だ労働者の多くがそうした状況にあると言える。労働人口の大きさを考えれば、インフォーマル部門における社会保障の拡充は、インドにとって「雇用のラストマイル」を埋める重要課題として位置付けられる。

世界最大の雇用プログラム

それでは、失業者に対するインド政府の対策はないのだろうか？　実は、失業者を含む労働意欲のある者に対して政府が就労機会を提供する制度が存在する。２００５年に導入された「全国農村雇用保証法」（現「マホトマ・ガンジー全国農村雇用保障法」）は、農村地域の住民に公共事業への参加機会を提供する制度である。具体的には、就労を希望する地域住民に年間１００日間の労働保証を行う。

同制度では、希望者が地元当局に申請してから15日以内に雇用機会を得られることが定められている。そのため、仮に申請が実施主体側の都合で通らない場合には、州政府は一定の失業手当を希望者に支払う。また、女性の労働参加を促進するため、地元当局は就労機会の与えられる労働者の3分の1以上を女性とする義務がある。対象となる就労数が莫大な規模になることから、本制度は「世界最大の公的雇用プログラム」と称されている。

この法律の成果として、農村地域で就労機会が保障され、住民の生計安定に貢献しているとの評価がある。また、対象世帯の所得も制度導入以前より向上しているとされる。他方、対象世帯が農村地域に限定され、都市部での失業者が除外されることや、賃金水準が農業従事者の最低賃金以下であることが課題となっている。賃金や失業手当の支払いが滞るなど、事務手続きの問題が生じていることも報告されている。

現行の制度に従えば、出稼ぎ労働者でも都市部で失業した際には、故郷の村に帰れば最低でも約3カ月分の就労機会が保障される。その意味で、この制度は非組織部門の労働者に対する一種の社会保障システムとも言えよう。

実際にコロナ禍の影響で地元に戻った出稼ぎ労働者への対応として、中央政府はこのプログラムの予算手当を増額し、雇用機会の提供に力を入れている。過去数年間の統計では、年間20億人・日の雇用実績があり、これは100日間の労働期間で単純に割ると年間約2000万人の就労に当たる。コロナ対策が継続されるなかで、この人数は増加している状況だ。また、地元に戻った失業者に対しては、州政府が独自に技能研修などの支援も行っている。

コロナ対策の項目としてだけでなく、国内において雇用確保のラストマイルを埋める努力は、今後ますます重要度を増すだろう。

コラム

驚きの国鉄職員数

インドの鉄道網は約6万8000㎞（日本のJR管轄の鉄道網は約2万㎞）に達し、世界有数の総延長を誇っている。イギリス植民地下で鉄道の建設が開始されたが、最初の路線は現在のムンバイ近郊に1853年に敷設された。これは、日本で東京と新橋を結ぶ最初の路線が開通した1872年より約20年早い。

インド国鉄の設立は1845年だが、藩王国（267ページ参照）や富裕な資本家が領内に独自の鉄道網を敷いたため、インド独立時の1947年には40を超える鉄道システムが存在したとされる。1915年に南アフリカから帰国したガンジーが最初に行ったことは、国内事情の把握のため、鉄道を利用して各地を視察することであった。遠隔地も含め精力的に移動した史実からしても、当時すでにインド国内に路線が広く敷かれていたことがわかる。

インドでは、昨今の急速な経済発展に伴い、貨物輸送量が年10〜12％で増加し、既存の貨物鉄道の輸送能力は限界に近づいている。国内随一の消費地であるデリー首都圏と、インド大陸有数の港湾都市であるムンバイ、コルカタ、及びチェンナイを結ぶ「黄金の四角形」の路線が混雑しており、貨物輸送量は全国の約65％を占める。このため、インド政府にとって貨物鉄道の大容量化・高速化は喫緊の課題であり、現在、総延長約2800㎞の貨物専用鉄道（Dedicated Freight Corridor：DFC）の建設を進めている。

このうち、日本はデリー～ムンバイ間約１５００㎞の鉄道建設に対し、円借款による支援を実施している。完成すれば、現在約３日間かかっている同区間の輸送時間を24時間以内に縮められる。貨物鉄道以外にもムンバイ～アーメダバード間約５００㎞を結ぶ高速鉄道事業が進行中だ。

日本が支援する貨物鉄道事業の工事現場（グジャラート州）

さらに、鉄道事故が多い国内の事情から、鉄道安全に係る技術協力を行っている。鉄道省や関係機関の職員を日本に招聘し、事故調査の方法や線路の維持管理手法等について習得するプログラムだ。

さて、日本の支援する各事業の進捗や課題について、日々鉄道省と協議しているが、たまたまインド国鉄の職員数を聞いた時は耳を疑った。「職員数？　えーと、確か１３０万人ぐらいかな」。鉄道省の担当局長は淡々と口にしたのである。日本で言えば、山口県や愛媛県の人口に匹敵する規模だ。ちなみに、日本の国家公務員数は約58万人、日本最大企業トヨタの全世界の職員数は約37万人、ＪＲ６社の職員数合計が約10万人である。

世界ではウォールマートの約２３０万人や中国石油天然気集団公司の約１５０万人など、小さな国家の人口に匹敵する従業員を抱える企業・団体はあるが、インド国鉄もまさしく世界最大規模の機関と言えるだろう。

2018年には、同省の技術者や警備員など合計10万人の新規採用枠に約2000万人の応募が集まったとの報道があった。そもそも採用枠が桁違いであるが、応募人数はさらに想像を超える規模である。担当局長に「2000万人に上る応募者からどのように適切な人材を選ぶのか」と聞くと、「全国16に分かれる鉄道管区の各国鉄のオフィスが手分けして選定する。なんでそんなことを聞くのか?」と不思議な顔をされた。

さらに続けて、「この前、ある鉄道管区でお茶汲みの募集広告を新聞に出したら、大卒も含め5万人の応募があった。よくある話だ」と、静かな口調で答えてくれた。このエピソードだけでも、就職が思うようにいかない若者の状況と、雇用創出に苦労するインドの一端がうかがえる。職員採用には、政治家や政府高官などが絡む情実人事が多いとの話も漏れ聞こえる。鉄道省に限らず、職を求める若者の間では、競争の激しい「サバイバル状態」が当分続くであろう。

3　カースト制度とダリト（不可触民）ビジネス

映画に出てくるカースト制度

インドで生活していると、カーストに端を発する痛ましい事件やデモ活動のニュースに接することが多く、カースト由来の差別や偏見が歴然と存在することを実感する。特に社会の最下層に位置付けられるカースト外の不可触民（ダリト、「抑圧された者」の意味）への暴力沙汰やその過酷な労働環境は、社会の厳然たる実相を如実に表している。

インドでは、皮革工業、食肉解体業（マハール）、清掃業などの職業に伝統的にダリトが従事してきた歴史がある。現在でも世襲制は残り、その貧困率は高い。地方の村落では、集落から離れた場所に孤立して居住している場合もある。インドの映画でも、ダリトや低カースト層への差別やその生活苦などを描写した場面がたびたび登場する。

「スリーイディオット（邦題「きっと、うまくいく」）」などのヒット作が多いアミール・カーン主演の「ラガーン」は、イギリス植民地時代にイギリス人の搾取に対抗する村落の人々を描いた映画である。

統治側が課す耕作物の貢納に対し、日照りのために不作が続く農民がその負担軽減を強く懇願する。これに対し、地域を治めるイギリス人がクリケットの試合を提案し、農民側が勝てば貢納を取り消す約束をする。

物語は、アミール・カーン演じる農民側の若者（主人公）が様々な苦労と工夫でチーム編成を果たし、即席の農民チームとして試合に臨み、最後はイギリス人チームに勝利する筋書きになっている。

この映画のなかで、ダリトの男性をめぐって一悶着起きる場面がある。チームメンバーの編成に苦労し頭を悩ませた主人公は、ある時、村の外に住むダリトの男性に声をかける。

その行為に他のメンバーが大層驚き、口々にその男性の参加に強い反対を唱える。彼らは、「不可触民に近づきたくない」「不可触民が触れたボールに触りたくない」と露骨に文句を言うのである。村人の反応を理解するダリトの男性もどうしてよいかわからず、困惑した表情で様子を見ている。

結局、この男性が不自由な右手を使って変化球を投げられるとわかって、メンバーたちはチームに迎えることに渋々納得する。ダリトの男性も恐る恐る練習に参加しはじめ、徐々にチームになじんでいく。そして、本番では得意の変化球を使って、大活躍をするのである。

同じく、ナワズディン・シディキィ主演の「シリアスマン」は、現代のムンバイを舞台に低カースト出身の境遇に悩む父親が主人公の話だ。子どもの立身出世を願って、知性豊かな天才児を演じさせることから起こる悲喜劇を描いている。

主人公が子どもをキリスト教系の私立学校に入学させるため面接に赴いた際、面接官から「どこの出身か？」と聞かれ、「どこのとは、出身地を指すのか、所属している階層（カースト）を指すのか？」と逆に問い詰める場面がある。そして、「今の世のなかでは、どの階層に属しているかはこのような場で聞いてはいけないことになっている。そのような質問は不適切だ」と感情を露わにする。

この物語は、子どもが装う才能がテレビや政治イベントで脚光を浴びるようになるが、うそを演じる親子の間に葛藤が生じ、最後に子どもが集会の場でそれまでの事実を正直に告白して普段の生活に戻るという結末である。

映画の後半部分で、低カーストに生まれ、貧しい生活を余儀なくされた過去を主人公が回想するくだりがある。子どもに無理な演技をさせ、背伸びをさせていたことを反省するその場面は、この映画のテーマを凝縮している。このように、カーストによる差別の問題は、映画のなかで頻繁に取り扱われている。

インド人は自分や他人がどの階層・サブカーストに属しているかを知っており、名前を聞けば、所属しているカーストの判断が可能である。このため、名前を変える低カーストも存在する。インドの憲法はカーストによる差別を禁止しており、法律上で人権は保障され、ダリトのなかから大統領や大臣になった人々もいる。

他方、地域によって、ダリトに井戸の共同使用を認めなかったり、寺院への参拝を禁止するところもある。ダリトが寺院に立ち入ることを制限している州は未だ多く、仮に裁判で立ち入りを認める決定が出ても、それを拒否する寺院も存在する。

上位カーストによるダリトに対する暴行などの事件は、警察に報告されるものだけで年間数万件以上に上っている。公の場でダリトの同席を嫌がることなどは日常茶飯事だ。それぞれの階層の人口については、現在は正式な統計が存在しないが、ダリトの数は約2億人とされ、人数だけで見れば、人口規模で世界第6位のブラジルに匹敵する。このダリトの境遇を含むカースト制度への理解抜きには、インドの社会構造を把握することは困難と言えよう。

図4-1　カースト制のイメージ

カースト（ヴァルナ）	旧来の職業カテゴリー
バラモン	司祭・僧侶
クシャトリア	王侯・武士
ヴァイシャ	地主・商人
シュードラ	隷属民
ダリト（不可触民）	穢れの仕事に携わる賤民

（バラモン～シュードラ）職業別に約3,000のサブカースト（ジャーティ）があると言われる

出所：増田（1973）等より作成

カースト制度の特徴

カーストの序列は、よく知られている通り、バラモン（僧侶）、クシャトリア（戦士）、ヴァイシャ（庶民）、及びシュードラ（奴隷）の色を表すヴァルナと呼ばれる4階層に分かれる。ダリトはその外に位置し、アウト・カーストとも言われる。階層ごとに職業・地縁・内縁を特徴とする数千に及ぶジャーティと呼ばれるサブカーストが構成され、親の職業を子が引き継ぎ、同じジャーティ内で結婚するのが伝統的な姿だ。

カーストを「制度」と称すると、その変革が可能な印象を与えるが、インド国民の多くが信奉するヒンドゥー教と不可分の関係にあり、かつ、長い歴史を経て生活の隅々まで浸透しており、因習や文化として根付いている。そのため、カーストそのものが社会の成り立ちを指すと言っても過言ではない。

インドと言えば、ヒンドゥー教の前進となるバラモン教の時代から、ウパニシャッド哲学による輪廻転生思想や人が背負う宿命「業・カルマ」の考えが浸透している。これに従えば、現在のカーストに生まれたのは、前世の行いが原因であり、その宿命をまっとうすることで、「次の世では高位のカーストに生まれ変わる」との

考えが深く根付いている。

ヒンドゥー教徒と言っても、特に若い世代はそのような考えを信じない風潮もあるが、輪廻転生や「業・カルマ」の概念は、現在のカーストの身分を自ら宿命として受け入れる役割を果たす。

カースト制度には一般にどのような特徴があるのだろうか？　改めて列挙すれば、①上位から下位まで階層の序列があり、バラモンを最高位として所属カーストが明確に分かれている、②ジャーティは職能と不可分で世襲及び内婚を基本とする、③異なったカースト間では共食を制限する、④上位カーストが下位カーストに接触すると穢れの恐れを抱く、などが挙げられる。

インド憲法の父とされるアーベンド・カルは、ダリト出身で、階層による差別の解消に一生を捧げ、国内ではガンジーと並んで国の英雄として称えられる。彼が子どもの時のエピソードとして、他人が使う水甕に触れることを許されずに渇きに耐えたことや、不浄を理由としてヒンドゥー教の寺院へ入れてもらえなかった話などが残っている。その体験をバネとして、彼は既存の社会制度と戦うことを決意する。カースト制度を維持しようとしたガンジーとの確執は有名な話だ。

一方で、カーストを基盤とする村落社会は、カースト同士の相互依存体制で成り立っており、村落内の分業によって秩序が維持されているとの見方がある。村のなかで、大工、仕立て屋、陶工、洗濯人などの異なるカースト同士で特定の間柄による財やサービスのやりとりがあり、世襲的な家族間の付き合いを通じて、それぞれの職業や生活が成り立つとするものである。この場合、必ずしも金銭の交換を必要とせず、穀物の提供や物品の修理などで相互の関係が維持される。

インドでは、この体制は「ジャジマーニーシステム」あるいは「アーヤシステム」と呼ばれ、カースト集団による分業により、村落が「生産単位」として機能する状態を表している。村落の営みを成立させる一種の商業システムと呼べるかもしれない。

現在でも、インドの地方の村を訪問すれば、10～20の異なるカーストがそれぞれの集落に住みながら、村の行事や日々の営みで役割分担をして暮らしていることがわかる。このように、カーストは単なる身分制度ではなく、村落内の経済・社会構造に深く根差した体制として機能している。

これらのカースト制度の特徴を見ると、インド国内に広範に浸透し、強固な社会基盤となっている印象を抱くが、カーストの序列自体は必ずしも固定されているわけではない。すなわち、時期によって、ジャーティの階層順位が変わる現象も起きている。

また、法律の適用や世論によって、従来に比べれば、カーストを理由とした生活面での露骨な差別は軽減されつつある。特に都市部においては、カーストを意識するのは結婚の時だけと考える人も多く、知人のインド人の多くはそのような意見を持っている。

一方で、ダリトを含む低位カーストへの優遇政策が社会問題化し、カーストの地位向上の問題が政治運動に結びつく現象が起きている。

留保制度の光と影

インドでは、カースト間の格差是正を目的として、植民地時代から被抑圧層に対して保護的差別政策が実施されてきた。独立時の憲法制定作業に携わったアーベンド・カルは、被抑圧層に対する平等な扱いを実現するため、教育や雇用の面で優遇制度を主張した。

この考えが憲法第46条に反映され、ダリトを「指定カースト」、地理的要因で排斥されてきた先住民族を「指定部族」、さらに、カーストのなかで特に社会的に不遇な状況にあると見られる階層を「その他後進階級」として、留保制度を含む優遇措置が採用された。

具体的な措置の内容は、選挙、雇用、教育、保健衛生、住宅、などの分野において、議員枠の優先割当、公務員の雇用枠確保、奨学金割当制度、入学対象枠の設定、低利住宅の優先提供など、多岐にわたる。このうち、特に教育と雇用における留保制度が中央及び州政府に用いられ、公務員の優先雇用と大学入学試験の合格枠が一定の比率で設けられている。

中央政府の管轄する機関においては、雇用枠全体の15%が「指定カースト」、7・5%が「指定部族」、27%が「その他後進階級」に配分される。州での配分割合は一律ではなく、各州の決定にもとづき行われている。

例えば、南のタミル・ナードゥ州やカルナータカ州での配分割合は50%以上であり、ビハール州やウッタル・プラデーシュ州では40%程度である。州内の「指定カースト」や「指定部族」の人口構成の状況や留保制度がどの程度政治化しているか、などの要素がこの割合に影響している。

この優遇措置により、それまで教育機会や雇用へのアクセスが限定されていた被抑圧層には社会進出の門戸が開かれ、実際に進学や公的セクターでの雇用の数は増えてきた。政治の世界や企業のなかでも被抑圧層の存在感が増し、所得の増加などと相まって、階層の地位向上が図られたことは明らかである。

未だ貧困率は相対的に高く、職業の世襲や学校の進学率が上位カーストに及ばないのは事実であるが、被抑圧層の優遇制度は国内で広く定着し、その効果が着実に表れていると言えよう。

ただし、アメリカなど、留保制度を講じる他国の例にあるように、留保の対象とならない階層からは制度に反対する声が出ている。代表的なものは、入学枠から漏れた高位カーストの生徒が、自分より点数が低い被抑圧層の合格に対して、その不平等な扱いを糾弾する事例である。留保制度の導入に関し、1980年代に支持者と反支持者の間で流血事件にまで至ったグジャラート州では、抗議の声を上げた生徒のなかに自殺者が出る事態となり、今でも論争が継続されている。

また、被抑圧層が留保制度で特定されることで、逆に所属カーストにもとづくアイデンティティを高め、カースト間の対立を引き起こしたと主張する向きもある。これは、優遇されない高位カーストの間で特定のカーストへの憎悪や偏見を増長させたと考えるものである。さらに、一定の人口を擁する被抑圧層を支持基盤としたい政党は、優遇措置の拡大などを約束し、高位カーストなど既得権益を基盤とする政党と地盤争いを繰り広げている。

実際に、政党のなかには「その他後進階級」の地位を認められていないカーストに対して、支持確保のために留保制度の導入を政策に掲げ、選挙運動を展開する場合がある。これらの階層は、他のカーストに比べて経済面で不利な立場にあることを主張し、留保政策を掲げる政党に期待するのである。実際に支持する政党をめぐって、低位カースト同士が争う場合もある。カーストが入り乱れてその地位を争う様相だ。

職場のインド人職員が「カースト問題は今や政治と不可分だ」と言った意味が理解できたのは、インドに赴任して、現地の実情にある程度詳しくなった後のことである。

民間企業の反応

2000年代になって、マディヤ・プラデーシュ州の「ボーパール宣言」（身分による差別撤廃のため、民間部門へ留保制度導入などを求める内容）を契機に留保制度を民間企業にも適用する議論が起こった。

その際、企業側からは制度の導入を強く警戒する意見が出された。企業側の見解では、「被抑圧層の優遇措置は、ヒンドゥー教にもとづく社会内部に生じた歴史的不正に対する補償の意味合いがあり、それは公的部門にのみ適用されるべきだ」ということになる。

従来、民間企業が留保制度に口をつぐんできたのは、政府の経済統制下において、政府の意向に従う姿勢を示すためとされる。1991年に経済自由化が本格化し、政府への遠慮が不要になったこともあり、民間企業は民間部門への留保制度導入に対して明確に反対を表明したのである。

当時、財閥系のバジャージに代表される企業は、導入反対の理由として、「民間企業は品質が命であり、厳しい競争を勝ち抜くには能力以外の雇用理由は企業の効率を損なう」ことを挙げた。さらに、自社の社員構成を明示し、「指定カースト」などの被抑圧層が全体の3割強を占めるため、雇用に差別のないことを主張した。

これに対し、被抑圧層や有識者から反論があり、そもそも教育機会へのアクセス問題など、雇用にたどり着くまでに不利な状況である点や、すでに企業側の既得権益層である高位カーストが有利な立場にある点などが挙げられている。その後も議論は継続しているが、今のところ、民間企業への留保制度導入は法律的な義務付けにはなっていない。

現在、大手の多国籍企業では、雇用における多様性（ダイバーシティ）を自らの市場戦略に位置付け、企業の強みとする風潮が見られる。様々な出自や考え方が変化の激しい市場への適応力を高めるとの観点によるものである。

インドの企業が同様の考え方をとる可能性はあるだろうか？　現実を見ると、未だ市場の成熟度や被抑圧層の経済的な地位の低さ、また、余剰人材の豊富さなどから、この考え方は浸透していない。そもそも失業の解消が大きな課題となっている状況では、雇用の多様性に企業の注目が及び、力点が置かれるまでには相当の時間がかかることが予想される。

民間企業の雇用において被抑圧層がより重視される取り組みや工夫は、今後の検討課題と言える。この観点で、第3章で論じた低所得者や障害者を対象にする雇用モデル型の社会的企業の活動は、実際の事例として注目に値する。これらの社会的企業の実績は、低カースト層の雇用を考えるうえで貴重な参考例となるに違いない。

ダリト商工会議所

下水管を素手で清掃したり、不衛生なごみ処理作業に従事したり、過酷な労働状況がたびたび報じられるダリトであるが、なかには企業を経営して社長や会長になっている人々もいる。2013年、カマニ・チューブのカルパナ・サロジ会長はそれまでの産業分野での功績が認められ、パドマ・シュリ（インドで文民に贈られる勲章）を政府から授与された。

サロジ氏は、銅や銅管を製造する同社の再建を成功させ、砂糖業や建設業にもビジネスを拡大し、企業グループの売上は年間200億ルピー（280億円）に達した。同氏がダリト出身でかつ女性であることも注目を浴びた理由であった。カースト制と家父長制に対抗して自ら成功を収め、ダリトの人々に大きな励みを与えたことが賞賛された。

サロジ氏は貧しい村で生まれ、地元の因習に従い12歳で結婚を余儀なくされたが、嫁ぎ先で過酷な境遇に遭い、離婚後自殺未遂までした経験を持つ。その後、ムンバイに移り住み、織物工場で働きはじめ、貯金を元手に洋服店を開く。事業は少しずつ拡大し、やがて自ら工場を運営するようになった。そのような時にカマニ・チューブ再建の依頼が舞い込み、周りの反対を押し切ってその難題を引き受けたのである。

当時の同社は、多額の負債と、140件にも上る訴訟を抱えていた。彼女はこの状況を数年で解決し、業績を回復しただけでなく、利益を計上するまでに変貌させた。負債は完済し、数年にわたり遅配されていた給与も約6000人の従業員すべてに支払われた。サロジ氏の経営手腕が従業員の生活を支えたのである。さらに、企業経営をしながら、失業者の就労支援を行う団体も立ち上げ、非営利活動として運営に従事している。

同氏のようなダリト出身の会社経営者により、2005年に立ち上げられたのが、ダリト商工会議所だ。団体の活動として、ダリトの若者による起業を支援し、企業間の連携や情報共有を進め、会社の業績向上を後押しする制度の導入を政府に働きかけている。企業活動の促進のため、国内のダリトの雇用状況やビジネス上の課題などの調査も実施している。現在、国内計18州に支所を展開し、自営業も含め、すでに6万社の参加がある。

同団体の1つの成果が、政府調達の割当確保である。これは、中央政府機関が行う調達行為のうち、全体の4%はダリト企業に充当するというものである。これにより、年間約2400億円の市場がダリト企業に開かれた。また、ダリト企業を対象にした銀行保証制度なども新たに導入され、ビジネス環境の向上が図られている。

未だに残る課題

他方で、同団体は、ダリトの企業活動において依然として残る課題を指摘している。そのなかで特に主要なものは、金融へのアクセスと他企業とのビジネス関係の構築である。特にダリトの経営する中小企業は十分な担保を有していない場合が多く、銀行融資を受けるのが容易ではない。また、カースト間の制約から人的ネットワークの構築が脆弱で、人的かつ物的な資源獲得に難がある。

さらに、上位カーストが経営する企業からビジネスを拒否される場合もある。同団体の幹部が「ダリトへの偏見は強烈で、インド人の考え方が変わらない限り、現状の改善は難しい。ビジネス上の困難は多いが、自分たちが動かなければ何も変化しない。政府の調達割当も実績に乏しく、引き続き働きかけを進めたい」と熱心に語っていたのが印象に残っている。

これらダリト企業を支援するため、タタグループは投資などを通じた協力の構築を図っている。最近ではデリーでダリト経営者が営むヘルメット会社（チャンダン）の株式を購入し、企業のパートナーとして協働することを表明している。タタグループはダリトの雇用も積極的に行っている。

インドを代表する同財閥の動きに合わせ、大企業約700社を会員とするインド工業連盟もダリト商工会議所との関係を深め、企業間のネットワーク構築や雇用促進について活動を行っている。現モディ政権もダリト商工会議所の取り組みに協力する姿勢を示しており、これらの活動は一層国内に拡大すると見込まれる。

ダリト商工会議所は海外にも展開しており、日本では京都で人材紹介業を行うバンダーレ・チャイタンニャ氏が代表を務めている。同氏はインドの大学を卒業後、京都大学の博士課程を経て、日本で大学の講師を務めつつ、インド人のエンジニアを日本企業に斡旋することを主業務とする会社を経営している。

同氏曰く、「自分も出自で苦労した覚えがあり、未だダリトが厳しい環境に置かれているのは事実。インドの企業にはダリトに対する偏見が残っているため、ビジネス上の制約はあるが、最近は成功している人たちも増えており、日本でも商工会議所などと協力を始めたい」。ちなみに、同氏の場合、インドの大学入学時には留保制度は使わず、自力で合格したそうだ。

従来、「不浄」とみなされる職業に就き、社会進出が制約されていたダリトの人々。未だ課題は多いが、留保制度などにより教育年数が伸び、民間企業での雇用も増え、その生活環境は変わりつつある。インドでは「ダリト資本主義」という言葉も使われ、ダリトが経営する企業の活動も盛んになっている。ダリトが望む「自分で稼ぎ、自由に資金を使え、活動に制約がない」状態。その理想が着実に現実化しつつある。

4　一筋縄ではいかない中央と州の関係

約600に上る藩王国の併合

インドは1947年にイギリスからの独立を果たすが、その際に新インド政府が完全に管轄権を行使できたのは、現在のインド国土の半分程度にとどまった。残りの地域には、藩王国が準独立国の形で存在していた。これは、独立前のインドが、イギリスの直接支配下に置かれた英領インドと、間接統治下に置かれた600にも及ぶ藩王国から構成されていたことによる。ちなみに、藩王の称号は様々で、ヒンドゥー教徒の場合はマハーラージャやデーシュムク、ムスリムの場合はナワーブやワーリーなどと呼ばれた。

藩王国は、イギリスの植民地化の前から存在していた王侯領地にもとづき、植民地化の過程でイギリスの一定の関与を受け入れる形で存続が可能となった。藩は、ハイダラーバード藩王国やジャンムー・カシュミール藩王国のように日本の本州に匹敵する面積を誇るものから、数平方キロメートル程度のものまであり、植民地下インドの全面積の約45％、総人口の約24％を占めていた。

よく知られているガンジーやネルーなどによる独立運動は、もっぱら英領インドで行われたもので、インドの独立を支持しない藩王も存在した。このため、インドが独立を迎えた際には、藩王国の位置付けが明確になっておらず、独立前と同様の状態で存続していた。

インドへの併合に最後まで反対したのは、ジャンムー・カシュミール、ジューナガール、及びハイ

図4-2　独立直前の藩王国（グレーの部分）

出所：1909年当時のインド帝国地図にもとづき作成

ダラーバードの3藩王国で、藩王がヒンドゥー教徒で住民の大半がムスリムのジャンムー・カシュミールやその逆のハイダラーバードなど、王国内の信徒の構成が併合反対の大きな要因となっていた。

すなわち、インド独立とともにムスリムの国であるパキスタンが分離したため、どちらの国に所属するかによって、藩王国内の秩序維持に難をきたす事態を藩王が恐れたのである。それ以外の藩王国は、併合後の州行政に名目上関わることや藩王に下賜金が支給される優遇措置を条件に、新インドへの併合を受け入れた。

反対を続けた3藩王国に対して、新インド政府のパテール副首相を中心とする当局は交渉を続けたが、容易に決着がつかず、最後はインド政府の軍事行動により併合を実現した。これにより、１９５０年1月の新憲法施行の際には、旧藩王国のうち、２１６カ国が州に併合、２７５カ国が5つの藩王国連合を形成、さらに61カ国が政府の直轄領になった。単純な例えは好ましくないが、わかりやすく言うならば、日本の明治維新での大名をめぐる版籍奉還や廃藩置県のような出来事が独立時のインドでも生じたのである。

この時の軍事介入が尾を引いて、パキスタンと今でも領土を争っているのがジャンムー・カシュミールである。ハイダラーバード州は、ほぼそのままの領土で新しい州となったが、その後、１９５６年に使用言語にもとづき3地域に分割され、同じ言語圏に属する近接州に各々属することになった。１９５０年の憲法では、諸州のカテゴリーとして、旧英領、旧藩王国、及び政府直轄領の３編を設けていたが、この56年の分割をもって、旧藩王国のカテゴリーが憲法上も廃止された。

このように、インドの州行政は、植民地時代の「遺産」を整理し、幾度にもわたる分割・併合を経て、現在の制度に至っている。一般に「インドの州政府は権限が強い」と言われるが、独立前の藩王国の体制や新国家への併合の経緯が大きく影響している。

州併合をめぐる闘争(ゴア、ナガ)

藩王国に加えて、独立時点ではポルトガル領となっていたゴアの併合や、州の独立運動を展開するナガ族との和平交渉などの問題が残されていた。現在の州制度が成立するまでには、インド政府の地道かつ時に直截的な交渉努力が継続されたのである。

インド独立時に存在した外国領は、フランス領の4カ所及びポルトガル領の3カ所、計7カ所であった。このうち、南インドに位置する現プドゥチェーリやカーライカルなどのフランス領については、2国間の交渉が平和裏に行われ、１９５４年に返還が決まった。

他方、植民地を維持したい当時のポルトガルは、インドの返還要請にもかかわらず、交渉さえも拒否する態度を示した。このため、ゴアでは民族主義者が国内の賛同者の助けを借りて、インド独立後10年以上にわたり解放運動を継続した。

インドの軍事行動により、ゴアを含む旧ポルトガル領3地域が奪還されたのは1961年末になる。その後、政府の直轄領として扱われ、1974年にようやくポルトガルとの条約締結に至り、正式に3地域が返還された。現在のように、インドの州として成立したのは1987年である。インドが独立してから40年後のことであった。

ナガ族との交渉は今でも継続している。インド独立時の北東地方は、植民地時代のアッサム管区、北東辺境区、トリプラ藩王国、及びマニプル藩王国により構成され、後者の2王国は1949年にインドへの所属を決めた。アッサム管区の丘陵地域に属する少数民族は、1950年の憲法で認められていた一定の自治権の拡大や新たな州設立の要求を始めたが、そのなかでナガ族は独自の国の設立を望んでいた。ナガ族は、主要16民族とその他20の小民族からなり、人口約300万人と言われる。

インド独立以前の1947年2月には、ナガ族の代表組織がイギリス政府に書簡を送り、民族の自決権を要求している。同年5月には暫定政府の設立を表明し、さらに、インドが独立を果たした日の前日には、正式に国家として独立を宣言した。1950年にはナガ族内で住民投票を実施し、大多数が独立を支持したとして、インド政府に伝達したが、拒否された。このような経緯を経て、1956年頃から独立を主張するナガ民族評議会が武装を伴った反政府活動を開始し、インド軍の弾圧を招くことになる。

その後、ナガ族の穏健派がつくる団体がインド内の州としてナガランド州の設立を要求し、

１９６３年に同州が正式に発足した。独立を主張する強硬派のナガランド民族社会主義評議会はこれに満足せず、インド政府との間で交渉を続けている。なお、ナガ族の武装闘争において、中国から物資の提供や兵士の訓練などの支援があったことが判明している。

インド北東部は植民地時代の管轄形態により、他のインドとの一体感に乏しいとされ、独立や自治の志向が強い地域であった。アッサム管区は独立後にアッサム州となり、そこから各民族の主張等にもとづき、１９７２年にメガラヤ州、87年にミゾラム州、同年にアルナーチャル・プラデーシュ州がそれぞれ成立した。また、マニプル藩王国とトリプラ藩王国は中央政府の行政地としての位置付けを経て、それぞれ、１９５６年、72年に正式な州となった。

従来、インド北東部は、経済的に遅れた地域とされ、開発の進展は芳しくなかった。民族の問題に加え、山岳部が多い地勢や内陸部で海から遠い地理的環境なども開発の遅れに影響している。今でも北東部の人々の独立意識は高く、マニプルで会った官僚が「マニプルは独自の宗教観を有しており、インドとは異なる国です」と明言していたことが、強く印象に残っている。

州政府の権限と行政上の課題

インドの統治機構では、中央政府と州政府の関係はどうなっているのだろうか？　インドは国の政体として連邦共和国制であり、統治形態は日本と同じく立法、行政、司法の三権分立制度である。国として近代的な政体・統治機構を備えているが、州に一定の自治権がある。

現存する28州及び８つの連邦直轄領のうち、後者は名称の通り、中央政府の直接の管轄となっており、大統領によって任命された行政官を通じて統治される。他方、州の権限については、インドの憲法によって明確に定められている。

憲法では、中央政府、州政府、地方自治体の三層構造を定めており、州の管轄する地方自治体として、都市部では自治都市や地方評議会、農村部では県、郡、村が存在する。州政府の専管事項として、憲法では、治安、警察、公衆衛生、交通、農業、浄水供給、土地、教育、医療、固定資産税を含む徴税、等を列挙している。

州議会の議員は選挙で選ばれ、通常は最大の得票数を得た政党から州主席大臣（州首相）が選ばれる。州には大臣からなる州閣僚会議があり、行政執行体を担っている。また、選挙で選ばれた州主席大臣とは別に、中央の大統領の任命により各州には知事が派遣される。

知事は名目的な州の代表であるが、州議会で可決された法律の成立には一部を除き知事の同意が必要であり、議会に差し戻す権限を有している。知事として任命されるのは、第一線を退いた政治家や元官僚などが多い。例えば、２０１７年からインドの大統領を務めるラーム・ナート・コーヴィンド氏の前職は、ビハール州の知事であった。

ビジネスの分野で大きな問題となるのは課税権限である。憲法は中央政府と州政府の権限を具体的に定めており、州政府の場合は、固定資産税、農業所得税、アルコール消費税、電力消費税、広告税、奢侈《しゃし》税などについて税を徴収することが認められている。この課税権限により、中央政府と州政府が企業活動の様々な過程で複数の間接税を徴収し、企業への重複課税が常態化した。

例えば、中央政府は中央生産税やサービス税、州政府は付加価値税や物品の入境税を徴収し、中央と州及び州の間で税金控除の制度が長らく整備されていなかった。この複雑で費用のかさむ税制の解決を目指して導入されたのが、本章で記したモディ政権によるGST（物品サービス税）である。その効果への期待から、インドで史上最大かつ最重要の税制改革と評されている。

また、州間の税収格差を是正する観点で、日本の地方交付税のように、中央政府から州政府に財源移転の制度があり、中央政府の歳入のうち、約4割が州に移転されている。財源配分としては、州1人当たりの所得水準などを基準としているため、当然ながら人口規模の大きい州への配分額が総額として大きくなる。

州の自治権が強い半面、憲法では中央政府の行政権への介入を認めている。現憲法では、国会上院の3分の2以上の同意があれば、州管轄事項であっても中央の国会が1年間に限り立法権を有することができる。同じく、州が統治能力を失った場合には、大統領が非常事態宣言を出して州を直接統治することが可能である。最近では、憲法で定めるジャンムー・カシュミール州の特別自治権の停止を目的に、2019年にモディ政権が同州の直接統治に踏み切り、憲法の変更を実施したことが記憶に新しい。その際、同州を2地域に分割して中央政府の直轄地とする編成も実行した。

中央と州の確執

中央政府と州政府の関係において問題が生じるのは、主に両政府間で政権与党が異なり、政策の不一致がある場合である。ジャンムー・カシュミールのような領土の管轄に関する大きな問題から、経済政策の優先度をめぐる争いまで、その種類は様々である。後者では、中央政府が進める公共事業において、迅速な実施を優先したい中央当局と事業の影響を受ける住民の権利保全を重視する州の間で交渉が長引く場合などがある。

日本の政府開発援助においても、中央政府の進める事業に対し州政府所有の土地が引き渡されない場合や、州が進める事業に関する許認可が中央の機関から容易に下りない場合が存在する。また、仮に中央と州の政策が一致していても、州の手続きが国の司法当局により覆される場合がある。

土地に関する州の執行をめぐる問題が、そのわかりやすい例かもしれない。憲法上、土地一般については州の管轄事項であるが、土地収用については中央政府との共同管轄となっている。法制度としては、中央が定めた土地収用法に対し、州はそれに修正を加えた独自の規則を定める権限を有しており、法規制の内容や解釈上の齟齬が司法事案になるケースが生じている。

ウッタル・プラデーシュ州の刑務所建設の例では、州政府は州内で通用する緊急土地収用規則にもとづいて土地の収用を行ったが、住民団体からの訴訟を受けた中央の最高裁判所が収用に緊急性はなかったとして、住民への土地返還を命じた。このような事例は日常的に生じており、中央と州の権限争いや政策の不一致により、開発事業が大きく影響を受ける事態が生じている。

中央と地方を行き来するＩＡＳ

このような行政遂行上の確執を軽減するため、中央政府と州政府の政策の整合性を図る工夫もなされている。例えば、中央政府に採用されたインド高等国家公務員（ＩＡＳ）は、中央政府と州政府を行き来し、それぞれの方針や立場を相互に伝達・解釈する役割を果たす。それにより、双方の風通しを良くし、一貫性のある政策の遂行を容易にする。

日本の支援事業においても、ＩＡＳの活躍のおかげで、種々の手続きや実施上の課題解決などが促進される場合がたびたびある。例えば、中央の財務省で日本の交渉相手だったＩＡＳが南部の州政府に異動し、中央政府管轄の支援案件について、州幹部にその必要性を説いて回ってくれたことがある。また、ある州で進捗の止まっていた下水道事業に対して、中央政府から同州に異動したＩＡＳが関係機関をとりまとめ、問題解決に努力してくれた例などがある。

一部のＩＡＳや政府職員のように、賞賛に値する能力と人格を有するインド人が多くいるのにもかかわらず、インドの開発が迅速に進まないのは、ここまで述べた構造的な要素が大きく絡んでいる。中央と州の関係において、政権与党の意向や制度上の問題に縛られ、官僚がその資質を十分に発揮できない場合がある。「優秀なインド人は多いのに国の発展が遅い」という状況を変えるためには、行政上の制度や構造面の課題に改めて注目する必要があるだろう。

なお、ＩＡＳについて言えば、その権限が大きい分、汚職の問題や職員同士の反目など、施策の遂行に障害となる場合があることも記しておく。実際にインドの民間企業の経営者から、「政府をまったく信用していない」「役人は自分のことばかり考えている」「官僚は民間企業を手下だと思っている」などの辛辣な批判の声を聞くことは珍しくない。経済自由化から約30年が経過したが、官民の関係に「ライセンス・ラージ」時代の影響が未だ色濃く残っているのは間違いない。

コラム　外国居住のインド人

2020年のアメリカ大統領選挙で勝利したジョー・バイデン氏は、副大統領にインド系のカマラ・ハリス氏を指名した。ハリス副大統領の母親はインドのタミル・ナードゥ州出身で、1960年にアメリカに移住した。ちなみに、カマラという名前はインドの女神ラクシュミーの別名で、「蓮の花」を意味する。南アジア系アメリカ人として初めて上院議員に選出され、さらに、女性として初めてアメリカの副大統領に就任した。インド系出身者の快挙である。

2019年のアカデミー賞を受賞した「ボヘミアン・ラプソディ」はロックバンド・クイーンの物語を描いた映画だが、最後にエイズで亡くなるボーカルのフレディ・マーキュリーはインド系イギリス人である。両親はペルシア系インド人で、当時イギリスの保護国だったザンジバル（現タンザニア）にインドから移って働き、その後、同国で政変があったため、イギリスに移住した。これは、フレディ・マーキュリーが17歳の時で、クイーンが結成されるまで彼はインド名であるファルーク・バルサラを名乗っていた。

アジアで最初のノーベル経済学賞を受賞したアマルティア・センは、永らくイギリスやアメリカの大学で研究や教職に従事しているが、国籍はインド人である。

貧困や飢餓、また、厚生経済学など幅広い研究実績のなかで、彼が主唱した人間の「潜在能力」の概念は、国連の人間開発指数や日本政府が掲げ

図4-3　印僑の居住国（上位10カ国）

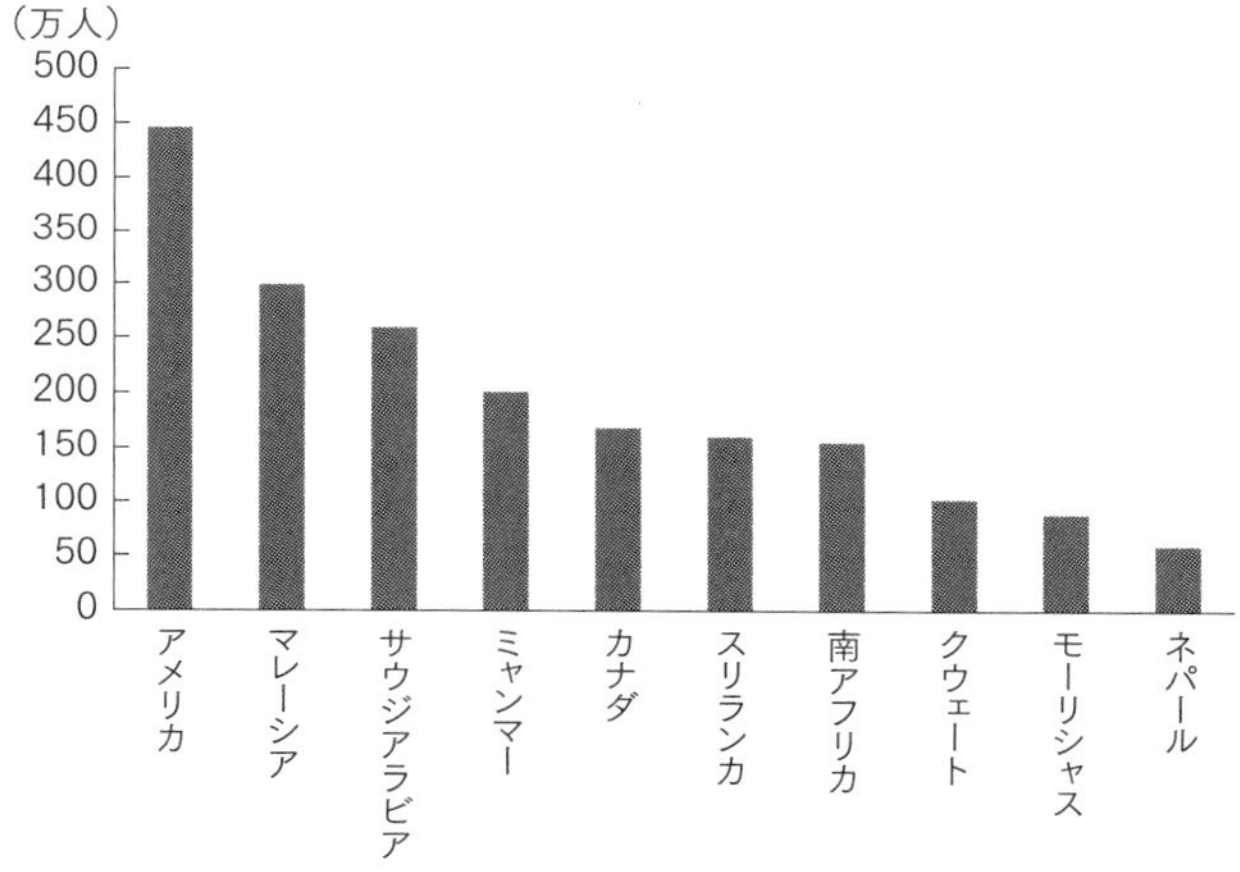

出所：インド外務省公表資料より作成

る「人間の安全保障」に直結している。「誰一人取り残さない」ことをテーマとする現在のSDGsにも彼の思想が深く関係している。

これら有名人の代表例だけでなく、昨今、国際的に活躍するインド人あるいは外国籍を有するインド系の人々が目立つのは、海外に住むインド系の人々がそもそも多数いることも背景にある。

中国人の華僑に対し、海外に居住するインド人及びインド系の人を印僑と呼ぶが、インド外務省によると、その数は約3200万人に上る。これは、移民の多いメキシコや中国などと並び、海外居住人数で世界最大規模である。

居住地を国別に見ると、アメリカの約450万人を筆頭に、マレーシアやサウジアラビアが多い順で、アフリカ大陸には約270万人の印僑がいる（図4－3）。独立の父ガンジーは若い時に南アフリカに渡ったが、すでにインド系のコミュニティがそこに存在していたのである。また、国の人口構成で見た場合、モーリシャスやギアナでは、人口全体の6割以上がインド系である。すでに何世代にもわたりその地に住み着いている国の場合、インド系の国民が首相や財界人になったりしている。

印僑の場合、インド独立前は旧宗主国イギリスの政策で、海外のプランテーションでの契約労働などを通じて移住することも多かった。昨今の傾向は、欧米で知的階級として医師や弁護士の仕事に従事する層と中東などに出稼ぎに出る労働者の層に大きく分かれている。

アメリカではインド系の約7割は大学の学士号取得者であり、所得水準も他の移民より相当高いとされている。中東への出稼ぎ労働者の数は年間約50万人に達しており、人口の約8割が外国人とされるドバイでは、そのうち約5割はインド人の出稼ぎ労働者である。

ちなみに、2018年の経済協力開発機構（OECD）加盟国への移住を見た場合、中国、インドの順でその人数が多かったが、計33万人のインド人移住者は、アメリカ（約5万人）、カナダ（約2万人）、オーストラリア（約1万7000人）での国籍取得が目立っている。留学先としてもこれら3カ国は主要な目的地となっている。

知り合いのインド系イギリス人のB氏は、祖父がケニアに渡り、製造業で成功し、その後、家族でイギリスに移住し、金融業に従事している。B氏は住居をロンドン、ドバイ、東京に構え、仕事でアフリカに出張することも多い。アフリカにも複数国でインド系の知り合いのネットワークがあると言う。知り合いの知り合いを通じて、世界のどことでもつながる感覚である。このように、インド国籍のインド人と外国籍を有するインド出身者は世界中に広く根を張っている。

5　リサイクルビジネスと廃品回収人

桁違いの大気汚染度

インドの環境問題は深刻だ。「健康と汚染に関する世界同盟」の報告書（２０１９年）では、大気汚染や水質汚濁を含む環境問題に関連する死者数は、世界で年間約８３０万人に上る。このうち、インドの人数が最も多く、約２３０万人である（第2位は中国の１８０万人）。すなわち、世界で環境問題が原因で亡くなる人の４人に１人がインド人ということになる。インドは、環境問題の被害者数で見れば世界有数の「汚染大国」である。

インドの環境問題でまず挙げられるのは、大気汚染である。同分野の調査を行うアイキューエアーの発表（２０１９年）によると、世界で最も汚染されている30都市のうち、21都市はインドにある。ＰＭ２・５などの大気汚染物質の国内平均値では、隣国のバングラデシュやパキスタンとともに、毎年世界の「上位国」にランキングされている。インド医学研究評議会の報告によれば、大気汚染が原因の呼吸器疾患で、２０１９年は約１７０万人が国内で亡くなっている。そのうち、生まれて間もない乳児の死者は10万人以上に上る。

首都ニューデリーでは、ヒンドゥー教のお祭りディーワーリーのある11月頃から急激に数値が悪化する。この時期を境に暑い季節が終わり、最低気温が5度以下の冬が到来する。ニューデリーの大気汚染は冬の到来と一緒にやってくるのである。ディーワーリー直前に当たる２０２０年10月27日の大

図4-4　首都の大気汚染度（PM2.5の値）

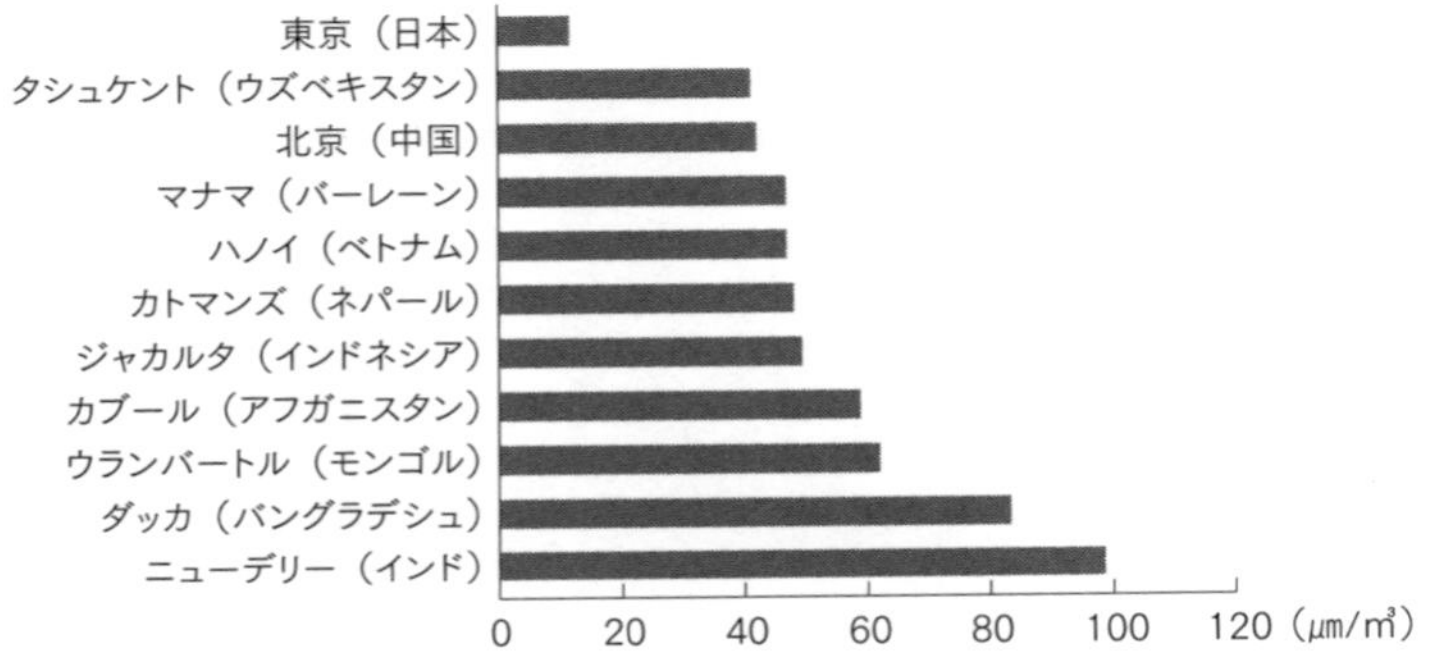

出所：IQAir（2020）より作成

気汚染度を携帯電話のアプリケーションで確認すると、指標が３００を超える「健康に危険」な状態にあった。これは、「長時間大気にさらされることで呼吸器に疾患を及ぼす」水準である。

汚染の度合いを示す大気質指標の数値は、１００程度以下が良好な状態とされるが、冬場のニューデリーは日によって１０００を超える場合がある。数値が３００以上になると屋外活動を中止する「非常に悪い」水準なので、市内の学校なども閉鎖になる。生徒の健康のため、私立学校などでは、各教室に空気清浄機を設置するのが普通になっている。

「大気の汚染源は何か」と言えば、冬特有の大気の状態と人工活動の混合である。

ニューデリーは冬になると冷たい空気が入り込み、上昇気流による対流が発生しにくい。風が最も弱い季節となり、汚染物質が地表付近に滞留しやすくなる。乾季になるため、降雨がほとんどなく、大気中の汚染物質が洗い流されない。

表4-2　大気汚染度と健康影響の関係（在インド米大使館の基準）

指数	大気質指数の分類	健康影響／カテゴリ
0～50	良い（Good）	通常の活動が可能
51～100	並（Moderate）	大気質に特に敏感な者は、長時間または激しい屋外活動の減少を検討
101～150	敏感なグループにとっては健康に良くない（Unhealthy for Sensitive Groups）	心臓・肺疾患患者、高齢者及び子ども（以下、「上記の者」）は、長時間または激しい屋外活動を減少
151～200	健康に良くない（Unhealthy）	上記の者は、長時間または激しい屋外活動を中止。すべての者は、長時間または激しい屋外活動を減少
201～300	極めて健康に良くない（Very Unhealthy）	上記の者は、すべての屋外活動を中止。すべての者は、長時間または激しい屋外活動を中止
300～	危険（Hazardous）	上記の者は、屋内にとどまり、体力消耗を避ける。すべての者は、屋外活動を中止

出所：在インド米大使館公表資料より作成

デリー首都圏内の大気汚染

人工活動では、10月を過ぎると野焼きの季節となり、隣接するパンジャーブ州やハリーヤーナー州から焼却の煙が流れてくる。野焼きが行われる地点は2万カ所を超え、その面積は日本の九州地方全域に匹敵する。これに市内の工事現場の粉塵や車の排ガス、また、固形ごみの焼却灰などが入り混じって大気汚染の原因となっている。

この状況に対して、デリー首都圏政府は、自動車の排ガス規制、ディーゼル車両の登録規制や車両ナンバー制による交通規制、また、一定期間の建設工事停止などの措置をとっているが、効果は未だ限定的である。

２０２０年4月に導入された車両の排ガス規制はバーラトステージシックス（ＢＳ６）と呼ばれ、欧州連合（ＥＵ）の基準に近い規制であるが、古い車両の更新には相応の時間がかかる見込みである。また、野焼きを抑制するため、隣接する州では農機具購入への補助金を出す政策も実施しているが、未だ効果に乏しい。ニューデリーの場合、大気汚染の複合的な要因が効果的な対策を難しくしている。

深刻な大気汚染の状況や政府の推奨にもかかわらず、従来、マスクをつけるインド人はわずかな数にとどまっていた。大気質指標の数値が３００を超えていても、ニューデリー市内でマスクを着用するインド人を見かけることはほとんどなかった。それが、２０２０年はコロナ対策のためマスク着用が義務付けられるようになり、結果的に大気汚染による健康被害の予防にも役立つことになった。

汚染されるガンジス川

聖なる川の汚濁

大気汚染とともに、都市部における河川の汚染もインドでは深刻である。人口増加や経済発展に伴い生活排水の排出量も増加しており、汚水発生量の約4割程度しか下水処理が行われていない。インド北部を流れるガンジス川のひどい汚染は、すでに国民の間にも周知されており、ヒンドゥー教徒の習慣である沐浴によって、かえって健康被害の恐れがある状況になっている。

場所にもよるが、聖地バラナシなどガンジス川中流付近では、大腸菌の濃度がインドの基準を数十倍上回っている。これは糞尿などの生活排水がそのまま河川に流れ込んでいるためである。

インド国内では、他にもマハーラーシュトラ州プネー市のムラ・ムタ川や同ナーグプル市のナグ川なども国の基準を大きく超える汚濁が深刻になっており、その原因はガンジス川の場合とほぼ同じである。水質汚濁という観点では、インドの水道の約7割が汚染されており、毎年約20万人が飲み水を原因とした疾患で死亡している。第3章で述べたように、国内ではフッ素やヒ素を含有した地下水も多い。

河川の水質汚濁に対して、インド政府は「ガンガーアクション

ガジプールのごみ処分場

プラン（ガンジス川浄化計画）」など、下水処理を中心とした取り組みを行っているが、汚水量の増加のため、効果があまり出ていない。廃棄物の河川への投機も汚染の原因であり、国民のごみに対する意識変化や収集・処理システムの確立が必要である。

ちなみに、ごみ処理の最終処分場は野積みが多く、ニューデリー郊外のガジプールの処分場では、サッカー場約40面分の広さに高さが65ｍに及ぶごみ山がそびえている。ごみ山上空には大型の猛禽類が多く飛び回り、ごみ捨て場には野良犬やネズミが跋扈《ばっこ》している。最近では、このごみ山の状態がインターネット配信され、わざわざ現地まで見に行く外国人観光客もいるほどである。

インドのごみ収集率は約7割

インドの都市部では、人口増加を背景にごみ問題が深刻化している。多くの外国企業が拠点を持つバンガロールでは、最近まで排出源による分別は徹底されておらず、様々なごみが混合された状態で埋立処理されていた。域内の処分場近辺では、悪臭や衛生上の懸念を問題視する住民の動きが本格化し、２０１２年にはマベリプラ埋立処分場に対する反対運動により、同処分場が閉鎖される事態となった。それに合わせ、他の3つの主要な埋立処分場も一時閉鎖を余儀なくされた。

このため、市内では運搬できない廃棄物が街中にあふれる事態に陥った。2012年9月、この状況に対応するため、バンガロール市は排出源における分別推進のガイドラインを急遽策定することになった。さらに、2015年にはすべての廃棄物排出者に対して、生ごみ、リサイクル可能なごみ、その他の廃棄物、の3種に分別することを命令するカルナータカ州裁判所の判決が下された。

バンガロールのコンポスト施設

全国の都市ごみの発生合計量は、毎日約15万トンと推定され、このうち収集されているのは約7割にとどまる。排出されるごみの組成としては、生ごみが約5割、古紙などのリサイクル可能物が約2割、その他、となっている。

インドで固形廃棄物処理に関する法令が出されたのは、2000年の都市固形廃棄物規則が最初であり、本格的な取り組みが開始されてまだ20年程度しかたっていない。それも、1994年にグジャラート州スーラト市での伝染病がきっかけとなり、ようやく政府の規則に結びついたという経緯である。

当時、スーラト市において廃棄物の収集が滞り、肺ペストが広がり、50人以上が死亡した。それが観光業の不振につながり、経済的な損失も顕在化した。この規則が出る前は、ごみの収集や処分の責任主体が法律に規定されていない状況であった。同規則により、ごみ処理に係る一連の責任は都市部の自治体にあることがようやく明確にされた。

都市部でのごみ収集から処分までの一連の流れを簡単に述べれば、以下の通りである。①家庭から出たごみは収集業者や廃品回収人が一時収集所に集め、②収集業者等が、一時収集所から中間処理場に運搬し(そのまま最終処分場に行く場合もある)、③中間処理として、コンポスト製造、燃料化、廃棄物焼却・発電などを行い、④その後、最終処分場に運ぶ。

モディ政権は「クリーン・インディア」政策でごみ処理にも力を入れているが、100%の各戸収集が実施されている地区は全国で約5割にとどまっている。州単位で見た場合、アーンドラ・プラデーシュ州やグジャラート州で収集率が高く、90%以上の各戸収集を実現している。

リサイクル品回収

家庭から出るごみのうち、古紙やプラスチックなどの資源ごみは、別ルートで仲介業者やリサイクル業者に販売される。インドには、廃品を回収して生計を立てる「カバディワラ」と呼ばれる人たちがいる(図4－5)。家庭から出る古紙やペットボトルなどの資源ごみを分別し、1kg当たり数十ルピー(50円程度)でリサイクル業者に販売する。全国で約150万人の「カバディワラ」が廃品回収で生計を立てているとされる。他方で、古紙やプラスチックなどのリサイクル率は日本の3割程度と目され、未だ改善の余地は大きい。

ごみの最終処分場は衛生処理設備のない埋立地がほとんどで、規模の大きい処分場だけで言えば、

図4-5　リサイクル品の回収・販売

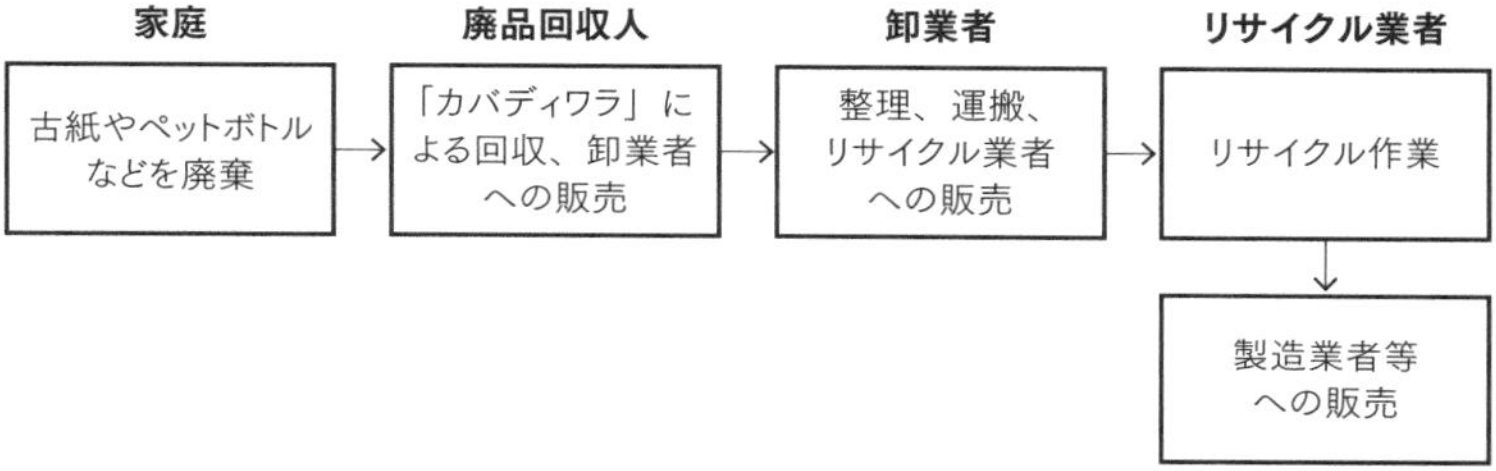

出所：デリー首都圏等への聞き取りにもとづき作成

国内に約50カ所ある。ただし、先に述べたニューデリーの場合のように、すでに処分能力を超えている場所が多く、処分場の確保が都市部での大きな課題となっている。

日本のような焼却による処分施設は限定的であり、ニューデリー南部のティマプールで２０１２年から操業している廃棄物発電施設などが知られている。日本企業では、世界で８５０件以上のごみ焼却・発電プラント受注の実績がある日立造船が、インドの子会社を通じて処分施設の建設を行っている。

モディ政権は、プラスチックの適正な処分を徹底するため、２０１６年に「プラスチック廃棄物管理規則」を策定し、さらに22年を目処に使い捨てプラスチック製品を廃止する意向を表明している。

２０１９年に出された措置では、プラスチックでつくられたポリ袋、カップ、ストローなど6品目の使い捨て製品の使用が禁止された。これを受けて、ペットボトルの配布を停止し、ストローを紙や木製に切り替える航空会社や、リサイクル可能なプラスチック包装を導入する企業が続出した。

プラスチックに限らず、リサイクル産業は拡大傾向にある。イン

廃品運搬車

ドでは、自動車の保有台数が約5000万台に近づき、使用済み車両の回収や廃棄などの課題が顕在化している。

これを受けてマルチ・スズキは、豊田通商等とともに、使用済み車両の解体とリサイクルを行う合弁会社を、ニューデリー近郊のノイダに2019年に設立した。使用済み車両を仕入れて解体し、廃液の抜き取りを行い、処理されたスクラップをリサイクル品として販売する。同社の発表では、将来的に月間2000台の処理台数を目指すとしている。

2016年には電気電子機器廃棄規則や建設廃棄物管理規則も制定され、生産者の責任が明確化されるなど、廃棄物の分別収集やリサイクルを含めた処理体制が強化されている。

リサイクルビジネスと廃品回収人（ラグピッカー）の組織化

ごみ処理業で新風を巻き起こしている社会的企業が存在する。グジャラート州アーメダバードに本拠を構えるネプラ・リソース・マネジメント（以下、ネプラ）である。2011年に創業した同社は、乾燥廃棄物処理の分野でアーメダバード、インドール、プネー、ジャームナガルの4都市で事業を展開している。

同社の前身であるネプラ・エンバイロンメント・ソリューションは、サンディーブ・パテル氏と3人の友人により設立され、当初は大企業やホテルを相手にした廃棄物回収の事業を行っていた。その後、リサイクルビジネスに機会を見出し、１０００万ルピー（１４００万円）を元手に現在の会社を立ち上げた。

同社のビジネスの特徴は、廃品回収に従事するラグピッカーを組織化し、廃品処理を集中化することで、リサイクル品の回収と販売の効率を上げることである。

アーメダバードには、当時約30万人に上るラグピッカーが存在しており、地元の卸業者が個人のラグピッカーから廃品を集め、それをリサイクル業者に販売する形式が一般であった。同社は市中のラグピッカーの登録作業から開始し、登録者が回収した廃品を自前の処理工場で分別し、リサイクル業者に販売するシステムを確立した。

独自のアプリケーションを開発し、携帯電話を通じた連絡システムにより、ラグピッカーたちはその日の回収場所、廃品の量、活動時間、などを同社に報告する体制となっている。

取り扱う乾燥廃棄物は、紙、プラスチック、家庭用品、ごみ袋、金属、セメントであり、需要に応じて州外のリサイクル業者とも取引を行っている。主な回収元は企業や病院で、約５００社と取引があり、回収する廃棄物は古紙とプラスチックが全体の約9割を占める。リサイクルが不可能なごみはセメント工場で代替原燃料としており、その意味で「再廃棄率」ゼロを実現している。

会社の立ち上げ時には、１日の処理量は約２００kgだったのが、２０１9年時点では、４都市で計

ネプラの工場

提供：ネプラ

約500トンに達している。ごみは1kg当たり平均6・5~9ルピー（約9~約13円）でネプラが買い取り、17~24ルピー（約24~約34円）で販売している。売上額は、会社設立後数年は年間約1000万ルピー（約1400万円）程度であったものの、業務拡大によって、現在、同11億ルピー（15億4000万円）に達している。同社は、数年後に上場することも計画中だ。現在、新たに2都市で工場の立ち上げを予定している。今後、25都市での展開を目指し、1億5000USドル（157億5000万円）の資金調達計画を進めている。

同社の事業に参加するラグピッカーは年々増加し、すでに約2000人に上っている。会社に登録する前のインフォーマルな廃品売買では、手にする収入が少なく、卸業者の支払い形態も不安定であったが、今は廃品の種類と量によって料金が決まり、回収後即時に支払いがなされる。これによって、ネプラの登録者は約3割の収入増につながっている。

創業者のパテル氏は、「創業当時は誰もこのビジネスモデルを理解してくれず、資金調達に苦労した。政府が使い捨てプラスチック製品の段階的廃止を表明し、リサイクル産業には大きな需要が見込まれる。社会が清潔になり、ラグピッカーの生活向上にも役立つことを目指す」と語った。

創業当初、同社は70を超えるベンチャーキャピタルに出資を打診したが、応じたのはインパクト投資を行うアービシュカールグループを含む2社のみだったという。社会的企業の直面する立ち上げ時の苦労と事業が軌道に乗るまでのプロセスを知るには、同社は非常に良い事例だ。もし、近い将来上場が実現すれば、同社は社会的企業の成功モデルとして、さらに注目を浴びるだろう。

同社が事業を展開するインドール市は、インド政府が毎年公表する「全国清潔都市ランキング」で2017年から19年まで連続1位に輝いた。同調査は、人口10万人以上の都市を対象に、ごみ処理状況や衛生問題を評価しランク付けするもので、都市部における衛生状況の改善促進を念頭に置いている。

マディヤ・プラデーシュ州で200万人の人口を擁する同市では、ごみの分別とリサイクルが徹底しており、市民のポイ捨て、野外排泄、つば吐きなどに対して罰金刑を科している。これは、マリーニ・ゴー現市長の強い指導力の下で2016年から取り組んだ成果だ。行政の施策と社会的企業の活動により、インドール市は国内で最もきれいな街に生まれ変わった。

ごみ回収で生計を支える家族

ラグピッカーに威厳を

ラグピッカーがごみ処分場などから回収したプラスチックをバッグや財布に再生して、欧米で販売している社会的企業がニューデリー近郊のグルガオンにある。2004年創業のコンザーブ・インディアは、ラグピッカーの境遇に胸を痛めていたサラブ・ハフジャ氏が、ラグピッカーの雇用や所得向上を目指して立ち上げた企業である。同社の活動により、約300人のラグピッカーが就労し、毎月約5000ルピー（7000円）の収入を得ている。

同社の強みは、特許取得済みの独自の技術を用いて、プラスチック廃棄物をリサイクルし、自前の工場で革製品を製造することだ。これにより、ラグピッカーが回収した廃品を加工し、高付加価値製品として販売することが可能となっている。

創業者及び長女がデザイナーであり、国内ではなく、海外市場を開拓して製品を販売している。例えば、同社の婦人用バッグは、パリのブティックチェーンやアメリカのオンラインショップなどで約40USドル（約4200円）の価格帯で販売されている。売上額は年によって変動するが、創業10年時で約2500万ルピー（約3500万円）を計上している。

同社は、工場運営の他にラグピッカーに職業訓練を無償で実施し、自前の工場での雇用に加え、近接地の企業に就労の斡旋も行っている。これまで、合計で1200人以上のラグピッカーが同社の訓練を受けた。また、工場に雇用されていなくとも、ラグピッカーが回収したプラスチックを一定の金額で買い上げ、所得向上に貢献している。これにより、毎月約2トンのプラスチックを自前の革製品につくりかえている。

職業訓練を通じた就労以前には、毎月1500ルピー（2100円）程度であったラグピッカーの収入は、職を得ることで3倍以上に増えた。この功績が注目され、工場のあるハリヤーナー州の依頼で、都市部のスラム街の住民を対象にした職業訓練プログラムも行っている。また、アフガニスタンからの難民に対する小物づくりの訓練も開始した。

コンザーブ・インディアのリサイクル製品

提供：コンザーブ・インディア

　ハフジャ氏に事業の課題などを聞くと、「未だに雇用したラグピッカーへの給金が少ないこと。以前よりは収入が増えているが、家族を養うには不足する水準にある。製品の販路を拡大したい。また、就労斡旋を行っても離職率が高い状況。企業側の受け入れ体制が整わないと、雇用が長続きしない」と語った。

　この活動を開始する際に迷いはなかったかとの問いには、「(ラグピッカーが）あまりにひどい境遇だったので、やるしかないとの思いが強かった。当初は役所などに支援を求めたが、対応が冷たく、自分で活動を始めるしかないと考えるようになった。雇用により、ラグピッカーの態度や考え方に変化が表れ、自信を持つようになることが最も嬉しい。未だに廃品に対する偏見が強く、リサイクルの文化が根付くことが重要」と応じた。

インドでのリサイクルビジネスは、ラグピッカーの生活にも影響を与えており、需要が増えれば、収入拡大の可能性が広がる。他方で、仲介業者などの搾取や企業側からの強い偏見が存在するのは事実であり、収入形態や待遇の改善がなければ、多くのラグピッカーは生活が不安定なままの状態が続く。このような状況で、ネプラやコンザーブ・インディアの取り組みは、底辺層にある人々の生活改善とともに、人としての威厳を取り戻す貴重な機会を提供していると言えよう。

第5章 SDGsビジネスの主流化

1 アマルティア・センの国

人間中心の開発

SDGsの柱となる概念は「人間を中心に据えた開発」である。第2章でも言及した「誰一人取り残さない」というスローガンがそれを如実に示している。経済が豊かになっても、政治が安定していても、国民一人ひとりがその恩恵を十分に受けられなければ、国全体の厚生は低いままである。単に経済的な便益だけでなく、精神的かつ文化的な意味での豊かさの浸透も必要となる。

日本人にはこの考え方はなじみが深いだろう。福沢諭吉は『文明論之概略』のなかで、「文明とは人の身を安楽にして、心を高尚にするを云うなり」とし、「多数人民の物質的・精神的生活の水準の高いこと」が文明社会の要件であると述べている。経済面の豊かさや所得の大きさだけが国の繁栄や人々の生活水準を測る基準ではないことは、多くの人が了解するところである。

人間を中心とする開発を大切にすることは、現在の国際協力の分野で特に力点が置かれている。そ

れを後押ししたのが、国連の

「人間開発指数」であり、さらに、そこから導かれた「人間の安全保障」の考え方である。

「人間開発指数」は、健康で長生きなこと、十分な教育を受けていること、人間らしい生活水準を保てること、の3つの項目を重視する。具体的には、平均寿命、就学年数、1人当たりの所得を、人間開発を測る基準としている。

国連は、先進国、途上国を問わず、人間開発の達成度を測る指標をつくり、最近は、その達成度に応じて、超高位国、高位国、中位国、低位国の4つのグループに分類している。直近のインドの位置付けは、中位国のカテゴリーで、190カ国のうち開発順位は、130位である。順位だけで見れば、未だ大きな改善余地がある状況と言えよう。

人々が健康かつ長生きで、十分な教育が受けられ、人間らしい生活水準を保つことができるようになるには、社会がそれを可能にする環境になっている必要がある。飢餓、病気、差別などで生活が脅かされたり、内戦や災害の被害で命の保証がないような状況は、回避されなければならない。

そのような考え方を基本とする「人間の安全保障」の概念が示されたのは、1994年に国連が発表した「人間開発報告書」であり、人間の生活と尊厳を守る「欠乏からの自由」と「恐怖からの自由」が謳われた。

より具体的に言えば、①生存・生活・尊厳に対する深刻な脅威から人々を守ること、②人それぞれの持つ可能性を実現するため、保護と能力強化に力を入れること、③それらを通じて持続可能な個人の自立と社会をつくること、が「人間の安全保障」の目標である。

これらの目標を実現するのは基本的に国家であり、国の責任として、「人間の安全保障」を確立しなければならない。それを実現するためには、人権に関わる法律や制度の確立に加え、開発に関係する様々な分野や組織を横断的かつ包括的に位置付け、国際的な協力の下に施策を行う体制が求められる。

例えばコロナ禍は、人々に多大な恐怖と脅威を与えたが、それらを取り除く施策等を講じるのは国家の責任であり、また、世界規模でそれを後押しするのが国際協力である。世界保健機関（ＷＨＯ）のワクチン共同購入枠組み（ＣＯＶＡＸ）なども、その一例と言えよう。この「人間の安全保障」は、日本政府が国際協力の柱に据える概念となっている。

生活の良さを測る尺度

この人間中心の開発の概念に大きな影響を与えたのが、インドの経済学者アマルティア・センである。アマルティア・センは幼少時に経験した西ベンガルの大飢餓が開発分野に関心を持つ契機とされ、飢餓、貧困、厚生経済などの研究を通じ、１９９８年にアジアで初めてのノーベル経済学賞を受賞している。

彼の研究の秀逸さは、貧困、健康、豊かさなどを経済学的な視点で分析しつつ、人間の可能性に焦点を当て、新たな概念を示したことである。その代表的なものとして、人間の生活の良さについての計測と、人間の能力をどう開花させるかについての捉え方がある。

従来の経済学の考え方では、「どれだけ財を得ているか」という量の観点と、「何をどのように消費しているか」という満足度の観点を、生活の良さの拠りどころとしている。前者の場合は、仮に多くの所得を得ていても、差別で抑圧されていたり、病気を患い苦しんでいたりすることは考慮されない。すなわち、物質的な充足では、生活の良さの度合いは必ずしも適切に測れない。

後者の場合は、自分の好きなものを消費することで満足度が高くなることを重視する。これにもとづけば、例えば、貧乏な人がわずかなお金で購入した食料に大きな満足を得る場合もその効用は高くなる。また、職場への移動のために高級車を買った都会の富裕層と、田舎で自転車を購入した貧困層の間で、その効用は同じになる可能性がある。

すなわち、消費の効用は個人の内的な満足度を重視し、その人が置かれた現在の状態を評価に入れない考え方と言える。アマルティア・センは、人間の生活の良さについて、より包括的に考え、物理的、精神的、かつ社会的に良好な状態であるかを計測する必要があるとした。

その良好な状態とは、その人の行為と今の置かれた状況にもとづき、個人において「達成されること」によって示されるものと主張する。例えば、学校に通える家庭環境にあるか、実際に勉学を通じて知識の習得が図られているか、通学のために自転車を購入して自力で学校に通えているか、また、相手と対等にクラスで自分の意見を堂々と述べられているか、などである。

これらは物理的かつ精神的な満足度を包括し、個人において「達成されること」をすべて合わせた状態が、生活の良さを示す指標になるとする。

アマルティア・センは、「達成されること」を合わせ集めた束を人間の「潜在能力」と呼び、人が達成できることを分析すれば、生活の良さをより正確に測れるとした。言い換えれば、実現可能な選択の幅がどの程度広いかによって、その人の生活の程度がわかるという考え方を示したのである。

農村の女の子

この考え方に沿って、インドの農村での状況を考えてみよう。ある農家では小学校に通っている女の子がおり、この村の就学率は100%である。女の子は早朝から牛の世話や水汲みで忙しい。貧しいので朝食抜きの場合もある。学校までは徒歩で30分の距離である。ようやく登校しても公立の学校には先生が来ていない。女の子は低いカーストに所属しているので、よくいじめられる。給食だけ食べると、家に帰る。帰宅した後は畑の仕事や兄弟の世話で夜まで働きどおしである。夜は、電気がないので本は読めない。わずかな量の夕飯を食べて就寝する。

従来の開発指標にもとづけば、この村の就学率はすばらしい。貧しい家庭の女子が毎日小学校に通っている状況は指標としては申し分ない。しかし、女の子は学校で十分に学べず、家では十分な食事をとれず、好きな本も読めない。

この女の子に聞くと、学校は楽しい、給食はおいしい、同じカースト同士で仲が良い、という答えが返ってくるかもしれない。実際、農村で聞き取りを行うと、このように答える少女は多い。

しかし、女の子が生活上「達成できている」ことはすこぶる限られており、本人の実現可能な選択の幅は著しく狭い。すなわち、この女の子の「潜在能力」については、低い状態と言わざるを得ない。

インドの場合、特に農村部では女性に対する偏見は依然として根強い。女性は家の手伝いをし、子

農村の女性支援センター（ウッタラーカンド州）

どもを産み、家族に尽くせばよい、との考え方だ。そもそも、女性より男性の子どもを歓迎する傾向が根強く残っている。インドのテレビドラマや映画でもそのような物語は多く出てくる。家事に追われ、遠くに水汲みに行き、子どもと夫の世話で休む間もない姿として描かれる女性像である。特に農村では、因習のなかで自分の生き方を規定し、村の「掟」に自分を合わせる女性の立ち振る舞いが所与の光景となっている。

因習に打ち勝つ女性像

一方で、最近はその偏見に打ち勝つ女性の姿に注目が集まる場合も増えている。わかりやすい例は、スポーツ界で活躍する女性アスリートの台頭だ。女子ボクシングで世界選手権のタイトルを6度獲得したマングテ・チュングネイジャング・メアリー・コムはその代表的な存在と言える。

北東部マニプル州の農村出身で、小さい頃から活動的だった彼女は、父親の大反対にもめげず、ボクシングを続け、遂には世界チャンピオンの栄冠に輝いた。父親は「女性は家族のために働き、嫁入りすることが最も大切」という考えを持ち、彼女のグローブを焼くこともあったという。

しかし、彼女はこの「古い」考えに納得せず、父親との縁を切ってまでもボクシングを続ける。国際試合でメダルを取るようになると、応援する人も増え、周りの評価が高まることで、ようやく父親も理解を示し、和解に至る。

この実際にあったエピソードに多くの人が感動し、彼女は周りからの偏見や差別に打ち勝ったヒロインとして衆目を集めたのである。自ら置かれた環境に果敢に挑戦しなければ、既存の偏見や差別が変わらないことを、彼女は身をもって示したと言える（メアリー・コムは2020東京オリンピックでインド選手団の旗手を務めた）。

先に述べた農村の女の子の場合、実現可能な選択の幅をなるべく広げる環境をつくりだすことが大きな課題となる。そして、その課題に取り組むことが「人間開発指数」や「人間の安全保障」の目的と言ってもよい。

様々な選択肢を自由に選べるようになれば、今度はその選んだ道を十分に生かす能力が求められる。紛争や災害があれば、人の生活上の選択肢は狭められてしまうし、仮に選択肢はあっても、貧困や差別が激しければその能力が十分発揮されない。

能力をより良く発揮するには、健康で知識を十分に蓄えることも必要となる。そのような状態をつくりだし、人々の「達成できること」が多くなれば、人々と国の厚生が最大となる。これが、今の国際開発の主流となっているアマルティア・センの考え方である。

もちろん、「達成できること」が多くなったからと言って、人々の幸福度が増すとは限らない。多くの選択肢があることは素晴らしいが、どの道を行けばよいかは容易にわからない。また、その選択の結果、仮に成功したとしても、いつか後悔することがあるかもしれない。

しかし、その選択肢が大きく制約されている国々では、まずは状況の改善が不可欠である。そのために、基本的な条件として、国中の人々が教育を受け、医療サービスを利用し、安全な水を飲むことができ、いつでも電気を使用できるような環境を整える必要がある。そして、これらすべてを行うには政府の施策だけではなかなか手が回らないのが現状である。

このため、社会の様々な人々、社会的企業を含む民間企業、NPOなどの市民団体、大学や研究機関等の学術界などが協力して、状況を変える行動をとることが期待される。この意味で、世界有数の技術力と資金力を有する日本企業が果たす役割は間違いなく大きい。日本政府も国際協力を通じて他国に手を差し伸べることで、多くの人々がその可能性を広げる機会をつくることに貢献できる。

国民総幸福量

人間の開発に焦点を当てた指標設定の試みと言えば、インドの隣国ブータンの「国民総幸福量」もよく知られている。「国民総幸福量」は、1972年、当時のジグミ・シンゲ・ワンチュク国王によって提唱された考え方だ。

人間の豊かさの指標となるのは、お金やモノではなく、精神的な豊かさだとするもので、心理的幸福、健康、文化の多様性、環境、地域の活力、生活水準、自由な時間の使い方など、9つの項目を幸せの構成要素として挙げている。国の豊かさは、この幸福量の多さによって決まる。

ブータンでは、この「国民総幸福量」を実際の政策に反映し、①持続的開発、②より良い統治、③

環境保全、④伝統文化保護の4つの基本方針の下、具体的な施策の計画をつくっている。国の開発は、金銭的・物質的豊かさだけを偏重して進めるのではなく、伝統的な社会や文化、また、環境などにも配慮して、国民一人ひとりの精神的な豊かさを重視するという姿勢である。

アマルティア・センの「潜在能力」の考え方は、人間の発展可能性を最大に引き出すことを主眼としているが、その状態が幸福か否かは問わない。人が幸せかどうかはあくまで主観的なものであり、同氏は幸福度を高くするような「潜在能力」の具体的なメニューを示すことは控えている。

人として、様々な人生の選択肢が与えられ、それを実行する能力を備え、実際に自分の望むことを達成できることは、確かに幸福の度合いに大きく寄与するだろう。一方で、ブータンでは、幸福度を上げる要素として「家族や友人とどれぐらい過ごせるか?」「自分でどの程度自由に時間が使えるか?」「自分が信頼できる人がどれぐらいいるか?」など、精神面の充実度が重視されている。

国民幸福度調査を主催するブータン研究センターのカルマ・ウラ所長は、「先進国は豊かで便利だが、うつなどの心の病気が増えている。外国の都市部に行くと、空気が悪く、騒音があり、気が休まらない。どんなに国が経済成長を果たしても、人が精神的に豊かにならなければ、国は発展しているとは言えない」と強調した。同センターが5年ごとに行う国民幸福度調査は、ブータン国内の各地で住民に直接長時間のインタビューを行い、幸福に関する質問に回答する形で幸福の度合いを測っている。

以前、この調査に協力する機会を得たが、地方の村人に対する質問のなかで内心「ぎくり」としたものがある。それは、「あなたはいざという時、何人の人が自分を助けてくれると思いますか?」という問いだ。そして、ブータンでは、多くの村人が「そうだな、50人ぐらいかな」と即座にその数を回答するのだ。己の場合に当てはめて、果たしてそのように即答できるのか、正直慄然としたことが思い出される。周りの人々との関係性が個人の精神的豊かさに大きく影響することを、改めて想起させる瞬間であった。

周知のように、ブータンの場合は、仏教の教えがこの幸福量の考え方に大きく影響している。人が生きるうえでの心の持ち方、精神の豊かさを重視する姿勢である。この幸福度の考え方は世界にも広がりつつあり、日本の自治体では福井県が中心となり、幸福量の概念を政策に取り入れる活動を進めている。

アマルティア・センの貢献は多大であるが、人間の幸福量を追求するブータンの試みは、開発指標の在り方に新風を吹き込んでいる。国際的に注目される人間開発指数に南アジアの大国インドと隣の小国ブータンが重要な役割を果たしているのは、興味深い光景である。

2　ラストマイルの開発――「後発県の変革プログラム」

県に焦点を当てた草の根開発

インド国内の隅々にまで、生活に必要な商品や社会サービスを供給するためには、相対的に遅れた地域に焦点を当て、発展を促す施策が必要である。

インドでは、1つの州のなかに数十の県があり、その県内に町や村落がある。2019年時点で計

表5-1　後発県選定の開発指標

分野（重点割合）	指標の設定
健康と栄養（30％）	健康と栄養に関する産後のケア、ジェンダー平等、新生児の健康、子どもの成長、伝染病、病院施設数など、計13の指標
教育（30％）	学習成果（初等教育から高等教育までの移行率、数学と国語の平均点）、インフラ施設（女子のトイレアクセス、飲料水、電力供給）、制度的指標（生徒数と教師数の比率、教科書のタイムリーな配布）など、計8の指標
農業と水資源（20％）	生産量（収量、価格）、投入物（高品質の種子配布、土壌衛生カード）、制度的支援（作物保険、電子市場、人工授精、動物の予防接種）など、計10の指標
金融包摂と能力開発（10％）	国民身分証明制度の普及、銀行口座開設数、若年層への職業訓練など、計11の指標
基本的なインフラの整備（10％）	各家庭のトイレの利用可能性、飲料水、電気、道路へのアクセスなど、計7の指標

出所：インド行政委員会公表資料より作成

739の県があり、そのうち、開発が遅れた県を選定し、重点的に予算配分を行うのが「後発県の変革プログラム」だ。

県の「後発度」については、①人々の健康と栄養、②教育、③農業と水資源、④金融包摂と能力開発、⑤基本的なインフラの整備、の5つの分野、計49の開発指標の分析を通じて測定される（表5－2）。この手続きを通じて選定された発展度合いの低い112県を対象にして、中央政府は2018年にプログラムを開始した。

このプログラムにはいくつか特徴がある。第1に、州内の県レベルの開発に中央政府が直接関与していることだ。中央政府傘下の行政委員会が事務局となり、各県が申請する「変革事業」の審査や実施状況を監督する役割を担う。行政委員会は中央政府の各分野の管轄機関や州政府と協力しながら、この作業を実施している。各作業を円滑に行うため、選定された県には中央政府から調整員が2名派遣され、州当局や地元住民との折衝を担当している。

第2の特徴は、政府機関だけではなく、民間企業や市民団体の参加を積極的に促進していることである。行政委員会は、「後発県の変革プログラム」の意義や期待される効果について、広く周知を行い、企業や市民団体から協力が集まるよう呼びかけている。実際に企業のCSR活動や地元NPOの協力により、病院に対する医療機器の寄付や高齢者の在宅ケアなどが実施されている。行政委員会は、公的企業の協力についても広く推奨し、寄付やボランティアの動員を図っている。

第3は、情報の透明性確保だ。このプログラムによる実際の改善効果が外部からも確認できるよう、各県の状況を示す具体的な指標が行政委員会のウェブサイトで公表されている。これを見れば、現在までにどの県がどの開発指標を改善したかが一目瞭然となっている。

また、同サイトでは、インド国内で最も開発が進んでいる県とプログラム対象の県との格差についても確認できる。「後発県」とすれば、「先進県」と比較されることで、競争意識を持つようになり、指標改善に努力する動機付けとなる。

行政委員会は、定期的にニューデリーに対象県を招いて進捗会議を開催し、開発が進んでいる県を表彰したり、進捗が著しい県には予算を追加的に配分する措置をとっている。

この取り組みを通じて、すでに保健分野などで乳幼児死亡率や妊産婦死亡率の改善が見られる県が出てきている。具体的な指標はSDGsのターゲットとリンクしており、「後発県の変革プログラム」

表5-2 「後発県の変革プログラム」で選定された案件数等

対象分野	案件数	配分予算額（千万ルピー）
保健・栄養	125	104
教育	82	78
農業	37	25
金融アクセス・技能実習	20	52
基礎インフラ整備	16	45
その他	13	1
合計	293	305

出所：インド行政委員会公表資料より作成

は県レベルのＳＤＧｓ達成を目指す戦略的な事業とも言える。２０１８～20年末の間に計２９３件の選定案件に対して、合計約30・５億ルピー（42・７億円）が配分された（表５－２）。

このプログラムの意義や効果の観点から、事業の実施を後押しすべく、日本は「インドにおける持続可能な開発目標に向けた日印協力行動に関するプログラム」という事業名で、インド政府に１５０億円の円借款を供与している。この協力は、「政策支援型借款」と呼ばれる形式で、ＳＤＧｓの達成に必要な政策遂行を条件に資金を提供するものである。

必要な政策となる行政委員会のモニタリング体制強化や各分野の開発指標設定などについては、定期的な進捗管理会議を通じて、国際協力機構がその実施状況を監理している。また、健康や教育などＳＤＧｓの重点事項についてテーマを定め、有識者によるフォーラムを定期的に行っている。

実際の円借款資金は、「後発県の変革プログラム」の事業遂行に活用される。各県は、それぞれが重点を置く分野の開発事業を計画し、行政委員会に事業実施計画書を提出する。

その後、必要性や事業効果などの審査を経て、「変革事業」として認定されれば、円借款資金が対象の県に配布される仕組みだ。現場での実施状況については、定期的に報告書が提出され、国際協力機構が関係機関と現場訪問を行い、実際の進捗状況や効果を確認する。２０２０年末時点で、すでに選定された約70件（表５－２にある案件数の内数）の「変革事業」が開始されている。

「変革事業」の事例

中国、ネパール、ブータンに三方を囲まれた山岳部の小さな州シッキム。インド最高峰カンチェンジュンガの山を擁する同州は、山岳地のため地域が地理的に分断されており、物理的な移動が困難な環境にある。

同州の西シッキム県から申請された事業は、学校間の遠隔授業を可能にする設備の導入を行うものである。同県では、学校で働く資格のある教師の不足が問題となっている。このため、生徒に質の高い授業を提供し、学習能力を高める工夫が必要であった。

事業では、資格を有する教師による遠隔教育を可能とするため、デジタル学習に必要な機材や教材を導入する。特に理数系の学科に着目し、高校生向けの遠隔教育を実施することを計画している。複数の学級が別の学校の授業を受けられるようにする体制づくりは、シッキム州では初の試みとなる。今回の事業で遠隔教育の実効性が示されれば、州政府はこの取り組みを他県に拡大する予定である。

同じく、同県では、結核対策の事業も採択されている。現在、県内の複数の地区で住民の間に結核が広がっており、その対応が急務となっている。結核蔓延の主な理由が住民の病気に対する知識不足であり、体調が悪くても必要な届け出などが提出されないのが現状だ。

申請された事業は、小児結核、肺外結核、多剤耐性の症状などについて、地域の実態調査を行うとともに、学校の生徒や村落の代表へ啓発活動を行うものである。字が読めない人々のために、イラストや劇などを取り入れ、結核の知識や症状初期の対応方法について周知することを目指している。このキャンペーンにおいても遠隔技術を利用し、なるべく多くの住民に知識や情報が届く工夫を検討している。

ナンダルバール県の救急オートバイ

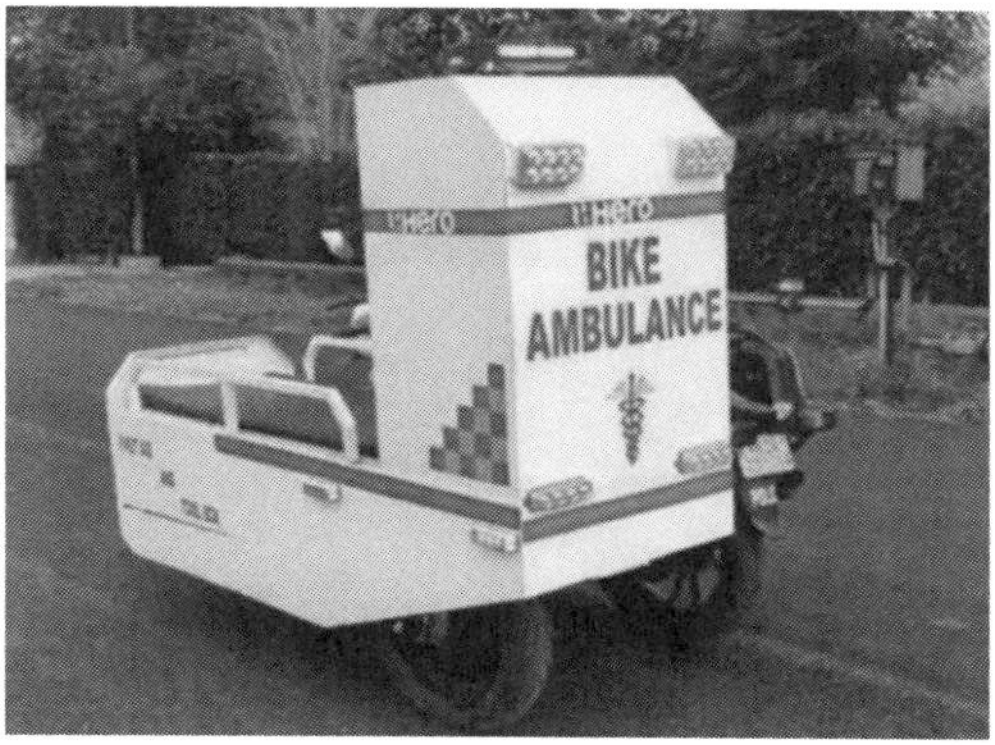

提供：インド行政委員会

大都市ムンバイを擁するマハーラーシュトラ州。同州は1億人以上の人口規模を誇り、地方には先住民族も多数居住している。同州北部に位置するナンダルバール県は、ナルマダ川に隣接する先住民族の居住地域である。現在、居住地から最寄りの医療施設までは舗装の無い狭い道路しかなく、車の往来ができない状況にある。また、雨期には道路が水浸しとなり、たびたび通行に困難をきたしている。

同県から申請された事業は、最寄りのプライマリー・ヘルスセンターへの緊急輸送を可能にするため、オートバイによる救急搬送システムの導入を図るものである。特に同地区では妊婦の通院が頻度を増しており、母体の安全に配慮する医療サービスの提供が必要となっている。県当局はこの新しいシステムの導入により、迅速でより安全な患者の救急搬送を目指している。２０２０年末時点ですでに10台の救急オートバイが導入されている。

同じマハーラーシュトラ州の東部に位置するワシム県から申請された事業は、学童の英語力向上を図るため、公立学校で英語学習プログラムを導入する内容である。公立学校では、現地語での学習が普通であり、私立学校と比較すると生徒の英語能力が格段に劣る。この事業は、読解力やリスニング力を高めるため、学習教材を購入し、英語の学習カリキュラムを充実させるものである。この事業を通じて、英語の上達を図り、多くの生徒が上位の学校に進むことを県当局は意図している。

変革事業の意義

前述以外にも、農村部の物流改善、小学校の改修、病院への太陽光発電施設の設置、等、各県の実情にもとづいた様々な事業が実施されている。事業計画書の作成に携わったビハール州ブッダガヤーの県病院の医師は、「毎年必要な予算を州に申請しているが、十分な資金が配分されない。中央政府が直接関与するこのプログラムを利用して、医療機器の更新を行っていきたい。外国機関が支援することで各手続きが円滑になることを期待する」と語った。事業に必要となる施設や機器の調達は、主に地元の企業から入札を通じて行われており、地産地消を通じて地域の経済振興にも役立っている。

「変革事業」は、県内で最も遅れている分野かつ必要性の高い取り組みのなかから選定され、辺境の人々がその事業成果を享受する直接の対象となる。その意味で、まさに、村々のラストマイルを埋める草の根の開発プログラムと言える。同事業の実施により、取り組みの効果が上がれば、農村部を含めた地域のSDGs指標改善に寄与し、ひいてはそれが国全体の目標達成につながる。事業に参画する地元企業からすれば、まさにSDGsビジネスの実践と言えよう。

日本もその一部を支援することで、インド国内のラストマイル実現とSDGs達成に貢献できる。インドで同プログラムの実効性が確認できれば、他国に対しても同様の協力の道が開けるであろう。

3　日本企業への期待

人間中心のビジネス

SDGsの達成を目指して国際社会が協力するなか、時代の要請として、SDGsと企業経営を結びつける動きが本格化している。企業側の一般的な動機としては、社会課題への対応や自らの生存戦略、また、企業イメージの向上や新たな事業機会の創出などが挙げられよう。実際に、国連グローバル・コンパクトなどが作成した「SDGsコンパス」等のツールを使って、SDGsを経営戦略に落とし込み、企業活動に反映する大手企業が増えている。

同ツールに従い、SDGsの理解、優先課題の選定、具体的な目標設定、経営への統合、公表及び報告、の各段階を経ることで、SDGsが経営に浸透し、企業活動そのものがSDGsビジネスの性格を帯びてくる。個々の事業は、SDGsの掲げる17の目標と169のターゲットに結びつけられ、

SDGsへの貢献度が可視化される。これにより、「なぜ、何のため」に企業がビジネスを行うのかが、より明確になる。このような取り組みが日本のSDGs達成を促すことは、間違いない。

本書で取り上げたインドの「インパクト企業」からは、日本企業への期待が頻繁に寄せられる。農産品の高付加価値化、商品の包装技術、竹細工のマーケティング手法、プラスチック製品の再利用、作物の保存・運搬技術、電子医療カルテ、繊維の低コスト生産、等々。日本企業の優れた技術や経営手法を取り入れ、自社の事業に活用したいと望む経営者は多い。

日本企業の参画が実現すれば、確実に「インパクト企業」の活動の質を高め、その多くは低所得者である顧客の便益を高めるだろう。そうなれば、インドのSDGs達成も促進されることになる。

アマルティア・センの考えにもとづけば、人間の能力を最大に開花させる環境の創出が生活の良さを高める条件となる。人々の選択肢を広げ、自ら「達成できること」を増やす。それを可能にする企業活動が「人間を中心に据えたビジネス」であり、まさにSDGsビジネスの核となる取り組みと言えるだろう。

「人間を中心に据えたビジネス」では、対象とする顧客層へのインパクトを中心に考え、そこから各課題の解決を考える「アウトサイド・イン」のアプローチが必要となる。これは、本書で論じた多くの「インパクト企業」が採用している手法だ。

インドでの「人間を中心に据えたビジネス」の市場規模は膨大である。そして、その市場を切り開いている「インパクト企業」との協働や連携は、日本企業にとってもSDGsビジネスの新たな展開となるだろう。SDGs体質の強化が進む日本企業の参画によって、ラストマイルの問題に直面するインドの人々に大きなインパクトがもたらされることは間違いない。

投資や資本業務提携での参画

インドの「インパクト企業」に対する日本からの投資は少しずつ増えている。農村電化を行うオーエムシー・パワーへの三井物産の投資やスタートアップ企業に対するドリームインキュベータの出資等については、本書で触れた。一般のスタートアップ企業に限定した場合、2014~20年の間に75以上の日本企業・団体が170以上のインド企業に投資をしている。主な対象分野には、最先端の技術を使う医療・健康管理、金融テクノロジー、物流、車両移動サービス、等が含まれ、同期間に投資件数は約6倍に増えている。

「インパクト企業」にはスタートアップ企業が含まれるが、第2章で述べたように、一般的に投資リスクが高くなる。そのため、投資判断は慎重にならざるを得ないが、目利きに優れたアービシュカールグループ等のファンドを通じた方法も考えられる。資金調達に苦労している「インパクト企業」への投資や資本業務提携は、インドのSDGs達成を後押しする観点から意義が大きい。以下は、その具体的な事例である。

家政婦派遣業――ブックマイバイ

日本の社会的投資団体ARUNは、ムンバイで家政婦派遣業を展開する社会的企業ブックマイバイに出資している。ムンバイでは、中間所得者層が増加するに伴い、家政婦の需要が高くなっており、農村出身の若い女性にとって良い就労機会となっている。他方で、住み込みの多い家政婦の仕事は、時に労働環境が厳しく、家主との間で金銭トラブルなども発生している。本書で指摘したインフォーマル雇用の弊害である。

農村部では、働き手となる女性が多いが、居住地近辺に良い働き口がなく、都市部に出稼ぎに出る場合が多い。ブックマイバイは、立場の弱い女性の就労機会増加と労働環境改善を目指して、農村やスラム地区出身の女性に必要な訓練を施し、その労働の質を上げるとともに、働き先を斡旋する活動を行っている。家政婦の立場を保護するため、過度な労働を防ぐ条件を含めた契約書の作成や、トラブル対応用の24時間ヘルプラインの設置なども行っている。

同社はすでに約5万人の家政婦リストを有し、1万3000人の紹介実績がある。事業インパクトの点では、貧困削減、女性の地位向上、働きがいのある雇用機会の確保、などが挙げられる。これらは、SDGsのターゲットにそれぞれ該当するものである。

ARUNは、ブックマイバイの社会的なインパクトに注目し、2018年に5万USドル（525万円）の投資を実行した。ARUNは、遠隔医療を行うイクレ・テクノソフトや、酪農を営む零細農家の生産性向上を目指すステラップ・テクノロジーにもインパクト投資を行っている。

医療機器配送——メディカバザール

地方の私立病院向けに医療機器のEコマースを行うメディカバザールにも、日本企業が投資している。インド国内では、従来、医療機器は個別の製造業者から取り寄せる必要があり、注文作業に手間と時間を費やしていた。また、地方における物流の問題から、注文しても医療機器が届くまで数週間かかることが普通であった。この課題の解決を目指して、同社は情報通信技術を駆使し、物流網の構築を通じてＥコマース事業を展開している。

２０１５年の設立以来、同社の業務は拡大しており、地方の病院を対象として、最先端の医療機器、消耗品、その他サービス等、業界最多となる約30万点の製品をＥコマースで取り扱う。さらに、人工知能（ＡＩ）を用いた独自の在庫管理ツールを開発し、病院の在庫管理及び仕入れの大幅な合理化を行っている。注文から機器の到着まで、数日以内で完了する同社の画期的なサービスは好評を博し、取引を行う病院はすでに約３万に達している。

２０１９年の資金調達では、日系ベンチャーキャピタルのリブライトパートナーズに加え、凸版印刷、ＣＢＣ、ＥＬＡＮ、三井住友海上キャピタル等から合計17億円の投資を集めた。凸版印刷は医療機器の包材販売、ＣＢＣはＣＡＤツールを使った歯科向けのクラウン（歯のかぶせ）供給を企図している。メディカバザールは、国内に17の流通中間拠点である配送センターを有し、この資金調達で製品ラインの拡大やサプライチェーンの強化を行う計画だ。

リブライトパートナーズは、ＩＴ系スタートアップ企業を中心に投資を行っており、インドでは、メディカバザールを含め計15社が対象となっている。投資対象には、農村部を含めたラストマイル物流を扱うレッツトランスポートなど、「取り残された人々」へのサービスを行う企業も含まれている。その意味で、「インパクト投資」の要素も強いと言えるだろう。ちなみに、レッツトランスポートとは、日本のトヨタグループが資本業務提携を進めている。

メディカバザール社長のビヴエック・ティワリ氏は、同社の事業について、「(同社の業務は)簡単に言えば、医療機器のアマゾンだ。地方の病院を訪問した際、医療機器が届かないことで診療や治療が滞るという話を何度も聞いた。必要な時に必要なものを病院に届けるシステムをつくりたかった。日本企業と協力するのは大歓迎。すでに複数の日本企業と何度も協議しており、協力内容も見えてきた。当初は物流の確保や支払いの決済システムの構築に苦労したが、今後は事業拡大を積極的に行っていく」と語った。

業務拡大が著しい同社だが、ムンバイの事務所はアパートと思しき建物の一角の狭い空間で、面談に訪れた時は広い事務所に引っ越しする直前であった。ティワリ氏が「ようやく、まともなオフィスで仕事ができる。今まで会議室もなかったが、これからはスタッフにも快適に過ごしてもらえる。非常に嬉しい」と明るく話していたのが印象に残っている。

上智大学のＥＳＧ投資

企業以外でインドのインパクト投資に参画しているのが上智大学だ。上智大学は２０１８年、第２章に登場したアービシュカールグループのファンドに投資を開始した。インド国内において貧困層の生活改善を目的とする「インパクト企業」を支援するのが目的だ。同大学は、この投資を開始する際のニュースリリースで、２０１５年に署名済みの国連責任投資原則（ＰＲＩ）に従い、ＥＳＧ投資に取り組むことを強調している。

上智大学は、国連グローバル・コンパクトにも参画している。これは、企業を中心とした団体が、

表5-3　国連グローバル・コンパクトの10原則

人権	原則1：人権擁護の支持と尊重
	原則2：人権侵害への非加担
労働	原則3：結社の自由と団体交渉権の承認
	原則4：強制労働の排除
	原則5：児童労働の実効的な廃止
	原則6：雇用と職業の差別撤廃
環境	原則7：環境問題の予防的アプローチ
	原則8：環境に対する責任のイニシアティブ
	原則9：環境に優しい技術の開発と普及
腐敗防止	原則10：強要や贈収賄を含むあらゆる形態の腐敗防止の取り組み

出所：国連のホームページを参考に作成

リーダーシップを発揮しつつ、社会の一員として持続可能な成長の実現を目指す取り組みである。現在、世界161カ国で約1万4000に上る企業や団体が署名している。「人権」「労働」「環境」「腐敗防止」の4分野・10原則を軸に活動を展開し、SDGs達成のために様々な施策を実行している（表5－3）。

日本では、2020年12月時点で382の企業や団体が参加しており、「グローバル・コンパクト・ネットワーク・ジャパン」が国連機関等と連携したシンポジウムなどを実施している。

上智大学は、アービシュカールグループへの投資以外にも、グローバル・グリーンボンド・ファンドへの投資（債券型インパクト投資）、英国洋上風力発電ファンドへの出資（サステナビリティ・テーマ投資）、グローバル・サステナビリティ・ファンドへの投資（SDGs関連テーマアクティブ運用）、米州開発銀行（IDB）とのマイクロファイナンスファンドへの共同投資（債券型インパクト投資）、国際協力機構の社会貢献債への投資（同上）、アフリカ開発銀行「アフリカの人々の生活の質向上ボンド」への投資（同上）、などを行っている。

同大学は、インパクト投資に加え、学術機関として、ＥＳＧ投資に関連するシンポジウムの開催なども盛んに行っており、同様の取り組みを企図する他大学の牽引役を担っている。

ラストマイル事業体としての参画

投資を通じた資金面での関わりに加え、日本企業が事業の主体として参画する余地は十分にある。実際に自社の優れた技術を活用し、インド農村部の諸課題をビジネスの力で解決しようとする試みが行われている。事例は多くあるが、そのなかで特に中小企業の取り組みについて以下に紹介する。

医療分野のコールドチェーン

インド政府は２０２１年1月、新型コロナ対策として、地場企業のバーラト・バイオテックが開発したワクチン、及び英製薬会社アストラゼネカとオックスフォード大学が共同で開発したワクチンをそれぞれ承認し、医療従事者らを対象とした接種を同年2月から開始した。

その後、高齢者を対象にした第2フェーズが3月から始まったが、それまで下がり続けていた新規感染数が同年4月には1日当たり40万人規模まで急増し、都市部を中心に病院の医療体制が逼迫する事態となった。これを受けて、インド政府は、ワクチン接種の対象を18歳以上の若年層まで広げ、ワクチンの輸出を一時的に停止。4月にはロシア製のワクチン「スプートニクV」の使用を承認し、国内生産の増強とワクチン接種体制の整備に注力している。

図5-1　ワクチン供給の流れ

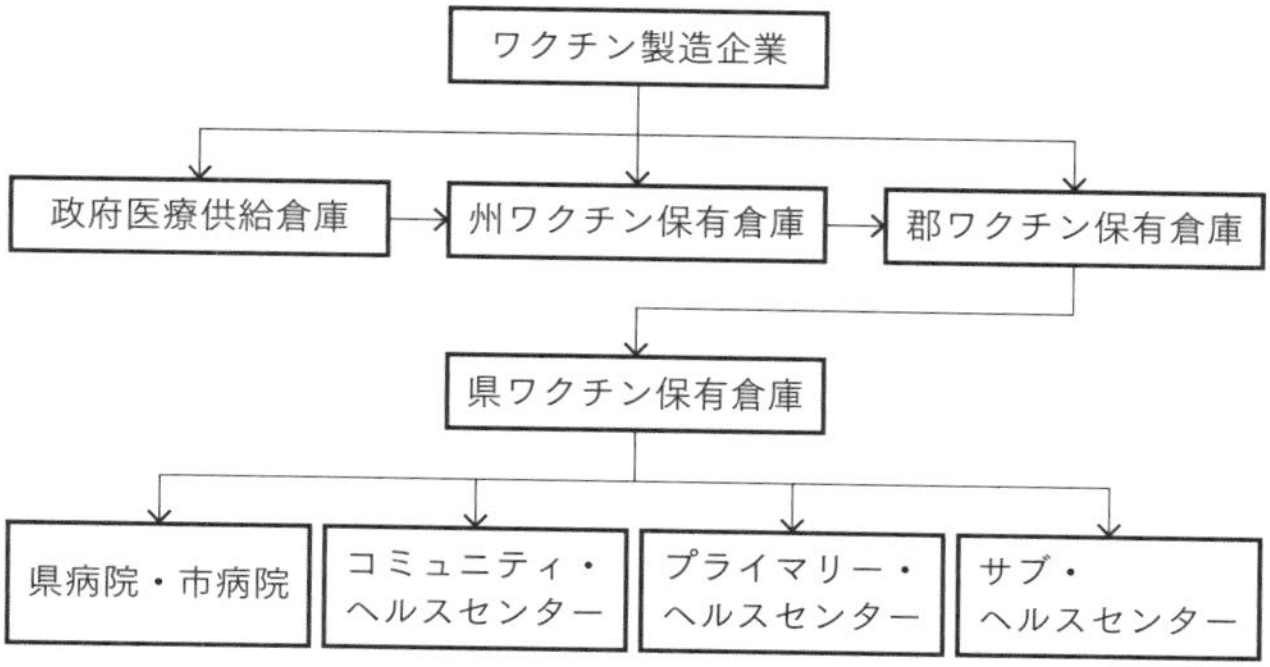

出所：国際協力機構（2013）より作成

感染者の数が比較的少ない地方の農村では、ワクチン接種が可能となるまで相応の時間がかかる見通しであったが、4月の感染爆発を機に、政府の体制づくりは加速化している。農村で接種を行うには、最寄りのサブ・ヘルスセンターまで、ワクチンが適切な温度管理の下に運搬される必要がある。このため、全国約65万村にワクチンを届けるにあたり、ラストマイルの課題は主にコールドチェーン（低温物流網）の構築にあると言ってよい。

一般のワクチンがどのような経路で農村のサブ・ヘルスセンターまで届くかを概観してみる。まず、国内外のワクチン製造企業から全国4カ所にある政府医療供給倉庫にワクチンが供給され、次に全国39カ所に設置されている州ワクチン保有倉庫に運搬される。通常、ワクチンは2～8度（ただしポリオワクチンはマイナス25～マイナス15度）の温度下で最長3カ月間保管される。

その後、郡ワクチン保有倉庫、県ワクチン保有倉庫の順番で運搬がなされる。それぞれの倉庫には冷凍・冷蔵施設が整備されており、その後は各病院の要望に従い、県病

プライマリー・ヘルスセンターに設置された冷蔵庫（メガラヤ州）

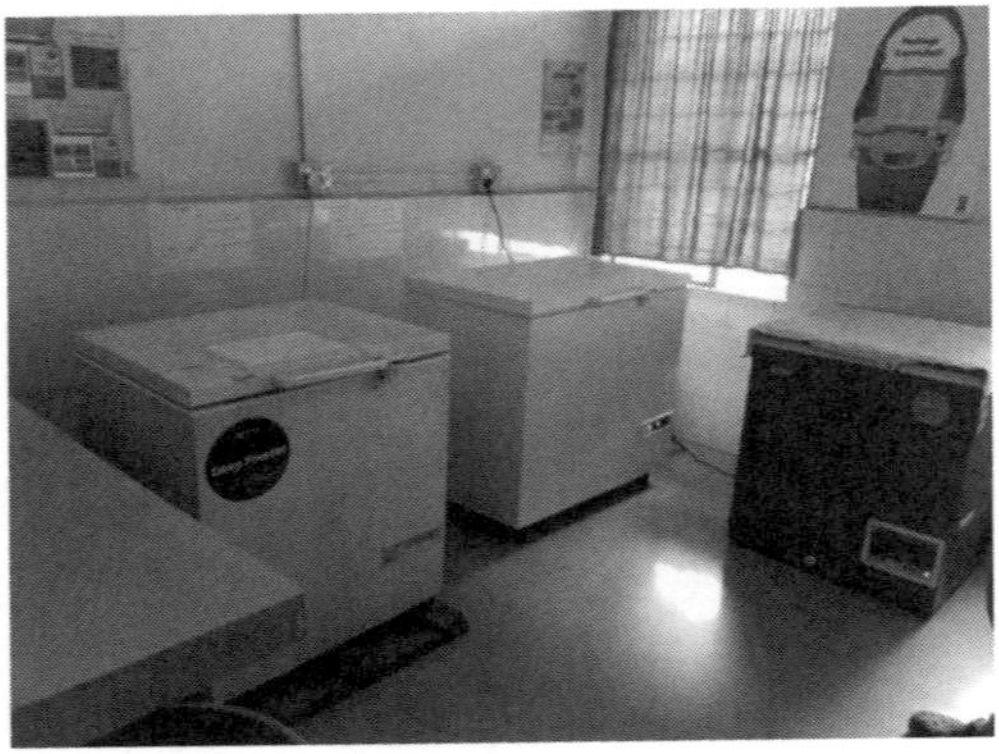

院、市病院、プライマリー・ヘルスセンター、サブ・ヘルスセンターにワクチンが運ばれる（図５－１）。

このロジスティクス上の課題として、各ワクチン倉庫での温度管理と県ワクチン保有倉庫から各病院への搬送方法が挙げられる。前者では、既存の冷凍・冷蔵施設の老朽化や停電などの影響により、適温での管理が困難になる状況が生じている。

保健省とユニセフが２０１０年に共同で実施した国内５州（アッサム州、ヒマーチャル・プラデーシュ州、ウッタル・プラデーシュ州、マハーラーシュトラ州、及びタミル・ナードゥ州）における調査結果によると、各倉庫の合計で、破傷風ワクチンの廃棄率は平均40％、三種混合は同33％、ポリオは同54％、ＢＣＧは同62％、はしかは同41％、Ｂ型肝炎は同41％に上った。

後者の課題は、中央から県までのワクチン倉庫間の運搬は冷凍・冷蔵設備を伴ったトラックを使用しているが、県ワクチン保有倉庫から各病院までの運搬は、通常のトラックを主な輸送手段としていることである。このため、各病院へワクチンを運ぶ際に、適正な温度管理に支障をきたす状況が生じている。冷凍・冷蔵設備付きのトラックを使わないのは、そもそも台数が限定的であるのと購入費用の問題があるためだ。

さらに、運搬先のプライマリー・ヘルスセンター等では、冷凍設備がなかったり、設備があっても故障していたりする場合がある。このため、低温管理が重要なポリオワクチンなどの場合は、接種の直前に必要な量だけ運搬するよう保有倉庫に要請している状況だ。

要するに、ワクチンを村落まで届けるためには、県のワクチン倉庫から農村部までのコールドチェーンの再構築が必要になっている。ミルク供給の分野でも類似の問題があったが、ワクチンの適切な運搬は人の命に関わるものであるため、より徹底したシステムの構築が求められる。

このため、コロナワクチンの接種を全国展開するには、コールドチェーンが末端部分で途切れないようにすることが不可欠である。この課題に対応するため、インド保健省は国内に2万9000カ所のコールドチェーン拠点を構築し、約8万個の冷蔵・冷凍庫を購入・設置することを2020年末に発表している。なお、2021年4月からは、ワクチン製造企業から州政府や民間の病院が直接ワクチンを購入することも認められている。

このコールドチェーンの確立に参画を検討しているのが、日本のアイ・ティ・イーだ。同社は、独自の高性能保冷剤「アイスバッテリー®」を使い、電源なしで6日間の冷凍が可能なアイスボックスをはじめ、冷凍設備を備えた専用20トンコンテナ等の製品を日本国内で販売している。特に携帯用のアイスボックス（8~100リットル）は、医薬品卸売業者やトラック物流業者など、日本国内で100社以上への販売実績を有している。

マイナス15度以下での保冷が必要なワクチンの全国輸送も手掛け、製薬会社からワクチンを受領アイ・ティ・イーの「アイスバッテリー」

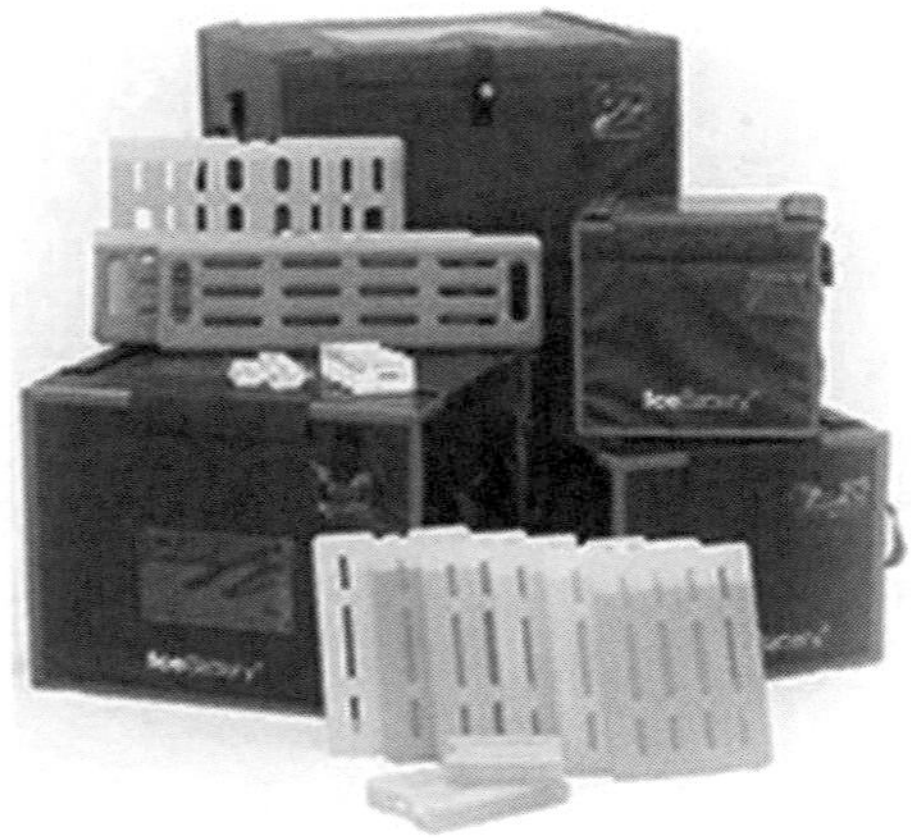

提供：アイ・ティ・イー

後、医薬品卸売業者の物流センターに運び、さらに各病院への搬送を可能にしている。

現在、同社の製品は、インドの鉄道運送会社大手のコンコルにより実証実験が開始されており、鉄道コンテナの冷凍・冷蔵輸送の可能性を検証している。コロナワクチン運搬の観点では、携帯用のアイスボックスを使えば、県ワクチン保有倉庫から数百キロメートル離れた病院や各医療センターまでの低温運搬が可能となる。これにより、農村においても、近隣のサブ・ヘルスセンターでワクチン接種が受けられる。実現すれば、日本の技術がインドの農村で人の命を助ける役割を果たすことになる。

インド政府は１９８５年以来、すべての幼児を対象とした予防接種事業を継続しており、ワクチンにより予防が可能な6疾患（破傷風、三種混合、ポリオ、ＢＣＧ、はしか、B型肝炎）の無料接種を進めている。従来、概ね80%以上の接種率を達成しており、多くの幼児が感染症等によって命を落とす事態を防いでいる。ただし、北東部の州など、接種率が60%以下になっている州もあり、特に都市部から離れた農村部での状況改善が求められている。

コロナワクチンの運搬を契機にしたコールドチェーンの強化は、国内のワクチン廃棄率を下げ、農村部における予防接種率の向上に貢献するであろう。

コンポスト

第4章でリサイクルビジネスを行う社会的企業の事例を取り上げたが、有機性廃棄物の有効活用のためには中間処理施設の拡充が必要となっている。その代表的な設備が、農業用の肥料をつくりだすコンポストだ。インド政府の調査によると、国内約80基の主要なコンポスト施設では、投入した廃棄物の7％程度しか肥料化されておらず、発酵後の残渣は埋立か野積みになっている。

三光のコンポスト施設

提供：三光

島根県に本社を構える廃棄物処理業者の三光がケーララ州コチ市で行った調査では、既存のコンポスト施設は日量190トンの投入で、そのわずか5％が処理されているのみであった。このため、有機性廃棄物の処理需要に追い付かず、施設周辺にそのままごみが堆積している状態となっていた。また、生ごみ投入から堆肥の完成まで約40日間を要していた。この調査にもとづき三光は、日本の中部エコテックの急速発酵処理装置「コンポ」を用いた課題解決をコチ市に提案している。「コンポ」は、動物の糞尿や食品残渣等を好気的に発酵させ、投入から堆肥化まで約2週間で行う装置だ。日本国内では、すでに３０００基以上の販売実績があり、製品の性能は実証済みである。コチ市における調査では、投入廃棄物の事前処理、温度や水分含有量等の工程管理、発酵条件などが精査され、製品販売の可能性が確認されている。

さらに、堆肥化過程で排出されるアンモニア等の悪臭を抑えるために、第3章で紹介した大成工業の浸潤散水処理資材「タフガード」を併設する検討も行われている。このようにインドの廃棄物処理分野において、日本のコンポスト技術が導入されつつある。

電動リキシャ（電気三輪タクシー）

インド政府は、地球温暖化に対応する手段の１つとして、電気自動車の本格的導入を進めており、２０３０年までに全車両の3割達成を目標としている。２０１９年度（4月～翌年3月）の販売実績は二輪や三輪も含め約24万台であり、30年にはその１００倍に当たる約２４００万台の年間販売を目指す拡大シナリオが想定されている。そのため、普及・生産・販売の奨励に補助金を提供し、充電インフラの整備も開始している。

電気自動車の核となる電池としては、蓄電力等に優れるリチウムイオンバッテリーの使用が有望だが、現時点でバッテリーを構成するセル（単電池）はほとんどが中国製品であり、インド企業の製品開発が追い付いていない。行政委員会は、２０２４年以降に販売される三輪タクシー（リキシャ）をすべて電動車とする提言を出しており、充電効率に優れるリチウムイオンバッテリーの使用が期待されている。

２０１６年に富山県で設立されたＩＴＳＥＶは、高性能のリチウムイオンバッテリーを製造する企業だ。従来のリチウムイオンバッテリーに比べて高気温下での製品劣化を半分程度に抑え、初期投資や電気使用量を7割以上減らし、中国製品よりも高容量・高出力を可能にした製品の開発に成功している。同社の製品は用途に合わせて組み込みができるオーダーメイド生産が可能であり、自動車に限らず、太陽光利用の蓄電池としても利用できる。

テラモーターズの電動リキシャ

現在、電動リキシャの開発を行うべく、同社はインド工科大学ハイダラーバード校と協力し、現地の環境への適合度について、確認作業を行っている。すでに、太陽光発電で蓄電されたテスト車が大学構内を走行している段階だ。

また、同社は日本国内でリチウムイオンバッテリーを搭載したＬＥＤソーラー外灯の開発を行い、売上は約２０００万円に達している。もし、高性能かつ安価なリチウムイオンバッテリーがインドで普及すれば、大気汚染の軽減とともにリキシャ運転手の収入向上にもつながる。

リチウムイオンバッテリーはオフグリッド地域の電化事業や灌漑ポンプの電源などにも利用することが可能なため、農村部における住民の生活改善に役立つことが期待される。

「オクルパッド」での弱視訓練風景（グジャラート州）

電動リキシャの販売では、日本のスタートアップ企業テラモーターズがインド国内3カ所に工場を立ち上げ、西ベンガル州やアッサム州を中心に年間1万台以上の販売実績を上げている。現在、鉛バッテリーを使用しているが、リチウムイオンバッテリー搭載の電動リキシャの製造も開始間近の状況だ。同社の電動リキシャは価格競争力やデザイン性に秀でており、今後も事業の拡大が見込まれる。

子どもの弱視矯正

インドでは、視力が0・1未満の弱視を患う人の数は、人口全体の約5%（2010年）とされており、その割合で計算すると、約6000万人に上る。弱視治療は、視力の発達が終わる10歳ぐらいまでに行われることが必要である。治療方法として、視力の良い目の方をアイパッチ（眼帯）で遮蔽し、弱視の目を強制的に使わせる「遮蔽法」があるが、アイパッチの購入費用や治療体制の問題で、多くの弱視患者が診断や治療を受けられない状況にある。仮にアイパッチを使っても、皮膚炎などの副作用のため、治療が定着しない場合も多い。

これに対し、電子機器の委託製造などを手掛けるヤグチ電子工業は、自社製品であるタブレット型の弱視訓練器「オクルパッド」の販売を検討している。宮城県に本社を構える同社は、ソニーの下請け工場から出発し、現在は医療機器の製造も手掛けている。

「オクルパッド」は、特殊なタブレットにより、両目を開けた状態で弱視治療が可能な医療機器で、日本国内ですでに300台以上の販売実績がある。両目を開けたまま治療が可能なので、遮蔽によって起こる副作用はなく、また、専用ゲームによる遊びの要素を取り入れた訓練のため、子どもが楽しく続けられる。

同社は、すでにグジャラート州の大学病院などで患者への試行を開始しており、「オクルパッド」を使用した被験者の方が視力の回復度が高いことが確認されている。今後、実証実験を継続する予定であり、販売先として眼科病院を想定したビジネスの展開を検討している。弱視が原因で学校への登校をあきらめ、良い就職口が見つからない人々が多くいるなか、同社の製品が弱視患者へのラストマイルを埋める役割を果たすことが期待される。

日系企業によるCSR活動の展開

第1章でマルチ・スズキの取り組みについて述べたが、インドに進出している日系企業のCSR活動は盛んである。2020年8月、グジャラート州の「マンダル日本企業専用工業団地」に入居する日系企業9社は、共同CSR活動として、州政府保健局の医療チームに対し、パルスオキシメーター(血中酸素飽和度測定器)100個を寄贈した。マンダル地域におけるコロナ感染者の急増により、重症度の判断に必要な医療機器の不足が顕著となり、医療チームからの要望に応じる形で供与したものだ。

ＣＳＲ活動が共同で行われる例は珍しいが、医療チームから「住民の生活・健康面まで配慮しているのは日系企業だけだ」と謝意が寄せられ、地域社会に貢献する取り組みが評価されている。

世界最大の学校給食事業者であるアクシャヤ・パトラ財団には、三菱東京ＵＦＪ銀行が支援を行っている。同財団は国内に調理センターとして「キッチン」と呼ぶ施設を整備し、地域の学校に給食サービスを展開している。この「キッチン」の建築費用に同行のＣＳＲ予算が充当されている。

２０１７年にはテランガーナ州ナルシンギ、19年にはグジャラート州シルヴァッサに同行の支援で新しい「キッチン」が開設され、それぞれ、１日当たり３万５０００人及び5万人の児童・生徒に給食を供給している。日本企業のＣＳＲ活動が児童や生徒の健康と就学率向上に貢献している事例だ。

リコーは、自社のデジタル印刷機を活用した学校運営強化を支援する活動を行っている。第１フェーズ期間となる２０１１～14年には、アーンドラ・プラデーシュ州メダック県で60校を対象に教員研修やデジタル教材を使った教授法の開発に協力した。２０１４年からは第2フェーズを開始し、活動を他州にも広げ、デジタル教材と教員研修をセットにした支援を展開している。２０１４～16年の3年間だけで、デジタル教材を使用した事業には、計50校、約３０００人の児童が参加した。

この取り組みは「インド教育支援プログラム」として実施され、同社は、支援の効果を測るため、単に対象人数だけではなく、授業の理解度や学校の運営体制強化などの項目を指標化している。これは、ＣＳＲ活動の具体的な効果を確認する工夫と言える。

紙おむつや生理用品の啓発活動を積極的に展開しているのがユニ・チャームだ。実際の活動として、紙おむつの普及率が未だ低い農村等に活動専用トラックで訪問し、地元の保健ワーカーの協力を得て、ビデオ上映やおむつの体験型プログラムを実施している。２０１９年は、計２４０日、９６０回の啓発イベントを行い、妊婦や赤ちゃんを育てる母親中心に約５万人が参加した。学齢期の少女や大人の女性を対象とした月経教育も展開し、同年度には計15地域、１０００校以上で啓発活動を展開した。

ユニ・チャームのCSR活動（衛生啓発）

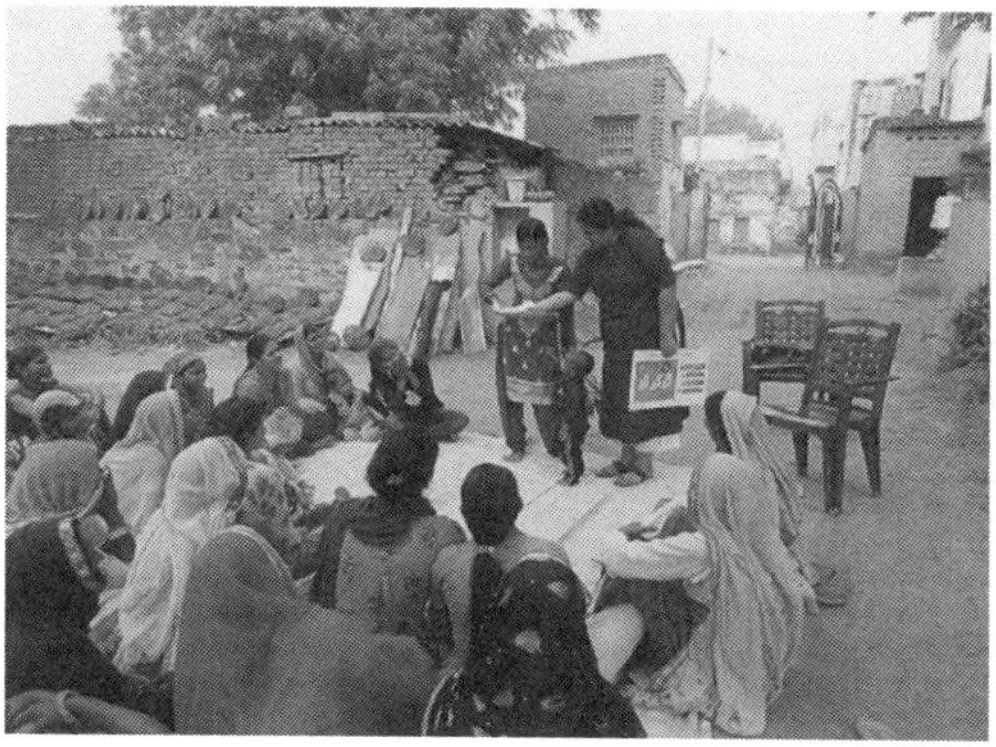

提供：ユニ・チャーム

インド進出後、長い期間にわたり地元の地域社会のためにＣＳＲ活動を継続している事例もある。ニッタゼラチンインディアは、新田ゼラチンとケーララ州産業開発公社の合弁会社として、１９７５年にケーララ州コラッティに設立された。当時、同地域は、交通の便が悪く、通信事情も整備されていない田舎町で、同社は設立当初から地域社会への貢献活動を開始している。

具体的には、病院や図書館の建設をはじめ、近隣にある学校の施設改修や農家向けの灌漑用ポンプの敷設など、その内容は多岐にわたる。２０１３年に法律でＣＳＲが義務化された後は、社内にＣＳＲ委員会を設け、自社の財団や地元のＮＰＯを通じた協力を継続している。地域の開発に貢献する同社の活動は、40年以上に及んでいる。

ここに挙げた日系企業のCSR活動はほんの一例であり、他にも多くの取り組みがある。これらの特徴として、①自社の製品やサービスに関連した活動を行う、②会社や工場がある地元の地域社会に貢献する、③インド特有の社会課題に取り組むNPOを支援する、などが挙げられる。支援の対象となるのは、公立学校、病院、給食施設、灌漑設備等、多岐にわたるが、裨益する人々は、児童や生徒、医療従事者や患者、農民や妊産婦、低カースト層や障害者などであり、社会的弱者層が多く含まれる。

この観点で、日系企業のCSR活動は、「取り残された人々」へのラストマイルに取り組む事業と言えよう。今後、インドに進出する日系企業がさらに増えると見込まれるなか、インドの社会開発に貢献する企業のCSR活動は、住民の生活向上につながり、ひいてはSDGsの達成にも寄与するであろう。

あとがき

「専門家、援助関係者、地元政策立案者のイデオロギー、無知、惰性が政策の失敗や援助の低効果の原因となっている」(『貧乏人の経済学』みすず書房)。これは、本書でも触れたインド出身の経済学者アビジット・V・バナジー氏が、貧困の実態を科学的な方法で分析した研究から得た教訓である。

イデオロギーは、この場合、思い込みと言ってよい。大学で学んだ経済理論や他国で成功した事例がそのまま通用するという観念だ。トイレをつくれば衛生問題が改善するのは当然と考えるが、インドの現実はそうはいかない。本書で紹介したように、ヒンドゥー教の聖典は不浄な施設を家のなかにつくるのを戒めているし、野外排泄は運動になり体に良いと考える人もいる。カースト制の影響で誰がトイレ清掃をするかも問題となる。人々の思考様式や行動をまず変えなければ、仮にトイレを設置しても使われない状況が続くのである。

無知は、目の前にある現実をよく観察しないことだ。貧しい世帯に現金を給付すれば、子どもの栄養状態が良くなるわけではない。家庭内では子どもの食事が必ずしも最優先とは限らないからだ。学校をつくれば教育が行き届くのだろうか。児童が学校に行っても教師が来ない場合がある。インドの公立学校の教師は外の雑事で忙しいのだ。なぜ教師が教室に来ないのかを知らないと、せっかくつくった学校が機能しない。

惰性は、新しいことに挑戦する意思が乏しい状態である。今までのやり方で大きな失敗がないのであれば、同じことを続ける。前例や既存の方法に従って、とりあえず目の前の事業を進める。有用な情報や異なる地域での実践例を知っても、自ら工夫をしたり、状況の改善に動いたりはしない。自分では前向きに取り組んでいるつもりでも、実際は惰性で動いていることに気づかない場合もある。

恥ずかしながら、自らもイデオロギー、無知、惰性にとらわれていたと反省することが時々ある。その最たるものは、開発援助の仕事に従事して約10年が過ぎた2000年当初のことであった。当時、日本の支援が増加していたベトナムを担当し、従来の開発援助の手法が国の発展に役立つと信じて、目の前の仕事に没頭していた。実際に、協力していた国道や発電所等の基幹インフラ事業の効果が現れはじめていた。ところが、ある日を境に「公共事業だけを支援しても、人々の生活が改善されるとは限らない」と切実に考えるようになる。

当時、仕事のため、ベトナムに出張する機会が多かった。その日は週末で、滞在していたハノイの繁華街を散策していると、小さな子どもたちが花や地図を買って欲しいと寄ってきた。すでに見慣れたストリートチルドレンの光景だったが、子どもの1人が執拗につきまとってきた。「プリーズ、プリーズ！」。汗にまみれたその顔はとても真剣そうに見えた。その時、なぜかふと、「開発援助の成果がこの子たちにまで及ぶのはいったいいつのことだろうか」との疑問が湧いた。そして、その問いが頭にこびりつき、「国が発展したとしても、目の前にいるストリートチルドレンの生活は変わらないかもしれない」との考えを強く抱くようになる。

そのハノイ滞在中に、偶然にもストリートチルドレンを雇用するレストランを訪問する機会に恵まれた。そして、その活動内容を店のウエイター（元ストリートチルドレン）に聞いた時の衝撃は、今でも忘れられない。昼間は給仕や会計の仕事を実地で学びつつ、レストランの収入で食費や生活費を賄う。夜は運営母体のＮＰＯが読み書きや算数などの教育を施す。１年間の実地研修が終わると、ホテルやカフェなどに就職する。教育、訓練、収入確保、就職が一体になった活動である。路上で物売りをしていた子どもたちが、必要な知識や技能を習得して自ら就職し収入を得る。このような活動は政府機関では実施できない。初めて見聞きする取り組みに心が揺さぶられる思いだった。

早速、このＮＰＯの本部に、活動を始めた経緯を聞きに行くと、「最初はストリートチルドレンの保護や教育をしていたが、資金が続かず、苦労した。そのうち、旅行で来ていたフランス人が子どもたちに料理を教えるようになり、レストランの構想を得た。レストラン経営で利益が出るようになり、活動も活発化した」と言う。当時、社会起業家などの言葉が出はじめた頃で、筆者にとっては、この活動がすこぶる斬新で画期的な取り組みに映った。

同時に、国全体が発展のプロセスにあるなか、開発効果が及ばない人々（本書に何度も出てくる「取り残された人々」）に対して、非常に有効な手段に思えた。まさに、目からうろこが落ちる感覚である。そして、その場で「ハノイ市内にはストリートチルドレンが多くいるので、２店目を出しませんか？」と提案することになる。

第２店舗は、３年間の準備の末、ようやく開店に至り、数カ月で利益を計上するようになった。レストランを開店するにあたり、有志とともにビジネスプランを作成し、収支計算を行い、資金調達を行う経験は貴重なものであった。この体験から、「人のためになるビジネス」は決して容易なものではないと実感したが、他方で、１年間の研修を終えた元ストリートチルドレン20名が無事就職を果たしたと聞いた時の感動は大きかった。そして、政府の行う公共事業は、活動の現場からだいぶ遠い世界の出来事に見えた。ラストマイルから見れば、国の発展をもたらすファーストマイルまでの距離はすこぶる長く、時にそれらはつながっていないと認識するようになったのである。

この経験がきっかけとなり、本業のかたわら、障害者の雇用促進などの支援活動を駐在先のマレーシアやインドなどで行うようになった。具体的には、視覚障害者の指圧ショップ開店や障害者の雇用斡旋サイトの導入、また、障害者向けのマイクロクレジット等への協力である。そして、これらの活動経験が、インドの社会的企業の研究へとつながることになる。

振り返ってみると、インドの社会的企業やＮＰＯの実践を知ることは、自らの思考や行動を改めて検証するまたとない機会となった。現場で苦労しながら、試行錯誤を重ねる経営者や代表者との議論は、大きな刺激となり、多くの新たな気づきをもたらしてくれた。

「あなたたちは書類を見ているだけで人を見ていない」「本当に困っている人たちの声は周りに届かない」「インドの現実は農村にある」「何度も協力者にだまされた。でも今は良い教訓になっている」「村人を見てもわからない。村の構造を知らないと活動はうまくいかない」「今までたくさんの人が手を差し伸べようとしたが、すぐいなくなった」等々。時に痛烈で、含蓄のあるこれらの直言は、現場の真実を伝える言葉として、今でも心に深く刻まれている。

今日では、ＳＤＧｓが唱える「包摂的開発」の考えなどにもとづき、開発の本流から「取り残された人々」を重視することが当たり前になっている。開発援助の現場に携わる者としては、大変喜ばしい状況である。また、開発の主体として、政府やＮＰＯに加え、社会的企業を含む民間企業の役割が注目されるようになった。人々へのインパクトを重視する立場からは、民間企業の斬新でダイナミックな取り組みが必要不可欠である。それは、従来のイデオロギー、無知、惰性からは決して生み出されない手法である。

本書は、筆者の学術論文を一部下敷きにして書き起こしたものである。ヒューマンストーリーの要素も入れたかったが、紙面の関係で経営者らが経験した挫折や失敗にはあまり触れられなかった。資金が底をついてバスにも乗れなかった話や、資金調達が成功した直後に工場が火事で焼失したエピソードなど、それこそ事業の数だけ涙の物語がある。

大きな挫折を味わってもなぜ事業をあきらめないのか。若い経営者の1人はこう言った。「これは神が自分に与えた使命だ。自分に課せられた義務と言ってよい。今うまくいかないのは、自分のやり方が悪いせいだ。失敗のたびに問題を改めて見直す。そうすると、少しずつ物事がうまく回り出すんだ。自分ができることをやりきるまでの話だ」

「己の使命に忠実になる」という『バガバッド・ギーター』（インドの聖典）の教えは本書でも触れた。これは日本風に言えば、「人事を尽くして天命を待つ」であり、インド人にとっては、「自らの本務を果たして神命をまっとうする」ということかもしれない。

本書で紹介したインド人の経営者や団体代表には、事業に取り組む姿勢において、ある種の諦観を感じることが多かった。そのような人々が率いる企業や団体の活動は、斬新かつダイナミックであり、着実に社会を変えている。本書でその一端でも読者の皆様に伝えることができたならば、大きな喜びである。

本書の執筆にあたっては、日本経済新聞社の山田剛氏とインド・ビジネス・センター代表の島田卓氏に貴重なご助言をいただいた。国際協力機構インド事務所の職員には資料のとりまとめなどで助力してもらった。改めて謝辞を述べたい。また、スズキの鈴木修相談役から推薦の言葉をいただいたのは誠に光栄なことと恐縮している。この場を借りて、心よりお礼申し上げたい。インドで事業を展開するマルチ・スズキのおかげで、日本人として何度誇らしい気持ちを味わうことができたか。日本の評判を大きく高めていただいた先人の方々には頭の下がる思いである。

出版にあたり、日経BP日本経済新聞出版本部の堀口祐介氏には、丁寧かつ親切に指導をいただいた。不慣れな筆者に忍耐強くお付き合いいただき、深くお礼申し上げたい。

最後に、ニューデリーで生活を共にした家族に感謝したい。様々な出来事に遭いながらも、妻や娘たちのインドを見る目にはたびたび触発された。家族のおかげで本書が執筆できたと言っても過言ではない。インドで過ごした日々が各々にとって今後の人生の貴重な糧となることを祈るばかりである。

2021年8月

松本　勝男

もういちど貧困問題を根っこから考える』(山形浩生訳)みすず書房
増田修代(1973)「インド・カースト制研究の展開——人類学者の研究を中心として」慶應義塾大学『慶應義塾大学大学院社会学研究科紀要』第13号
松本勝男・近藤武夫(2020)「途上国の障害者雇用とインフォーマル経済」日本職業リハビリテーション学会『職業リハビリテーション』第33巻
三原亙・竹谷亮佑・小林誠(2017)「海外情報 インド酪農の概要と世界の牛乳乳製品需給に与える影響」農畜産業振興機構『畜産の情報』第336号
村山真弓(2017)「インドにおける大学生の就職問題(特集　インドにおける教育と雇用のリンケージ)」日本貿易振興機構アジア経済研究所『アジ研ワールド・トレンド』第258号

――(2016)「インド国革新的低温物流技術と酪農女性グループミルクレディ育成による集乳事業準備調査報告書」
――(2017) 2016年度外部事後評価報告書「プルリア揚水発電所建設事業(I)(II)(III)」
――(2018) 2017年度外部事後評価報告書「ハリヤナ州送変電網整備事業」
――(2019) 2018年度外部事後評価報告書「ホゲナカル上水道整備・フッ素症対策事業(フェーズ1)、ホゲナカル上水道整備・フッ素症対策事業(フェーズ2)」
後藤拓也(2006)「インドにおけるブロイラー養鶏地域の形成――アグリビジネスの役割に着目して」広島大学総合地誌研究資料センター『地誌研年報』第15号
佐藤創(2012)「インドにおける経済発展と土地収用――『開発と土地』問題の再検討に向けて」日本貿易振興機構アジア経済研究所『アジア経済』第53巻
佐藤宏(2006)「インドの雇用問題における社会的次元――民間部門への雇用留保制度導入論争をめぐって」日本貿易振興機構アジア経済研究所『南アジアにおけるグローバリゼーション――雇用・労働問題に対する影響』
自治体国際化協会(2015)「インドの地方自治(第2次改訂版)」
グルチャラン・ダース(2009)『インド――解き放たれた賢い象』(友田浩訳)集広舎
エステル・デュフロ(2017)『貧困と闘う知――教育、医療、金融、ガバナンス』(峯陽一/コザ・アリーン訳)みすず書房
内藤雅雄(2012)「ゴア解放運動史1947－1961年」専修大学『専修大学人文科学研究所月報』第259号
中里亜夫(1999)「インドの農村開発としてのオペレーション・フラッド計画(〈シンポジウム〉「途上国開発と地理学」)」地理科学学会『地理科学』第54巻
二階堂有子(2018)「インド小規模企業の成長と政府の支援政策(絵所秀紀教授退職記念号)」法政大学経済学部学会『経済志林』第85巻
西川由比子(2018)「インドにおける教育水準の変遷過程――格差是正と普遍化への試み」城西大学『城西大学大学院研究年報』第31号
日本貿易振興機構(2019)「インドEC市場調査報告書」
沼田健哉(1972)「インド・カースト制の構造と変動」日本社会学会『社会学評論』第23巻
アビジット・V・バナジー、エステル・デュフロ(2012)『貧乏人の経済学――

（特集　インド経済――成長の条件）」日本貿易振興機構アジア経済研究所『アジ研ワールド・トレンド』第 156 号
井上恭子（2003）「インド北東地方の紛争――多言語・多民族・辺境地域の苦悩」日本貿易振興機構アジア経済研究所『国家・暴力・政治――アジア・アフリカの紛争をめぐって』
絵所秀紀（2012）「変容するインド乳業」法政大学経済学部学会『経済志林』第 79 巻
大場四千男（2003）「インド現代資本主義の発展構造とカースト制度」北海学園大学『北海学園大学学園論集』第 117 巻
押川文子（1990）「社会変化と留保制度――カルナータカ州とグジャラート州を事例に」日本貿易振興機構アジア経済研究所『インドの社会経済発展とカースト』
小原優貴（2008）「インドの教育における留保制度の現状と課題」京都大学『京都大学大学院教育学研究科紀要』第 54 巻
フマユン・カビール（2017）「ムスリムの若者の教育的不平等と仕事との関係（特集　インドにおける教育と雇用のリンケージ）」日本貿易振興機構アジア経済研究所『アジ研ワールド・トレンド』第 258 号
木曽順子（2012）『インドの経済発展と人・労働』日本評論社
――（2015）「インドにおける『中間層』の形成と実態（大会報告・共通論題　中間層とはだれか――先進国と新興国の比較）」農林統計協会『歴史と経済』第 57 巻
久保研介（2008）「輸出大国になりきれない農業大国インド（特集 インド経済――成長の条件）」日本貿易振興機構アジア経済研究所『アジ研ワールド・トレンド』第 156 号
熊谷章太郎（2019）「モディ政権 5 年間の評価とインド経済の行方」日本総合研究所『Research Report No.2018-013』https://www.jri.co.jp/MediaLibrary/file/report/researchfocus/pdf/10914.pdf
黒崎卓（2015）「開発途上国における零細企業家の経営とインフォーマリティ――インド・デリー市の事例より」一橋大学経済研究所『経済研究』第 66 巻
経済産業省（2021）「医療国際展開カントリーレポート――新興国等のヘルスケア市場環境に関する基本情報インド編」
国際協力機構（2013）「インド国アイスバッテリー・システムによるメディカル・コールド・チェーン強化調査」
――（2015）「インド国トイレ整備に係る情報収集・確認調査」

development: sustainable energy in developing countries" *Corporate Governance: The International Journal of Business in Society,* 12 (4), 551-567

KPMG (2020) "India's CSR reporting Survey 2019"

Matsumoto, K. (2018) "Critical factors for success among social enterprises in India" (No. 179) . JICA Research Institute

——(2020) "Impact sourcing for employment of persons with disabilities" *Social Enterprise Journal*

Nambissan, G. B. (2012) "Low-cost private schools for the poor in India: Some reflections" India infrastructure report 2012 *Private sector in education,* 84-93

Niti Ayog (2020) "SDGs India Index & Dashboard 2019-2020"

Nyssens, M. (2014) "European work integration social enterprises" *Social enterprise and the third sector: Changing European landscapes in a comparative perspective*: 211-230

Pestoff, V. (1998) *Beyond the market and state: social enterprises and civil democracy in a welfare society.* Ashgate

Sachs, J. D., Schmidt-Traub, G., Kroll, C., Lafortune, G., Fuller, G., & Woelm, F. (2020) "Sustainable development report 2020"

Shenoy M. (2011) "Persons with disability & the India labour market: challenges and opportunities". ILO, 13:1

State Bank of India (2019) "Sustainable Report (2018-2019) Spearheading Digital India"

Taskforce, S. I. I. (2014) "Profit with Purpose Businesses" Subject Paper of the Mission Alignment Working Group.

Tata Trusts (2020) "Annual Report (2018-2019) Infinite Progress Infinite Happiness"

WaterAid (2018) "The Water Gap – The State of the World's Water 2018"

World Bank Group (2017) "Waterlife: Improving Access of Safe Drinking Water in India"

井坂理穂(1995)「インド独立と藩王国の統合——藩王国省のハイダラーバード政策」日本貿易振興機構アジア経済研究所『アジア経済』第36巻

伊藤成朗(2008)「人的資本——格差を広げる公的教育と公的保健の機能不全

【主要参考文献】

Alter, K. (2007) "Social enterprise typology" Virtue Ventures LLC, 12, 1-124.

Asian Development Bank (2012) "India Social Enterprise Landscape Report"

Bain & Company (2020)"India Philanthlopy Report 2020 Investing in India's most vulnerable to advance the 2030 agenda to action"

Blowfield, M. (2012) "Business and development: making sense of business as a development agent" *Corporate Governance: The International Journal of Business in Society,* 12 (4), 414-426

Bonnet, F., Vanek, J., & Chen, M. (2019) "Women and men in the informal economy: A statistical brief" International Labour Office, Geneva. http://www. wiego. org/sites/default/files/publications/files/Women % 20and % 20Men% 20in% 20the% 20Informal, 20.

Dalmia Bharat Foundation (2020) "Annual Report (2019-2020)"

FSG (2019) "Understanding Affordable Private School Market in India"

Government of India (2015) "Basic Animal Husbandry & Fisheries Statistics"

Goyal, S., Sergi, B. S., & Kapoor, A. (2014)"Understanding the key characteristics of an embedded business model for the base of the pyramid markets" *Economics & Sociology,* 7 (4), 26

Heeks, R., Arun, S. (2010) "Social outsourcing as a development tool: The impact of outsourcing IT services to women's social enterprises in Kerala" *Journal of International Development,* 22 (4), 441-454

ILO (2015) "Recommendation 204: Recommendation Concerning The Transition From The Informal To The Formal Economy" Adopted By The Conference At Its One Hundred And Fourth Session, Geneva, 12 June 2015

India Impact Investors Council (2020) "The India Impact Investing Story (2020) "

INDIA, P. (2011) "Census of India 2011 provisional population totals"Office of the Registrar General and Census Commissioner

Intellecap (2012) "On the Path to Sustainability and Scale: A study of India's social enterprises landscape"

IQAir (2020) "2019 World Air Quality Report Region & City PM2.5 ranking"

Kolk, A., & van den Buuse, D. (2012) "In search of viable business models for

著者紹介

松本勝男（まつもと・かつお）

1966年茨城県生まれ。海外経済協力基金（OECF）、国際協力銀行（JBIC）、国際協力機構（JICA）にて、東南アジア地域や南アジア地域等の開発援助業務に従事。2018年から21年までJICAインド事務所長。他にタイとマレーシアに駐在経験あり。現在、JICAインフラ技術業務部長。本業のかたわら、ブータンやネパールなどで障害者の就労支援活動に携わる。一橋大学法学部卒、米国コロンビア大学国際公共政策学修士、東京大学大学院工学系研究科先端学際工学博士課程修了、博士（学術）。主な論文に「Critical factors for success among social enterprises in India」（JICA緒方研究所）、「Impact sourcing for employment of persons with disabilities」（Social Enterprise Journal）など。

インドビジネス ラストワンマイル戦略

2021年9月13日　1版1刷

著　者　松本勝男

発行者　白石　賢

発　行　日経BP
日本経済新聞出版本部

発　売　日経BP マーケティング
〒105-8308　東京都港区虎ノ門4-3-12

ＤＴＰ　マーリンクレイン

印刷/製本　中央精版印刷

ISBN978-4-532-32427-8

マネジメント・テキストシリーズ！

生産マネジメント入門（Ⅰ）
――生産システム編――

生産マネジメント入門（Ⅱ）
――生産資源・技術管理編――

藤本隆宏［著］

イノベーション・マネジメント入門（第２版）

一橋大学イノベーション研究センター［編］

人事管理入門（第３版）

今野浩一郎・佐藤博樹［著］

グローバル経営入門

浅川和宏［著］

MOT［技術経営］入門

延岡健太郎［著］

マーケティング入門

小川孔輔［著］

ベンチャーマネジメント［事業創造］入門

長谷川博和［著］

経営戦略入門

網倉久永・新宅純二郎［著］

ビジネスエシックス［企業倫理］

髙　巖［著］